计算机前沿技术丛书

Go语言
高级开发与实战

廖显东 / 编著

机械工业出版社
CHINA MACHINE PRESS

本书聚焦 Go 语言的高级开发技巧和应用实战。全书共 6 章，分别为 Go 语言基础实战、Go 语言高级编程技巧、Go Web 编程、Go 语言并发编程、分布式系统、Go 语言秒杀系统实战。本书简洁而不失技术深度，内容丰富全面，以极简的文字介绍了复杂的案例，是学习 Go 语言高级开发的实用教程。

本书适合 Go 语言初学者、Go 语言中高级开发人员、Web 开发工程师阅读，还可作为大中专院校相关专业和培训学校师生的学习用书。

图书在版编目（CIP）数据

Go 语言高级开发与实战/廖显东编著 . —北京：机械工业出版社，2022.1
（2022.5 重印）
（计算机前沿技术丛书）
ISBN 978-7-111-69685-8

Ⅰ . ①G… Ⅱ . ①廖… Ⅲ . ①程序语言 – 程序设计 Ⅳ . ①TP312

中国版本图书馆 CIP 数据核字（2021）第 244245 号

机械工业出版社（北京市百万庄大街 22 号 邮政编码 100037）
策划编辑：李晓波 责任编辑：李晓波
责任校对：徐红语 责任印制：李 昂
北京圣夫亚美印刷有限公司印刷
2022 年 5 月第 1 版第 2 次印刷
184mm×240mm · 21.75 印张 · 454 千字
标准书号：ISBN 978-7-111-69685-8
定价：119.00 元

电话服务 网络服务
客服电话：010-88361066 机 工 官 网：www.cmpbook.com
　　　　　010-88379833 机 工 官 博：weibo.com/cmp1952
　　　　　010-68326294 金 书 网：www.golden-book.com
封底无防伪标均为盗版 机工教育服务网：www.cmpedu.com

前 言

PREFACE

Go语言简介

Go 语言是 Google 于 2009 年开源的一门新的系统编程语言，可以在不损失应用程序性能的情况下极大地降低代码的复杂性。相比其他编程语言，简洁、快速、安全、并行、有趣、开源、编译迅速是其特色。Go 语言在高性能分布式系统、服务器编程、分布式系统开发、云平台开发、区块链开发等领域有广泛应用。近几年，很多公司，特别是云计算公司开始用 Go 语言重构它们的基础架构，很多都是直接采用 Go 语言进行架构开发。特别是 Docker、Kubernetes 等重量级应用的持续火热，更是让 Go 语言成为当下最热门的编程语言之一。

为什么写本书

由于喜欢开源，从 2009 年至今，编者研究了大量的开源代码，其中包括 C、Java、PHP、Python、Go、Rust、Docker、Vue、Spring、Flutter 等各种流行的源码，并创立"源码大数据"公众号分享部分算法和心得。

最近几年，编者在工作之余编写了大量 Go 语言开源项目，并发布了其中一小部分到"码云"和 GitHub 上，部分开源项目在社区深受欢迎。由于市场上关于 Go 语言高级开发的书不多，特别是讲解分布式和高并发等相关的高级开发和技巧的书更少，所以编者想写一本有关 Go 语言高级开发与实战方面的书来回馈 Go 语言社区的朋友们。这既是对自己多年编程经验的总结，也希望给更多的人提供帮助。于是，2020 年下半年，编者便在工作之余开启了本书的写作之旅。

本书特色

本书聚焦 Go 语言高级开发的知识进行全面深入的讲解，具有如下特色。

1. 一线技术，突出实战

本书以实战为核心，一线技术贯穿整本书，所有代码均采用 Go 语言最新版本（1.16.2）编写。

2. 零基础入门，循序渐进

初、中、高级程序员都可以从本书中学到干货。先从 Go 语言的基础学起，再学习 Go 语言的核心技术，然后学 Go 语言的高级应用，最后再进行项目实战。全书从基础的知识讲解，一步一步到热门的秒杀系统实战开发，真正帮助读者实现从基础向开发实战高手的迈进。

3. 极客思维，极致效率

本书以极客思维来深入 Go 语言底层进行探究，帮助读者了解其背后的原理。全书言简意赅，以帮助读者提升开发效率为导向，同时尽可能帮助读者缩短阅读本书的时间。

4. 由易到难，重难点标注并重点解析

本书编排由易到难，内容基本覆盖 Go 语言高级开发的主流前沿技术。同时对重难点进行重点讲解，对易错点和注意点进行了提示说明，帮助读者克服学习过程中的困难。

5. 突出实战，关注前沿技术

本书的实例代码绝大部分都是来自最新的企业实战项目。配套源代码可以直接下载运行，让读者通过实践来加深理解。

技术交流

读者在阅读本书的过程中有任何疑问，可扫描右侧二维码，关注"源码大数据"公众号，按照提示输入问题，编者会第一时间与读者进行交流回复；输入"go advanced"即可获得本书源代码、学习资源、面试题库等；输入"更多源码"，可以免费获得大量其他学习资源。

由于编者水平有限，书中难免有纰漏之处，欢迎读者批评指正。

致　谢

感谢 Go 语言社区所有的贡献者，没有他们多年来对开源的贡献，就没有 Go 语言社区的繁荣。谨以此书献给所有喜欢 Go 语言的朋友们。

感谢我的妻子清荷，她在工作之余也参与了本书的文字校正工作，同时，她给予了我许多意见和建议，并坚定地支持我，才使得我更加专注和坚定地写作。没有她的支持，这本书不会这么快完稿。

廖显东

前 言

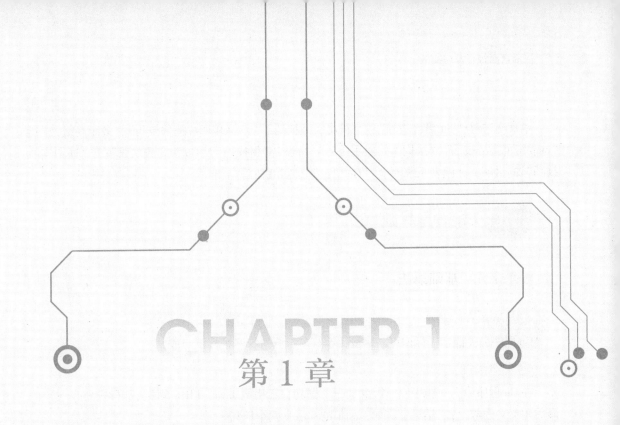

CHAPTER 1

第1章

Go语言基础实战

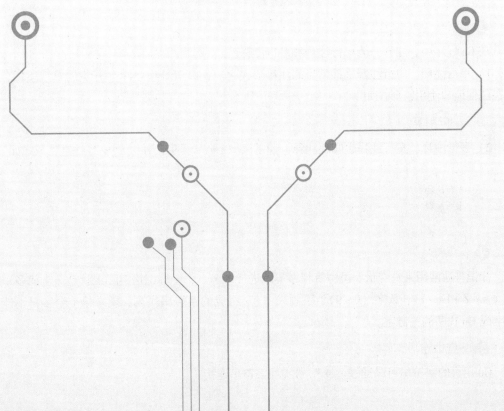

本章通过对"Go 语言基础""字符串实战技巧""数组和切片基础技巧""数组高级技巧""map 常见实战技巧""结构体的使用技巧""接口常用技巧""Go 语言模块管理""通道实战技巧"的讲解，让读者系统地学习 Go 语言基础实战技巧。

1.1 Go 语言基础

▶▶ 1.1.1 基础语法

❶ Go 语言标记

Go 程序由关键字、标识符、常量、字符串、符号等多种标记组成。

❷ 行分隔符

在 Go 程序中，一般来说一行就是一个语句，不用像 Java、PHP 等语言那样需要在一行的最后用英文分号";"结尾。例如，如下的写法是两个语句。

```
fmt.Println("Hi,Gopher,Let's Go!")
fmt.Println("Go 语言高级开发与实战")
```

❸ 注释

在 Go 程序中，注释分为单行注释和多行注释。

1）单行注释。单行注释是最常见的注释形式之一，以双斜线"//"开头的单行注释，可以在任何地方使用，形式如下。

```
//单行注释
```

2）多行注释。多行注释也叫块注释，通常以"/＊"开头，并以"＊/"结尾，形式如下。

```
/*
多行注释
多行注释
*/
```

❹ 标识符

标识符通常用来对变量、类型等程序实体进行命名。一个标识符实际上就是一个或多个字母（A～Z 和 a～z）、数字（0～9）、下画线"_"组成的字符串序列，要求第 1 个字符不能是数字或 Go 程序的关键字。

❺ 字符串连接

Go 语言的字符串可以通过"＋"号实现字符串连接。

6 关键字

在 Go 语言中有 25 个关键字或保留字，见表 1-1。

表 1-1

continue	for	import	return	var
const	fallthrough	if	range	type
chan	else	goto	package	switch
case	defer	go	map	struct
break	default	func	interface	select

除以上的这些关键字外，最新版本的 Go 语言中有三十几个预定义标识符，它们可以分为如下 3 类。

（1）常量相关预定义标识符

true、false、iota、nil。

（2）类型相关预定义标识符

int、int8、int16、int32、int64、uint、uint8、uint16、uint32、uint64、uintptr、float32、float64、complex128、complex64、bool、byte、rune、string、error。

（3）函数相关预定义标识符

make、len、cap、new、append、copy、close、delete、complex、real、imag、panic、recover。

7 Go 语言的空格

在 Go 语言中，变量的声明必须使用空格隔开。一般来说，在开发过程中可以运用编辑器的格式化命令快速格式化后，程序的变量与运算符之间会加入空格。

▶▶ 1.1.2 变量

1 声明

Go 语言是静态类型语言，因此变量（variable）是有明确类型的，编译器也会检查变量类型的正确性。声明变量的一般形式是使用 var 关键字，形式如下。

```
var name type
```

其中，var 是声明变量的关键字，name 是变量名，type 是变量的类型。需要注意的是，Go 语言和其他编程语言不同，Go 语言在声明变量时将变量的类型放在变量的名称之后。例如在 Go 语言中，声明整型指针类型的变量，格式如下。

```
var x, y *int
```

当一个变量被声明之后，系统自动赋予它该类型为 0 值或空值：例如 int 类型为 0、float 类型为 0.0、bool 类型为 false、string 类型为空字符串、指针类型为 nil 等。

变量的命名规则遵循骆驼命名法，即首个单词小写，每个新单词的首字母大写。命名规则不是强制性的，开发者可以按照自己的习惯制定自己的命名规则。

变量的声明形式分为标准格式、批量格式、简短格式 3 种形式。

（1）标准格式

Go 语言变量声明的标准格式如下。

```
var 变量名 变量类型
```

变量声明以关键字 var 开头，后置变量类型，行尾无须分号。

（2）批量格式

Go 语言还提供了一个更加高效的批量声明变量的方法——用使用关键字 var 和括号将一组变量定义放在一起，示例代码如下。

```
var (
    userId int
    username string
    score float32
)
```

（3）简短格式

除 var 关键字外，还可使用更加简短的变量定义和初始化语法，格式如下。

```
名字 := 表达式
```

需要注意的是，简短模式（Short Variable Declaration）有以下限制。

- 只能用来定义变量，同时会显式初始化。
- 不能提供数据类型。
- 只能用在函数内部，即不能用来声明全局变量。

和 var 形式声明语句一样，简短格式变量声明语句也可以用来声明和初始化一组变量。

```
username,goodAt := "Shirdon", "Golang"
```

因为简洁和灵活的特点，简短格式变量声明被广泛用于局部变量的声明和初始化。var 形式的声明语句往往用于需要显式指定变量类型的情况，或者因为变量稍后会被重新赋值而初始值无关紧要的情况。

② 赋值

1）给单个变量赋值。给变量赋值的标准方式如下。

```
var name (type) = value
```

2）给多个变量赋值。给多个变量赋值的标准方式如下。

```
var (
    name1(type1) = value1
    name2 (type2) = value2
    //...省略多个变量
)
```

或者，多个变量和变量值在同一行，中间用英文逗号"，"隔开，形式如下。

```
var name1,name2,name3 = value1,value2,value3
```

例如，声明一个用户的 ID userId、名字 username、得分 score，可以通过如下方式批量赋值。

```
var (
    userId int = 1
    username string = "Jack"
    score float32 = 99.5
)
```

或者另外一种如下形式。

```
var userId,username,score = 1,"Jack",99.5
```

最简单的形式如下。

```
userId,username,score := 1,"Jack",99.5
```

以上三者是等价的。当交换两个变量时，可以直接采用如下格式。

```
x, y := "Hi","Gopher"
y, x = x, y
```

❸ 变量的作用域

Go 语言中的变量分为局部变量和全局变量。

1）局部变量。在函数体内声明的变量称为局部变量，它们的作用域只在函数体内，参数和返回值变量也是局部变量。

2）全局变量。在函数体外声明的变量称为全局变量。全局变量可以在整个包甚至外部包（被导出后）使用，也可以在任何函数中使用。

▶▶ 1.1.3　常量

❶ 常量的声明

常量的声明格式和变量的声明类似，形式如下。

```
const 常量名 [类型] = 常量值
```

例如声明一个常量 e 的方法如下。

```
const e = 2.718281828
```

❷ 常量生成器 iota

常量声明可以使用常量生成器 iota 初始化。iota 用于生成一组以相似规则初始化的常量，但是不用每行都写一遍初始化表达式。在一个 const 声明语句中，在第 1 个声明的常量所在的行，iota 将会被置为 0，然后在每一个有常量声明的行加 1。

▶▶ 1.1.4　运算符

运算符是用来在程序运行时执行数学或逻辑运算的符号。在 Go 语言中，一个表达式可以包含多个运算符，当表达式中存在多个运算符时，就会遇到优先级的问题。这个就由 Go 语言运算符的优先级来决定。例如以下表达式。

```
var i, j, k int = 60, 80, 90
l := i + j - k
```

Go 语言有几十种运算符，被分成十几个级别，有的运算符优先级不同，有的运算符优先级相同。Go 语言运算符优先级和结合性见表 1-2。

表 1-2

优先级	分　类	运　算　符	结　合　性
1	逗号运算符	,	从左到右
2	赋值运算符	=、+ =、- =、* =、/ =、% =、>=、< < =、& =、^=、| =	从右到左
3	逻辑或	||	从左到右
4	逻辑与	&&	从左到右
5	按位或	|	从左到右
6	按位异或	^	从左到右
7	按位与	&	从左到右
8	相等/不等	==、! =	从左到右
9	关系运算符	<、< =、>、>=	从左到右
10	位移运算符	< <、> >	从左到右
11	加法/减法	+、-	从左到右
12	乘法/除法/取余	*（乘号）、/、%	从左到右
13	单目运算符	!、*（指针）、& 、++、--、+（正号）、-（负号）	从右到左
14	后级运算符	()、[ ]、->	从左到右

注意：在以上表格中，优先级值越大，则表示优先级越高。

▶▶ 1.1.5 流程控制语句

❶ if⋯else （分支结构）

在 Go 语言中，关键字 if 是用于测试某个条件（布尔型或逻辑型）的语句。如果该条件成立，则会执行 if 后由大括号{}括起来的代码块，否则就忽略该代码块继续执行后续的代码。

如果存在第二个分支，则可以在上面代码的基础上添加 else 关键字以及另一代码块。这个代码块中的代码只有在条件不满足时才会执行。if{}和 else{}中的两个代码块是相互独立的分支，两者只能执行其中一个。一般来说，if⋯else 分支的数量是没有限制的。但是为了代码的可读性，还是不要在 if 后面加入太多的 if⋯else 结构。如果必须使用这种形式，则尽可能把先满足的条件放在前面。

关键字 if 和 else 之后的左大括号 "{" 必须和关键字在同一行。如果使用了 if⋯else 结构，则前段代码块的右大括号 "}" 必须和 if⋯else 关键字在同一行。这两条规则都是被编译器强制规定的，否则编译不能通过。

❷ for 循环

Go 语言的 for 循环有 3 种形式，只有其中的一种使用分号。

（1）和 C 语言的 for 一样

```
for init; condition; post { }
```

（2）和 C 的 while 一样

```
for condition { }
```

（3）和 C 的 for（;;）一样

```
for { }
```

以上 3 种形式的说明如下。

- init：一般为赋值表达式，给控制变量赋初始值。
- condition：关系表达式或逻辑表达式，循环控制条件。
- post：一般为赋值表达式，给控制变量增量或减量。

for 语句执行过程如下。

1）先对表达式 for init; condition; post{} 赋初始值。

2）判别赋值表达式 condition 是否满足给定条件，若其值为真，满足循环条件，则执行循环体内语句，然后执行 post，进入第二次循环，再判别 condition；如果判断 condition 的值为假，不满足条件，就终止 for 循环，执行循环体外语句。

在使用循环语句时，需要注意以下几点。

- 左大括号 { 必须与 for 处于同一行。
- Go 语言中的 for 循环与 C 语言一样，都允许在循环条件中定义和初始化变量。唯一的区别是，Go 语言不支持以逗号为间隔的多个赋值语句，必须使用平行赋值的方式来初始化多个变量。
- Go 语言的 for 循环同样支持用 continue 和 break 来控制循环，但是它提供了一个更高级的 break，可以选择中断哪一个循环。

在 for 循环中，如果循环被 break、goto、return、panic 等语句强制退出，则之后的语句不会被执行。

③ for…range 循环

for-range 循环结构是 Go 语言特有的一种的迭代结构，在许多情况下都非常有用。for…range 可以遍历数组、切片、字符串、map 及通道（channel）。

for-range 循环结构的一般形式如下。

```
for key, val := range 复合变量值 {
    //...逻辑语句
}
```

④ switch…case 语句

Go 语言 switch…case 语句要比 C 语言的更加通用，表达式的值不必为常量，甚至不必为整数。case 按照从上往下的顺序进行求值，直到找到匹配的项。可以将多个 if…else 语句改写成一个 switch…case 语句。Go 语言中的 switch…case 语句使用比较灵活，语法设计尽量以使用方便为主。

Go 语言改进了 switch…case 语句的语法设计：case 与 case 之间是独立的代码块，不需要通过 break 语句跳出当前 case 代码块以避免执行到下一行。

同时，Go 语言还支持一些新的写法，比如一分支多值、分支表达式。

（1）一分支多值

当需要多个 case 放在一起时，可以写成下面这样。

```
var user = "Jack"
switch user {
case "Jack", "Barry":
    fmt.Println("good name")
}
```

以上代码的运行结果如下。

```
good name
```

一分支多值 case 表达式使用逗号分隔。

（2）分支表达式

case 语句后既可以是常量，也可以和 if 一样添加表达式，示例如下。

```
var num int = 12
switch {
    case num > 1 && num < 10:
    fmt.Println(r)
}
```

注意：这种情况时 switch 后面不再需要加判断变量。

5 goto 语句

在 Go 语言中，可以通过 goto 语句跳转标签，进行代码间的无条件跳转。另外，goto 语句在快速跳出循环、避免重复退出方面也有一定的帮助。使用 goto 语句能简化一些代码的实现过程，示例如下。

```
func main() {
    for x := 0; x < 5; x++ {
        for y := 0; y < 5; y++ {
            if y == 2 {
                goto breakTag // 跳转到标签
            }
        }
    }
    return // 手动返回，避免执行进入标签
breakTag: // 标签
    fmt.Println("done")
}
```

6 break 语句

Go 语言中的 break 语句可以结束 for、switch 和 select 的代码块。另外还可以在 break 语句后面添加标签，表示退出某个标签对应的代码块。添加的标签必须定义在对应的 for、switch 和 select 的代码块上，示例如下。

```
//不使用标签
fmt.Println("---- break ----")
for i := 1; i <= 5; i++ {
    fmt.Printf("i: % d\n", i)
    for j := 1; j <= 5; j++ {
        fmt.Printf("j: % d\n", j)
        break
```

```
    }
}
//使用标签
fmt.Println("---- break 标签 ----")
breakLabel:
for i := 1; i <= 5; i ++ {
    fmt.Printf("i: % d \n", i)
    for j := 1; j <= 5; j ++ {
        fmt.Printf("j: % d \n", j)
        break breakLabel
    }
}
```

7 **continue** 语句

Go 语言中 continue 语句可以结束当前循环，开始下一次的循环迭代过程。它仅限在 for 循环内使用。在 continue 语句后添加标签时，表示开始标签对应的循环，示例如下。

```
//不使用标签
fmt.Println("---- break ----")
for i := 1; i <= 5; i ++ {
    fmt.Printf("i: % d \n", i)
        for j := 1; j <= 5; j ++ {
        fmt.Printf("j: % d \n", j)
        continue
    }
}

//使用标签
fmt.Println("---- break 标签 ----")
breakLabel:
for i := 1; i <= 5; i ++ {
    fmt.Printf("i: % d \n", i)
    for j := 1; j <= 5; j ++ {
        fmt.Printf("j: % d \n", j)
        continue breakLabel
    }
}
```

1.2 字符串实战技巧

▶▶ 1.2.1 字符串基础

字符串是一串固定长度的字符连接起来的字符序列。Go 语言中字符串是由单个字节连接起来的。Go 语言中字符串的字节使用 UTF-8 编码来表示 Unicode 文本。UTF-8 是一种广泛使用的编码格式，是文本文件的标准编码，包括 XML 和 JSON 在内都使用该编码。

由于该编码占用字节长度的不定性，所以在 Go 语言中，字符串也可能根据需要占用 1 ~ 4 个字节，这与其他编程语言如 C ++ 、Java 或者 Python 不同（Java 始终使用 2 个字节）。Go 语言这样做，不仅减少了对内存和硬盘空间占用，而且也不用像其他语言那样需要对使用 UTF-8 字符集的文本进行编码和解码。

字符串是一种值类型，且值不可变，即在创建某个文本后将无法再次修改这个文本的内容。更深入地讲，字符串是字节的定长数组。

▶▶ 1.2.2 中文字符串的截取

在 Go 语言中，可以使用 len( ) 函数获取字符串的字节长度，其中英文占 1 个字节长度，中文占 3 个字节长度。可以使用"变量名 [n]"获取字符串第 n + 1 个字节，返回这个字节对应的 Unicode 码值（uint8 类型）。注意 n 的取值范围是 [0，len（n）－1]。

在 Go 语言中可以通过切片截取一个数组或字符串，但是当截取的字符串是中文时，可能会出现的问题是：由于中文一个字不只是由一个字节组成，所以直接通过切片获取可能会把一个中文字的编码截成两半，结果导致最后一个字符是乱码。解决办法可以先将其转为 [ ] rune 类型，再在截取后，转回字符串类型。示例如下：

代码路径：chapter1/string/1. 2. 2-str5. go。

```
package main
import (
    "fmt"
    "unicode/utf8"
)

func main() {
    //声明一个字符串变量 str
    str := "在 Go 中可以通过切片截取一个数组或字符串"
    //打印字符串长度
    fmt.Println(utf8.RuneCountInString(str))
    //打印字节长度
    fmt.Println(len(str))
    //获取字符串的前 9 个字符
    str1 := str[0:9]
    //打印
    fmt.Println(str1)
    //将字符串转为[]rune 类型
    nameRune := []rune(str)
```

```
    //打印转换后的长度
    fmt.Println(len(nameRune))
    //打印截取后的字符串前9个字符
    fmt.Println("string = ", string(nameRune[0:9]))
}
//20
//56
//在 Go 中
//20
//string =  在 Go 中可以通过切
```

▶▶ 1.2.3 按单词或字节反转字符串

在 Go 语言中，如果要反转字符串，可以先将字符串转成 rune 数组类型，利用平行赋值的方式反转，再将 rune 数组转回字符串类型，示例如下。

代码路径：chapter1/string/1.2.3-strRev.go。

```go
package main

import "fmt"

func main() {
    //定义字符串
    str := "123456789abc"
    //调用反转函数
    strRev := Reversal(str)
    //打印
    fmt.Println(str)
    fmt.Println(strRev)
}

//反转字符串
func Reversal(a string) (re string) {
    //将字符串转成 rune 数组
    b := []rune(a)
    //遍历
    for i := 0; i < len(b)/2; i++ {
        //交换
        b[i], b[len(b)-i-1] = b[len(b)-i-1], b[i]
    }
    //转换为字符串类型
    re = string(b)
    return
}
```

```
//123456789abc
//cba987654321
```

▶▶ 1.2.4　生成随机字符串

❶ 用 math/rand 包生成随机字符串

math/rand 包实现了伪随机数生成器，可以生成整型和浮点型伪随机数。该包中根据生成伪随机数是否有种子（可以理解为初始化伪随机数），可以分为以下两类。

1）有种子。通常以时钟、输入输出等特殊节点作为参数进行初始化。该类型生成的随机数相比无种子时重复概率较低。

2）无种子。可以理解为此时种子为 1。

用"math/rand"包生成随机字符串示例如下。

代码路径：chapter1/string/1.2.4-rand1.go。

```go
package main

import (
    "fmt"
    "math/rand"
    "time"
)

func main() {
    //获取 6 位随机字符串
    b := GetRandomString(6)
    fmt.Println(b)
}

//获取随机字符串
func GetRandomString(l int) string {
    //声明字符串
    str := "0123456789abcdefghijklmnopqrstuvwxyz"
    //转换成数组
    bytes := []byte(str)
    result := []byte{}
    r := rand.New(rand.NewSource(time.Now().UnixNano()))
    for i := 0; i < l; i++ {
        result = append(result, bytes[r.Intn(len(bytes))])
    }
    return string(result)
}
//330byd
```

❷ 用 crypto/rand 包生成随机字符串

上面的例子用的是 math/rand 包生成的（伪）随机数，如果对随机性有高要求的话，则可以用 crypto/rand 包实现（速度相对来说会慢些）。crypto/rand 包实现了用于加解密的更安全的随机数生成器。该包中常用的是 Read( ) 函数，其定义如下。

```
func Read(b []byte) (n int, err error)
```

该方法将随机的 byte 参数值填充到数组 b 中，以供 b 使用，示例如下。

```go
//按照指定长度返回随机字符串
func NewLenChars(length int, chars []byte) string {
    if length == 0 {
        return""
    }
    clen := len(chars)
    if clen < 2 || clen > 256 {
        panic("Wrong charset length forNewLenChars()")
    }
    maxrb := 255 - (256 % clen)
    b := make([]byte, length)
    r := make([]byte, length + (length/4)) //存储随机字节
    i := 0
    for {
        if _, err := rand.Read(r); err != nil {
            panic("Error reading random bytes: " + err.Error())
        }
        for _, rb := range r {
            c := int(rb)
            if c > maxrb {
                continue //跳过此数字以避免偏差
            }
            b[i] = chars[c% clen]
            i ++
            if i == length {
                return string(b)
            }
        }
    }
}
```

❸ 用哈希值来表示随机字符串

除了上面两个包之外，还有一个不是很常用的方法，就是用哈希值来表示随机字符串。可以通过 crypto/md5 包的 New( ) 函数来实现，示例如下。

代码路径：chapter1/string/1.2.4-password. go。

```
//...省略部分代码
//生成一个随机密码
func CreatePassword() string {
    t : = time.Now()
    h : = md5.New()
    io.WriteString(h, "shirdon.liao")
    io.WriteString(h, t.String())
    password : = fmt.Sprintf("% x", h.Sum(nil))
    return password
}
//372f29b807413274fe40adbc49dfd8f6
```

▶▶ 1.2.5 控制大小写

（1）Go 语言转换所有字符串为大写或者小写。

Go 语言的 strings 包提供了 ToLower( ) 和 ToUpper( ) 函数，用于将字符串转换成小写和大写，其定义如下。

```
func ToUpper(s string) string        //转换为大写
func ToLower(s string) string        //转换为小写
```

转换为大写的示例如下。

代码路径：chapter1/string/1.2.5-str1. go。

```
func main() {
    fmt.Println(strings.ToUpper("hello world"))
}
//HELLO WORLD
```

（2）Go 语言区分大小写地替换字符串。

可以通过 regexp 包的 MustCompile( ) 和 ReplaceAllString( )两个函数组合使用来处理实现区分大小写地替换字符串，示例如下。

代码路径：chapter1/string/1.2.5-str2. go。

```
func main() {
    test : = "I,Love,Go"
    str : = test
    keywordSlice : = strings. Split(test, ",")
    for _, v : = rangekeywordSlice {
        reg : = regexp.MustCompile("(? i)" + v)
        str = reg.ReplaceAllString(str, strings.ToUpper(v))
        fmt.Println(str)
```

```
        }
    }
//I,Love,Go
//I,LOVE,Go
//I,LOVE,GO
```

▶▶ 1.2.6　去除字符串首尾的空格

Go 语言 strings 包提供了 TrimSpace( ) 函数来去除字符串的空格，其定义如下。

```
func TrimSpace(s string) string
```

也可以用 strings 包提供的 Trim( ) 函数去除字符串的空格，其定义如下。

```
func Trim(s, cutset string) string
```

在以上定义中，Trim( ) 函数的第 1 个参数是字符串，第 2 个参数是要去除空格的字符串，Trim( ) 和 TrimSpace( ) 函数的使用示例如下：

代码路径：chapter1/string/1.2.6-str.go。

```
package main

import (
    "fmt"
    "strings"
)

func main() {
    str := " Go Advanced "
    str1 := strings.TrimSpace(str)
    str2 := strings.Trim(str, " ")
    fmt.Println(str)
    fmt.Println(str1)
    fmt.Println(str2)
}
//Go Advanced
//Go Advanced
//Go Advanced
```

▶▶ 1.2.7　生成 CSV 数据

逗号分隔值（Comma-Separated Values，CSV）是指文件以纯文本形式存储表格数据（数字和文本）。Go 语言提供 encoding/csv 包来处理 CSV 数据。生成 CSV 数据的处理流程如下：

首先，需要使用 os.Create( ) 函数创建 ".csv" 文件，os.Create( ) 函数的定义如下：

```
func Create(name string) (*File, error)
```

os. Create( )函数如果创建文件成功，则会返回文件指针对象 *File。

其次，调用文件对象 *File 的 WriteString( )方法来设置写入文件的内容为字符串类型。WriteString( )方法的定义如下。

```
func (f *File) WriteString(s string) (n int, err error)
```

再次，调用 "encoding/csv" 包中提供了 NewWriter( )函数来实例化并返回 *Writer 对象，其定义如下。

```
func NewWriter(w io. Writer) *Writer
```

最后，调用 *Writer 对象提供 Write( )方法来写入数据到 CSV 文件中，其定义如下。

```
func (w *Writer) Write(record [ ]string) error
```

其使用示例如下。

代码路径：chapter1/string/1. 2. 7-csv. go。

```
//创建一个名为"test.csv"的文件
f, err := os.Create("test.csv")
if err != nil {
    panic(err)
}
defer f.Close()

f.WriteString("\xEF\xBB\xBF") // 写入 UTF-8 BOM

//NewWriter()函数返回一个 Writer 对象
w := csv.NewWriter(f)
//调用 Writer 对象的 Write()方法写入数据到 CSV 文件中
w.Write([ ]string{"学号", "姓名", "分数"})
w.Write([ ]string{"1", "Barry", "99.5"})
w.Write([ ]string{"2", "Shirdon", "100"})
w.Write([ ]string{"3", "Jack", "88"})
w.Write([ ]string{"4", "Dong", "68"})
w.Flush()
```

运行以上代码，会在代码所在目录生成一个名为 "test. csv" 的文件，用 WPS 打开的效果如图 1-1 所示。

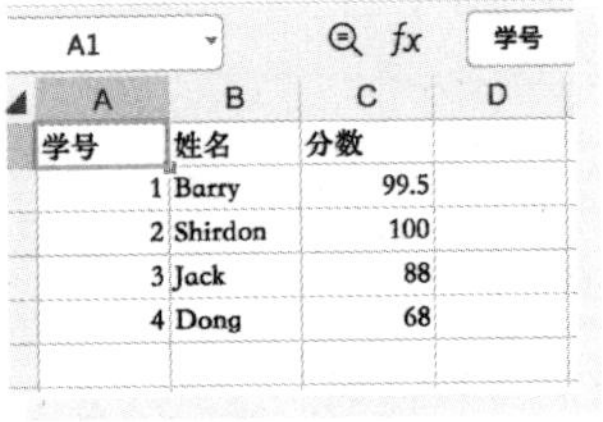

● 图 1-1

▶▶ 1.2.8 解析 CSV 数据

Go 语言可以通过简单的逐行扫描输入并使用 strings. Split( ) 等函数解析 CSV 格式。但其实 Go 语言提供了更好的方法，那就是用 encoding/csv 包来处理。encoding/csv 包中的 NewReader( ) 函数返回 Reader 结构体，该结构体提供了读取 CSV 文件的 API 接口。其解析 CSV 数据的处理流程如下。

首先，调用 os. Open( ) 函数打开将要解析的文件，代码如下。

```
file, err := os.Open("./test.csv")
if err != nil {
    panic(err)
}
defer file.Close()
```

然后调用 encoding/csv 包中的 NewReader( ) 函数返回 Reader 结构体，并设置 Reader 结构体的 Comma 字段来设置分隔符，代码如下。

```
//返回 Reader 结构体
reader := csv.NewReader(file)
//设置分隔符
reader.Comma = ';'
//reader.FieldsPerRecord=1
```

Reader 结构体根据需要保留变量来配置读取参数。Reader 的 FieldsPerRecord 参数是一个重要的设置。如果设置了 FieldsPerRecord 参数，则会校验每一行的字段计数量是否匹配该参数的值。默认情况下，当设置为 0 时，则 Read 结构体将其设置为第 1 条记录中的字段数，因此将来的记录必须具有相同的字段计数。如果设置为正值，则 Read 要求每条记录具有给定数量的字段。如果设置了负值，则不进行校验。另一个有趣的配置是注释参数，它允许开发者在已解析的数据中定义注释字符。在本例中，以这种方式忽略整行，代码如下。

```
//循环读取
for {
    record, err := reader.Read()
    if err != nil {
        fmt.Println(err)
        break
    }
    fmt.Println(record)
}
```

Go 语言禁止使用无意义的逗号和注释设置。这意味着 null、回车、换行符、无效的符文和 Unicode 替换字符等都不能使用。此外，Go 语言还禁止将逗号和注释设置为相等。完整示例如下。

代码路径：chapter1/string/1.2.8-csv.go。

```go
package main

import (
    "encoding/csv"
    "fmt"
    "os"
)

func main() {
    file, err := os.Open("./test.csv")
    if err != nil {
        panic(err)
    }
    defer file.Close()

    reader := csv.NewReader(file)
    reader.Comma = ';'

    for {
        record, e := reader.Read()
        if e != nil {
            fmt.Println(e)
            break
        }
        fmt.Println(record)
    }
}
//[学号,姓名,分数 \]
//[1,Barry,99.5 \]
//[2,Shirdon,100 \]
//[3,Jack,88 \]
//[4,Dong,68 \]
//EOF
```

▶▶ 1.2.9　获取中文字符串

获取中文字符串可以通过 regexp 包的 MustCompile( ) 函数来实现，regexp 包实现了正则表达式搜索。Go 语言的正则表达式语法和 Perl、Python 等语言的基本一致。获取中文字符串的示例如下。

代码 chapter1/string/1.2.9-str.go。

```go
package main

import (
```

```
        "fmt"
        "regexp"
    )

    //匹配中文字符
    var cnRegexp = regexp.MustCompile("^[\u4e00-\u9fa5]$")

    func main() {
        str := "我爱Go"
        StrFilterGetChinese(&str)
        fmt.Println(str)
    }

    //获取中文字符串
    func StrFilterGetChinese(src *string) {
        strNew := ""
            for _, c := range *src {
                if cnRegexp.MatchString(string(c)) {
                    strNew += string(c)
                }
            }

        *src = strNew
    }

    //我爱
```

▶▶ 1.2.10 按指定函数分割字符串

Go 语言 strings 包中提供了一个名为 FieldsFunc( ) 的函数来分割字符串，该方法定义如下。

```
    func FieldsFunc(s string, f func(rune) bool) []string
```

该方法第 1 个参数为字符串，第 2 个参数是 1 个闭包，返回的结果是切片，示例如下。
代码路径：chapter1/string/1.2.10-str.go。

```
    package main
    import (
        "fmt"
        "strings"
    )

    func main() {
    //, |/ 都是分隔符
    fn := func(c rune) bool {
        return strings.ContainsRune(", |/", c)
    }
    str := strings.FieldsFunc("Python,Jquery|JavaScript,Go,C ++/C", fn)
```

```
    fmt.Println(str)
    }
//[ Python Jquery JavaScript Go C ++ C]
```

▶▶ 1.2.11　合并与分割字符串

（1）使用 Go 语言合并字符串

Go 语言 strings 包中提供了一个名为 Join( ) 的函数，该函数定义如下。

```
func Join(elems []string, sep string) string
```

第 1 个参数 elems 是字符串数组，第 2 个参数 sep 是分隔符，示例如下。

代码路径：chapter1/string/1.2.11-str. go。

```
package main

import (
    "fmt"
    "strings"
)

func main() {
    str := []string{"I", "Love", "Go", "Java"}
    res := strings.Join(str, "-")
    fmt.Println(res)
}
//I-Love-Go-Java
```

（2）使用 Go 语言分割字符串

strings 包提供了 Split( )、SplitN( )、SplitAfter( )、SplitAfterN( ) 4 个函数来处理正则分割字符串。

1）Split( ) 函数的定义如下。

```
func Split(s, sep string) []string
```

其中，s 为被正则分割的字符串，sep 为分隔符。

2）SplitN( ) 函数的定义如下。

```
func SplitN(s, sep string, n int) []string
```

其中，s 为正则分割字符串，sep 为分隔符，n 为控制分割的片数，n 如果为 – 1 则不限制片数。如果匹配，则函数会返回一个字符串切片。

3）SplitAfter( ) 函数的定义如下。

```
func SplitAfter(s, sep string)
```

4）SplitAfterN( )函数的定义如下。

```
func SplitAfterN(s, sep string, n int) []string
```

以上 4 个函数都是通过 sep 参数对传入字符串参数 s 进行分割的，返回类型为 [ ] string。如果 sep 为空，则相当于分成一个 UTF-8 字符。在以上 4 个函数中，Split（s，sep）和 SplitN（s，sep，-1）等价；SplitAfter（s，sep）和 SplitAfterN（s，sep，-1）等价。

代码路径：chapter1/string/1. 2. 11-str2. go。

```go
package main

import (
    "fmt"
    "strings"
)

func main() {
    s := "I_Love_Go_Web"
    res := strings.Split(s, "_")
    for i := range res {
        fmt.Println(res[i])
    }
    res1 := strings.SplitN(s, "_", 2)
    for i := range res1 {
        fmt.Println(res1[i])
    }
    res2 := strings.SplitAfter(s, "_")
    for i := range res2 {
        fmt.Println(res2[i])
    }
    res3 := strings.SplitAfterN(s, "_", 2)
    for i := range res3 {
        fmt.Println(res3[i])
    }
}
```

代码运行结果如下。

```
$ go run 1.2.11-str2.go
I
Love
Go
Advanced
I
Love_Go_Advanced
```

```
I_
Love_
Go_
Advanced
I_
Love_Go_Advanced
```

▶▶ 1.2.12　按照指定函数截取字符串

Go 语言的 strings 包中提供了 TrimFunc( ) 函数来截取字符串，其定义如下。

```
func TrimFunc(s string, f func(rune) bool) string
```

以上函数表示截取字符串 s 两端满足函数 f 的字符。按照指定函数截取字符串的示例如下。

代码路径：chapter1/string/1.2.12-str.go。

```
package main

import (
    "fmt"
    "strings"
)

func main() {
    fn := func(c rune) bool {
        return strings.ContainsRune(", |/", c)
    }
    res := strings.TrimFunc(" |/Shirdon Liao,/", fn)
    fmt.Println(res)
}
//Shirdon Liao
```

▶▶ 1.2.13　【实战】 生成可下载的 CSV 文件

生成可下载的 CSV 文件的思路如下：

1）绑定一个路由和建立一个对应的处理器函数，示例如下。

```
http.HandleFunc("/down", Welcome)
err := http.ListenAndServe(":8088", nil)
if err != nil {
    fmt.Println(err)
}
```

2）生成 CSV 文件，示例如下。

代码路径：chapter1/string/1.2.13-downloadCsv.go。

```
//生成 CSV 文件
func GenerateCsv(filePath string, data [][]string) {
    fp, err := os.Create(filePath) //创建文件句柄
    if err != nil {
        log.Fatalf("创建文件[" + filePath + "]句柄失败,% v", err)
        return
    }
    defer fp.Close()
    fp.WriteString("\xEF\xBB\xBF") //写入 UTF-8 BOM
    w := csv.NewWriter(fp)           //创建一个新的写入文件流
    w.WriteAll(data)
    w.Flush()
}
```

3) 编写处理器函数，示例如下。

```
func Welcome(w http.ResponseWriter, r *http.Request) {
    //定义导出的文件名
    filename := "exportUsers.csv"
    //定义一个二维数组
    column := [][]string{
        {"手机号", "用户 UID", "Email", "用户名"},
        {"18888888888", "2", "barry@ 163.com", "barry"},
        {"18888888889", "3", "wangwu@ 163.com", "wangwu"},
    }
    //导出
    GenerateCsv(filename, column)
    //读取文件
    file, err := os.Open(filename)
    content, err := ioutil.ReadAll(file)
    //下载文件
    w.Header().Set("Content-Type", "application/octet-stream")
    w.Header().Set("content-disposition", "attachment; filename = \"" + filename + "\"")
    if err != nil {
        fmt.Println("Read File Err:", err.Error())
    } else {
        w.Write(content)
    }
}
```

运行服务器，打开浏览器，输入 http：//127.0.0.1：8088/down，即可下载对应的 CSV 文件。

▶▶ 1.2.14 【实战】用 Go 运行 Shell 脚本程序

Go 语言提供了 os/exec 包来运行 Shell 命令，os/exec 包的 Command（）函数可以用于输入

Shell 命令, 用给定的参数执行指定的程序。该函数需要传入要执行的程序命令行和参数, 第 1
个参数是要执行的程序命令行, 其他参数是程序命令行的参数。它会返回一个名为 * Cmd 的结
构体, 该结构体代表一个执行的外部命令, 当调用它的 Run( )、Output( )、CombinedOutput( )
等方法后这个对象就不能重用了。一般也不会重用这个对象, 而是在需要的时候重新生成一
个。例如, 执行 ls 命令, 并传给它参数-a 的示例如下。

```
cmd := exec.Command("ls", "-a")
err := cmd.Run()
if err != nil {
    log.Fatalf("Failed to call cmd.Run(): % v", err)
}
```

假如执行这个命令, 会发现控制台中并没有任何输出, 但其实这个命令已经执行了, 只不
过 Go 程序并没有捕获和处理输出, 所以控制台中没有任何输出。

可以设置如下这几个字段, 实现定制化的输入和输出。

```
Stdin io.Reader
Stdout io.Writer
Stderr io.Writer
```

如果 Stdin 为空, 则进程会从 null device (os. DevNull) 中读取数据; 如果 Stdin 是 *
os. File 对象, 则会从这个文件中读取数据; 如果 Stdin 是 os. Stdin, 则会从标准输入 (如命令
行) 中读取数据。

Stdout 和 Stderr 代表外部程序进程的"标准输出"和"错误输出"。如果为空, 则输出到
null device 中; 如果 Stdout 和 Stderr 是 * os. File 对象, 则会往文件中输出数据; 如果 Stdout 和
Stderr 分别设置为 os. Stdout、os. Stderr, 则会输出到命令行中。带输出命令的示例如下。

```
cmd := exec.Command("ls", "-a")
//标准输出
cmd.Stdout = os.Stdout
//错误输出
cmd.Stderr = os.Stderr
err := cmd.Run()
if err != nil {
    log.Fatalf("Failed to call cmd.Run(): % v", err)
}
```

在示例 chapter1/string/1. 2. 14-shell. go 中, 可以通过 tr 命令转换输入, 示例如下。

```
cmd := exec.Command("tr", "a-z", "A-Z")
```

tr 命令用于 Linux 命令转换、压缩或删除标准输入中的字符, 写入标准输出。在本例中,
将小写字母转换为大写字母, 示例如下。

```
cmd.Stdin = strings.NewReader("i love goland")
```

通过 cmd. Stdout 字段，接收命令传递的一个字符串并写入标准输出，示例如下。

```
var out bytes.Buffer
cmd.Stdout = &out
```

完整示例如下：

代码路径：chapter1/string/1. 2. 14-shell. go。

```
package main
import (
    "bytes"
    "fmt"
    "log"
    "os/exec"
    "strings"
)

func main() {
cmd := exec.Command("tr", "a-z", "A-Z")
cmd.Stdin = strings.NewReader("i love goland")

    var out bytes.Buffer
    cmd.Stdout = &out

    err := cmd.Run()

    if err != nil {
        log.Fatal(err)
    }

    fmt.Printf("translated phrase: % q\n", out.String())
}
```

程序的输出将写入字节缓冲区，运行结果如下。

```
$ go run chapter1/string/1.2.14-shell.go
translated phrase: "I LOVE GOLANG"
```

1.3 数组和切片基础技巧

▶▶ 1.3.1 数组和切片基础

在 Go 语言中数组的长度不可改变，在特定场景中这样的集合就不太适用。Go 语言中提供了一种灵活、功能强悍的内置类型 Slices（切片）（动态数组），与数组相比切片的长度是不固定的，可以追加元素，在追加时可能使切片的容量增大。切片中有两个概念：一是 len 长度；二是 cap 容量。长度的值等于已经被赋过值的最大下标＋1，可通过内置函数 len( ) 获得。容量是指切片目前可容纳的元素个数，可通过内置函数 cap( ) 获得。切片是引用类型，因此在当传递切片时将引用同一指针，修改切片的值将会影响使用该切片的其他对象。

切片（slice）是对数组的一个连续"片段"的引用，所以切片是一个引用类型（因此更类似于 C/C＋＋中的数组类型，或者 Python 中的 list 类型）。

这个"片段"可以是整个数组，也可以是由起始和终止索引标识的一些项的子集。

提示：终止索引标识的项不包括在切片内。

切片的内部结构包含地址、大小和容量。切片一般用于快速操作一个数据集合。

如图 1-2 所示，切片的结构体由 3 部分构成：pointer 是指向一个数组的指针；len 代表当前切片的长度；cap 是当前切片的容量。cap 总是大于或等于 len。

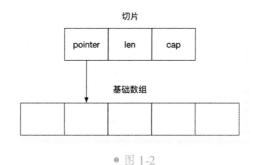

● 图 1-2

切片默认指向一段连续内存区域，可以是数组，也可以是切片本身。从连续内存区域生成切片是常见的操作，格式如下。

```
slice [ 开始位置：结束位置 ]
```

语法说明如下。

- slice：表示目标切片对象。
- 开始位置：对应目标切片对象的索引。
- 结束位置：对应目标切片的结束索引。

切片的创建有以下 4 种方式。

- make（［］Type，length，capacity）
- make（［］Type，length）
- ［］Type｛｝
- ［］Type｛value1，value2，…，valueN｝

▶▶ 1.3.2 迭代处理数组

Go 语言可以通过关键字 range，配合关键字 for 来迭代数组或切片里的每一个元素。当迭代切片时，关键字 range 会返回两个值，第 1 个值是当前迭代到的索引位置，第 2 个值是该位置对应元素值的 1 份副本，示例如下。

```
//创建一个整型切片,并赋值
array : = []int{1, 6, 8}
//迭代每一个元素,并打印其值
for k, v : = range array {
    fmt.Printf("index:% d value:% d  element-address:% X \n", k, v, &array[k])
}
```

输出结果如下。

```
index:0 value:1  element-address:C0000B6000
index:1 value:6  element-address:C0000B6008
index:2 value:8  element-address:C0000B6010
```

因为迭代返回的变量是一个在迭代过程中根据切片依次赋值的新变量，所以 value 的地址总是相同的。如果想要获取每个元素的地址，需要使用切片变量和索引值（例如上面代码中的 &array［k］）。

当然，range 关键字不仅仅可以用来遍历切片，它还可以用来遍历数组、字符串、map 或者通道等。完整示例如下。

代码路径：chapter1/arraySlice/iteration1. go。

```
package main

import "fmt"

func main() {
    // 创建一个整型切片,并赋值
    array : = []int{1, 6, 8}
    // 迭代每一个元素,并打印其值
    for k, v : = range array {
        fmt.Printf("index:% d value:% d  element-address:% X \n", k, v, &array[k])
    }
    fmt.Println(" \n 使用匿名变量(下画线)来忽略索引值:")
    //使用空白标识符(下画线)来忽略索引值
    for _, v : = range array {
        fmt.Printf(" value:% d   \n", v)
    }
    fmt.Println(" \n 使用 for 循环对切片进行迭代:")
    //使用传统的 for 循环对切片进行迭代
```

```
    for i : = 0; i < len(array); i ++ {
        fmt.Printf(" value:% d   \n", array[i])
    }
}
```

▶▶ 1.3.3　从数组中删除元素

Go 语言并没有直接提供用于删除数组或切片元素的语法或接口，而是利用切片本身的特性来删除或者追加元素。即以被删除元素为分界点，将前后两个部分的内存重新连接起来，通过 append( ) 函数实现对单个元素以及元素片段的删除。从数组删除元素的示例如下。

```
//初始化一个新的切片 seq
seq : = []string{"i", "love", "go", "advanced", "programming"}

//指定删除位置
index : = 2

//输出删除位置之前和之后的元素
fmt.Println(seq[:index], seq[index +1:])//[i love] [advanced programming]

//seq[ index +1:] 表示将整个的后段添加到前段中

//将删除部分前后的元素连接起来
seq = append(seq[:index], seq[index +1:]...)

//输出连接后的切片
fmt.Println(seq)//[i love advanced programming]
```

▶▶ 1.3.4　将数组转换为字符串

1）将数组里的一个元素直接转化为字符串，示例如下。

```
array : = make([]string, 5)
array[0] = "ILoveGo"
string : = array[0]  //直接将该数组的一个元素赋值给字符串
fmt.Printf(" == == >:% s \n", string)
// == == >:ILoveGo
```

2）将数组里面的数据全转换为字符串，示例如下。

```
func arrayToString(arr []string) string {
    var result string
    for _, i : = range arr {  //遍历数组中所有元素追加成 string
        result += i
    }
    return result
}
```

▶▶ 1.3.5　检查某个值是否在数组中

如果要检查某个值是否在数组或切片中，则需要根据相应的类型进行逐个对比，示例如下。

代码路径：chapter1/arraySlice/array1. go。

```go
package main

import "fmt"

//检查字符串是否在切片中
func Exist(target string, array []string) bool {
    for _, element : = range array {
        if target == element {
            return true
        }
    }

    return false
}

func main() {
    nameList : = []string{"Barry", "Shirdon", "Jack"}
    str1 : = "Barry"
    str2 : = "Go"
    result : = Exist(str1, nameList)
    fmt.Println("Barry 是否在 nameList 中:", result)
    result = Exist(str2, nameList)
    fmt.Println("Go 是否在 nameList 中:", result)
}
//Barry 是否在 nameList 中: true
//Go 是否在 nameList 中: false
```

▶▶ 1.3.6　查找一个元素在数组中的位置

如果要查找一个元素在数组中的位置，方法是：首先通过 reflect 包的 ValueOf( ) 函数获取数组的值，然后使用 for 循环遍历数组对值进行比较（比较输入的值与数组中的值的大小），如果相等，则返回位置的索引值。

用 Go 语言实现泛型数组查找成员位置的示例代码如下。

代码路径：chapter1/arraySlice/array2. go。

```go
package main

import (
    "fmt"
    "reflect"
```

```
)
func main() {
    a := make([]int, 6)
    for i := 0; i < 6; i ++ {
        a[i] = i + 2
    }
    index := arrayPosition(a, 6)
    fmt.Println(index)
}
//查找一个元素在数组中的位置
func arrayPosition(arr interface{}, d interface{}) int {
    array := reflect.ValueOf(arr)
    for i := 0; i < array.Len(); i ++ {
        v := array.Index(i)
        if v.Interface() == d {
            return i
        }
    }
    return -1
}
//4
```

▶ 1.3.7　查找数组中最大值或最小值元素

在 Go 语言中，如果要查找数组中最大值或最小值元素，可以通过 for 循环逐个比较元素的大小。在 for 循环中，如果发现有更大的数，则进行交换。例如，求出一个数组的最大值，并得到对应的下标，代码如下。

代码路径：chapter1/arraySlice/array4. go。

```
package main

import (
    "fmt"
)

func main() {
    var array = [...]int{1, -2, 88, 66, 16, 68}
    maxValue := array[0]
    maxValueIndex := 0
    for i := 0; i < len(array); i ++ {
        //比较元素的大小,如果发现有更大的数,则进行交换
        if maxValue < array[i] {
            maxValue = array[i]
```

```
                maxValueIndex = i
            }
        }
        fmt.Printf("maxValue = % v maxValueIndex = % v \n", maxValue, maxValueIndex)
    }
```

代码输出结果如下。

```
maxValue = 88 maxValueIndex = 2
```

▶▶ 1.3.8 随机打乱数组

把一个数组随机打乱的实质就是"洗牌问题","洗牌问题"不仅追求速度,还要求"洗得足够开"。常见的应用场景有三国杀游戏、斗地主游戏等。

接下来通过 Fisher-Yates 随机置乱算法来进行讲解。Fisher-Yates 随机置乱算法也称高纳德置乱算法,其核心思想是从 1 ~ n 之间随机出一个数和最后一个数(n)交换,然后从 1 ~ n-1 之间随机出一个数和倒数第二个数(n-1)交换。这个算法生成的随机排列是等概率的,所以每个排列都是等可能的,其生成随机整数的示例如下。

代码路径:chapter1/arraySlice/array5. go。

```go
package main

import (
    "errors"
    "fmt"
    "math/rand"
    "time"
)

func init() {
    rand.Seed(time.Now().Unix())
}

func main() {
    str := []string{
        "0", "1", "2", "3", "4", "5", "6",
    }
    a, _ := RandomInt(str, 5)
    fmt.Println(a)
}

//Fisher-Yates 随机置乱算法生成随机整数
func RandomInt(strings []string, length int) (string, error) {
    if len(strings) <= 0 {
        return "", errors.New("字符串长度不能小于 0")
```

```
    }
    if length <= 0 || len(strings) <= length {
        return "", errors.New("参数长度非法")
    }
    for i := len(strings) - 1; i > 0; i-- {
        num := rand.Intn(i + 1)
        strings[i], strings[num] = strings[num], strings[i]
    }
    str := ""
    for i := 0; i < length; i++ {
        str += strings[i]
    }
    return str, nil
}
```

需要注意的是，无论是算法本身的执行过程，还是生成随机数的过程，使用 Fisher-Yates 洗牌算法必须谨慎，否则就可能出现一些偏差。例如随机数生成带来的误差，会造成洗牌的结果整体上不满足均匀分布的特点。

▶▶ 1.3.9 删除数组中重复的元素

在开发实战中，往往会遇到数组中有重复元素的情况，需要删除数组中重复的元素。例如给定一个数组，需要删除重复出现的元素，使得每个元素只出现一次，并返回移除后数组的新长度。不要使用额外的数组空间，必须通过直接修改输入数组的方式，并在使用空间复杂度为 O(1) 的条件下完成，示例代码如下。

代码路径：chapter1/arraySlice/array6. go。

```
package main

import (
    "fmt"
)

func main() {
    array := []int{1, 6, 6, 8}
    res := removeDuplicates(array)
    fmt.Println(res)
}

//删除重复元素
func removeDuplicates(array []int) []int {
    //如果是空切片,则返回 nil
```

```
    if len(array) == 0 {
      return nil
    }
    //用两个标记来比较相邻位置的值
    //如果一样,则继续
    //如果不一样,则把 right 指向的值赋值给 left 下一位
    left, right := 0, 1
    for ; right < len(array); right ++ {
        if array[left] == array[right] {
            continue
        }
        left ++
        array[left] = array[right]
    }
    return array[:left +1]
}
```

代码输出结果如下。

```
[1 6 8]
```

1.4 数组高级技巧

▶▶ 1.4.1 一维数组的排序

在 Go 语言中,只要实现了 sort. Interface 接口,即可通过 sort 包内的函数完成排序、查找等操作。并且 sort 包已经把[ ]int、[ ]float64、[ ]string 3 种类型都实现了该接口,可以方便地调用。

在 Go 语言中,sort. Sort( )函数是递增排序,如果要实现递减排序,则要用 sort. Reverse( )函数,示例如下。

代码路径:chapter1/array/sort1. go。

```
package main

import (
    "fmt"
    "sort"
)

func main() {
    a := []int{4, 3, 2, 1, 5, 6}
    sort.Sort(sort.Reverse(sort.IntSlice(a)))
```

```
    fmt.Println("排序后:", a)
}
//排序后:[6 5 4 3 2 1]
```

▶▶ 1.4.2 二维数组的排序

对于二维数组的排序，可以通过实现 sort. Interface 接口的方法来处理。本节通过一个数组按指定规则排序的 Go 算法问题来进行示例，该算法具体要求如下。

给出一个二维数组，将这个二维数组按第 i 列（i 从 1 开始）排序。如果第 i 列相同，则对相同的行按第 i+1 列的元素排序；如果第 i+1 列的元素也相同，则继续比较第 i+2 列，以此类推，直到最后一列。如果第 i 列到最后一列都相同，则按原序排列。

例如，给定如下一个样例输入。

1, 9, 5

2, 3, 6

3, 6, 9

1, 8, 3

如果按第 2 列排序，则输出如下结果。

2, 3, 6

3, 6, 9

1, 8, 3

1, 9, 5

以上算法的 Go 语言代码实现如下。

代码路径：chapter1/array/sort. go。

```
packagemutilarray

import (
    "fmt"
    "sort"
)

//按指定规则对 numArray 进行排序
func ArraySort(numArray [][]int, firstIndex int) [][]int {

    //检查
    if len(numArray) <= 1 {
        return numArray
    }

    if firstIndex < 0 || firstIndex > len(numArray[0])-1 {
```

```
            fmt.Println("Warning: Param firstIndex should between 0 and len(numArray)-1. The
original array is returned.")
            return numArray
      }

      //排序
      mIntArray := &IntArray{numArray, firstIndex}
      sort.Sort(mIntArray)
      return mIntArray.mArr
   }

   type IntArray struct {
      mArr [][]int
      firstIndex int
   }

   //IntArray实现 sort.Interface 接口
   func (arr *IntArray) Len() int {
      return len(arr.mArr)
   }

   func (arr *IntArray) Swap(i, j int) {
      arr.mArr[i], arr.mArr[j] = arr.mArr[j], arr.mArr[i]
   }

   func (arr *IntArray) Less(i, j int) bool {
      arr1 := arr.mArr[i]
      arr2 := arr.mArr[j]
      for index := arr.firstIndex; index < len(arr1); index++ {
         if arr1[index] < arr2[index] {
            return true
         } else if arr1[index] > arr2[index] {
            return false
         }
      }

      return i < j
   }
```

写好排序算法后，编写一个 main( ) 函数来进行测试，示例如下。

代码路径：chapter1/arraySlice/mutilarray. go。

```
   package main

   import (
      "fmt"
      "gitee.com/shirdonl/goAdvanced/chapter2/mutilarray"
   )
```

```
func main() {
    //定义一个二维数组
    nums := [][]int{{1, 9, 5}, {2, 3, 6}, {3, 6, 9}, {1, 8, 3}}
    firstIndex := 2 //按第 2 列排序
    result := mutilarray.ArraySort(nums, firstIndex-1)
    fmt.Println(result)
}
```

在文件所在目录打开命令行终端，输入启动命令，返回值如下。

```
$ go run mutilarray.go
[[2 3 6] [3 6 9] [1 8 3] [1 9 5]]
```

▶▶ 1.4.3 多维数组声明

对于有一些 Go 语言编程经验的读者来说，尽管已经知道如何使用数组，但是对多维数组未必熟悉。多维数组可以理解为多个表单，如图 1-3 所示。

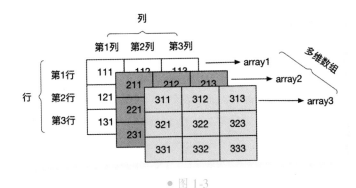

● 图 1-3

常见的数组大多都是一维的线性数组，而多维数组在数值和图形计算领域却有比较常见的应用。多维数组的处理核心是将多维数组转换成二维数组，所以当遇到多维数组问题时，首先要考虑的就是降维，只要掌握了二维数组的排序方法，就可以轻松地通过 for 循环将多维数组转换成二维数组来处理。

Go 语言多维数组声明方式如下。

```
var variable_name [SIZE1][SIZE2]...[SIZEN] variable_type
```

以上声明语句的说明如下。

- **variable_name**：变量名字。
- **[SIZE1] [SIZE2] … [SIZEN]**：表示维度为 N 的数组的各维度的数组大小。

- variable_type：变量类型。

多维数组可通过大括号来初始化值。例如，声明一个 3 行 4 列的二维数组的示例如下。

```
array = [3][4]int{
{1, 2, 3, 4},
{5, 6, 7, 8},
{9, 10, 11, 12}
}
```

例如，声明三维的整型数组的形式如下。

代码路径：chapter1/arraySlice/mutilarray1. go。

```
package main

import "fmt"

func main() {
    var array3 [1][2][3]int
    fmt.Println(array3)
}
//[[[0 0 0] [0 0 0]]]
```

▶▶ 1.4.4　多维数组遍历

多维数组的遍历常用多重 for 循环来实现。例如，二维数组可以使用 for 循环嵌套来输出元素，示例如下。

代码路径：chapter1/arraySlice/mutilarray3. go。

```
package main

import "fmt"

func main() {
    // 二维数组(5 行 2 列)
    var a = [5][2]int{ {0,1}, {2,3}, {4,5}, {6,7},{8,9}}
    var i, j int

    //输出数组元素
    for  i = 0; i < 5; i ++ {
        for j = 0; j < 2; j ++ {
            fmt.Printf("a[% d][% d] = % d\n", i,j, a[i][j] )
        }
    }
}
//a[0][0] = 0
//a[0][1] = 1
//a[1][0] = 2
//a[1][1] = 3
```

```
//a[2][0] = 4
//a[2][1] = 5
//a[3][0] = 6
//a[3][1] = 7
//a[4][0] = 8
//a[4][1] = 9
```

▶▶ 1.4.5 多维数组的查询

在一维数组中，如果使用索引查看第 1 个元素，则直接使用索引为 0 即可，示例如下。

```
fmt.Println(mArray[0])
```

对于多维数组，访问索引为 0 的第 1 个元素的示例如下。

代码路径：chapter1/arraySlice/mutilarray4. go。

```
package main

import "fmt"

func main() {
    var mArray [1][2][3]int
    fmt.Println(mArray)
    fmt.Println(mArray[0])
    fmt.Println(mArray[0][0])
    fmt.Println(mArray[0][0][0])
}
//[[[0 0 0] [0 0 0]]]
//[[0 0 0] [0 0 0]]
//[0 0 0]
//0
```

▶▶ 1.4.6 多维数组的修改

对于多维数组的修改，通过对要修改的元素重新赋值即可，例如，可以尝试对索引为 0 的元素进行修改，再修改索引为 1 的元素，示例如下。

代码路径：chapter1/arraySlice/mutilarray5. go。

```
package main

import "fmt"

func main() {
    var mArray [3][2]int
    mArray[0] = [2]int{6, 8}
```

```
        fmt.Println(mArray)
        mArray[1] = [2]int{66, 88}
        fmt.Println(mArray)
    }
    //[[6 8] [0 0] [0 0]]
    //[[6 8] [66 88] [0 0]]
```

▶▶ 1.4.7　三维数组生成器

创建一个三维数组生成器，需要通过 make( ) 函数和 for…range 循环语句配合起来实现，示例如下。

代码路径：chapter1/arraySlice/mutilarray2. go。

```
    package main

    import "fmt"

    func main() {
        x := make3D(2, 2, 3)

        x[1][0][2] = 9
        fmt.Println(x)
    }

    //三维数组生成器
    func make3D(m, n, p int) [][][]float64 {
    buf := make([]float64, m* n*p)

    x := make([][][]float64, m)
    for i := range x {
        x[i] = make([][]float64, n)
        for j := range x[i] {
        x[i][j] = buf[:p:p]
        buf = buf[p:]
      }
    }
    return x
}
//[[[0 0 0] [0 0 0]] [[0 0 9] [0 0 0]]]
```

▶▶ 1.4.8　【实战】从数据库中获取数据并进行合并处理和导出

从数据库中获取数据并进行合并处理，主要用到 database/sql 包和 encoding/csv 包，以及驱动包 github. com/go-sql-driver/mysql。方法是：首先连接数据库获取数据，然后进行合并处理，最后导出到 CSV 文件，示例如下。

代码路径：chapter1/arraySlice/1.3.9-export_csv.go。

```go
package main

//从 MySQL 中导出数据到 CSV 文件中
import (
    "database/sql"
    "encoding/csv"
    "fmt"
    _ "github.com/go-sql-driver/mysql"
    "os"
)

var (
    tables = []string{"user", "order"}
    count  = len(tables)
    ch     = make(chan bool, count)
)

func main() {
    //连接数据库
    db, err := sql.Open("mysql", "root:a123456@ tcp(127.0.0.1:3306)/chapter1? char-
set=utf8")
    defer db.Close()

    if err != nil {
        panic(err.Error())
    }

    for _, table := range tables {
        go SqlQuery(db, table, ch)
    }
    for i := 0; i < count; i ++ {
        <-ch
    }
    fmt.Println("完成!")
}

//运行 SQL 语句
func SqlQuery(db *sql.DB, table string, ch chan bool) {
    fmt.Println("开始处理:", table)
    rows, _ := db.Query(fmt.Sprintf("SELECT *  from % s", table))

    columns, err := rows.Columns()
    if err != nil {
        panic(err.Error())
    }
```

```go
    values := make([]sql.RawBytes, len(columns))
    scanArgs := make([]interface{}, len(values))
    for i := range values {
        scanArgs[i] = &values[i]
    }

    totalValues := [][]string{}
    for rows.Next() {
        var s []string
        //把每行的内容添加到 scanArgs,也添加到了 values
        err = rows.Scan(scanArgs...)
        if err != nil {
            panic(err.Error())
        }

        for _, v := range values {
            s = append(s, string(v))
        }
        totalValues = append(totalValues, s)
    }

    if err = rows.Err(); err != nil {
        panic(err.Error())
    }
    exportToCSV(table + ".csv", columns, totalValues)
    ch <- true
}
//导出到 CSV
func exportToCSV(file string, columns []string, totalValues [][]string) {
    f, err := os.Create(file)
    if err != nil {
        panic(err)
    }
    f.WriteString("\xEF\xBB\xBF")
    defer f.Close()
    w := csv.NewWriter(f)
    for a, i := range totalValues {
        if a == 0 {
            w.Write(columns)
            w.Write(i)
        } else {
        // fmt.Println(i)
        w.Write(i)
        }
    }
    w.Flush()
    fmt.Println("处理完毕:", file)
}
```

1.5 map 常见实战技巧

▶▶ 1.5.1　map 基础

Go 语言中 map 是一种特殊的数据类型——一种"元素对"（pair）的无序集合。元素对包含一个 key（键）和一个 value（值），所以这种结构也称为"关联数组"或"字典"。这是一种能够快速寻找值的理想结构：给定了 key，就可以迅速找到对应的 value。

map 是引用类型，可以使用如下方式声明。

```
var name map[key_type]value_type
```

其中，name 为 map 的变量名，key_type 为键类型，value_type 为键对应的值类型。

注意，在［key_type］和 value_type 之间允许有空格。

在声明时，不需要知道 map 的长度，因为 map 是可以动态增长的。未初始化的 map 的值是 nil。使用函数 len( ) 可以获取 map 中 pair 的数目。

▶▶ 1.5.2　检查一个键是否在 map 中

Go 语言中，检查一个键 key 是否在 map 中的判断方式如下。

```
if _, ok := map[key]; ok {
    //逻辑代码
}
```

示例如下。

代码路径：chapter1/map/map1.go。

```
package main

import "fmt"

func main() {
    //声明并初始化一个 map,key 是 int64 类型,value 是 string 类型
    varMap := make(map[int64]string)
    varMap[1] = "Go"
    varMap[2] = "Advanced"

    //声明一个 int64 数组,然后遍历数组,num 是数组中的元素
    for _, num := range []int64{1, 2, 3, 4} {
        if _, ok := varMap[num]; ok {
            fmt.Printf("varMap 中包含 key:% d \n", num, )
```

```
        } else {
            fmt.Printf("varMap 中不包含 key:% d \n", num)
        }
    }

    fmt.Println("_____分割线_____")

    for _, num : = range []int64{1, 2, 3, 4} {
        //如果包含 key,想知道 value,就把返回值赋给一个变量,这里使用变量 v
        if v, s : = varMap[num]; s {
            fmt.Printf("varMap 中包含 key:% d,value 值为:% s \n", num, v)
        } else {
            fmt.Printf("varMap 中不包含 key:% d \n", num)
        }
    }
}
```

代码的执行结果如下。

```
varMap 中包含 key:1
varMap 中包含 key:2
varMap 中不包含 key:3
varMap 中不包含 key:4
_____分割线_____
varMap 中包含 key:1,value 值为:Go
varMap 中包含 key:2,value 值为:Advanced
varMap 中不包含 key:3
varMap 中不包含 key:4
```

1.5.3 json 与 map 互相转化

在 Go 语言开发实战中,json 与 map 互相转化是十分常见的。下面分别通过 json 转 map 和 map 转 json 的示例来进行讲解。

1) json 转 map 的示例如下。

```
jsonStr : = `
    {
        "name": "Shirdon",
        "goodAt": "Go Programming"
    }
`

var mapResult map[string]interface{}
err : = json.Unmarshal([]byte(jsonStr), &mapResult)
if err != nil {
    fmt.Println("JsonToMapDemo err: ", err)
```

```
    }
    fmt.Println(mapResult)
```

输出结果如下。

```
map[goodAt:Go Programming name:Shirdon]
```

2）map 转 json 的示例如下。

```
instance := map[string]interface{}{
    "name":   "Shirdon",
    "goodAt": "Go Programming"}

jsonStr, err := json.Marshal(instance)

if err != nil {
    fmt.Println("MapToJsonDemo err: ", err)
}
fmt.Println(string(jsonStr))
```

输出结果如下。

```
{"goodAt":"Go Programming","name":"Shirdon"}
```

▶▶ 1.5.4　map 排序示例

在 Go 语言中，map 默认是无序的，不管是按照 key 还是按照 value 默认都不排序。如果要为 map 排序，需要将 key 复制到一个切片，再对切片排序，然后使用切片的 for…range 方法打印出所有的 key 和 value，示例如下。

代码路径：chapter1/map/map3.go。

```
package main

import (
    "fmt"
    "sort"
)

func main() {
    var arr map[int]int
    arr = make(map[int]int, 5)
    arr[0] = 88
    arr[1] = 66
    arr[2] = 99
    //定义一个切片
    var b []int
    fmt.Println("排序前的值如下:")
    //注意 map 是无序的
```

```
    for k, v : = range arr {
        fmt.Println(k, v)
        b = append(b, v)
    }

    sort.Ints(b)
    fmt.Println("排序后的值如下:")
    for k, v : = range b {
        fmt.Println(k, v)
    }
}
//排序前的值如下:
//0 88
//1 66
//2 99
//排序后的值如下:
//0 66
//1 88
//2 99
```

在 Go 语言的 map 中，进行 for…range 遍历的时候，遍历的健、值是使用同一块地址，同时这块地址是临时分配的。虽然地址没有变化，但内容一直在变化，遍历的顺序是随机的，示例如下：

代码路径：chapter1/map/map7. go。

```
package main
import (
    "fmt"
)

func main() {
    // 创建 map
    m : = map[string]string{
        "a": "value_a",
        "b": "value_b",
    }

    var sli []*string
    for k, v : = range m {
        //k 一直使用同一块内存,v 也一样
        fmt.Printf("k:[% p].v:[% p]\n", &k, &v)
        sli = append(sli, &v) // 对 v 取地址的值
    }
    // 输出
    //k:[0xc000010200].v:[0xc000010210]
```

```
//k:[0xc000010200].v:[0xc000010210]

for _, b := range sli {
    fmt.Println(*b)
}
// 输出
// value_b
// value_b
}
```

在上面的例子中，当遍历完成后，v 的内容是 map 遍历时最后遍历的元素的值（map 遍历无序，每次不确定哪个元素是最后一个元素）。当程序将 v 的地址放到 slice 中时，slice 再不断地向 v 的地址插入。由于 v 一直是那块地址，因此 slice 中的每个元素记录的都是 v 的地址。因此，当打印 slice 中的内容时，都是同一个值。

❸ map 类型的切片

假设想获取一个 map 类型的切片，必须使用两次 make( ) 函数。第一次分配切片，第二次分配切片中的每个 map 元素，示例如下。

代码路径：chapter1/map/map11. go。

```
package main

import "fmt"

func main() {
    //创建 map 类型的切片
    slice := make([]map[int]int, 3)
    for i := range slice {
        slice[i] = make(map[int]int, 6)
        slice[i][1] = 88
        slice[i][2] = 66
    }
    fmt.Printf("Value of slice: % v \n", slice)
}
//Value of slice: [map[1:88 2:66] map[1:88 2:66] map[1:88 2:66]]
```

▶▶ 1.5.5 map 高级使用技巧

Go 语言中，map 的主要作用是提供一个快速地查找、插入、删除的结构，同时具备与存储体量无关的、空间复杂度为 O(1) 的性能，并且支持键 key 的唯一性。和其他编程语言类似，如 Java 里的 HashMap、Python 里的 Dictionary、Scala 里的各种 Map 等。

对于 Go 语言的 map 数据类型来说，首先它是可变（mutable）的，也就是说，可以随时对其进行修改；其次，它不是线程安全的，所以等价于 Java 里的 HashMap。

① 多维 map 的声明和遍历

多维 map 的声明格式如下。

```
var m map[KeyType_1]map[KeyType_2]...map[KeyType_n]ValueType
```

这里的 KeyType_1、KeyType_2，…，KeyType_n 代表 map 的键 key 类型，一定要是可以比较的，而 ValueType 可以是任意的类型，甚至包括其他内嵌的 map。

```
var m map[string]int
```

上面的定义中，keyType 的类型是 string，valueType 就是 int。

map 在 Go 语言里是属于索引类型，也就是作为方法的形参或者返回类型时，传递的也是这个索引的地址，不是 map 的本体。其次，这个 map 在声明的时候是 nil，如果没有初始化，则默认是 nil。对于这个 nil 的 map，可以对其进行任意地取值，返回的都是（nil，err），但是如果对其设置一个新的值，就会报如下错误。

```
panic a nil map behaves like an empty map when reading, but attempts to write to a nil map
will cause a runtime panic; don't do that
```

所以需要先初始化，方法 1 如下。

```
m: = make(map[string]int)
```

方法 2 如下。

```
var m map[string]int = map[string]int{"barry":12,"tony":10}
```

或者初始化一个空的 map，示例如下。

```
m = map[string]int{}
```

声明一个二维 map 的方法如下。

代码路径：chapter1/map/1.5.5-map1.go。

```
package main

import "fmt"

func main() {
    m : = map[string]map[string]string{}
    m["programmer"] = map[string]string{}
    m["programmer"]["name"] = "Shirdon"
    m["manager"] = map[string]string{}
    m["manager"]["goodAt"] = "Go"
    fmt.Println(m["programmer"]["name"])
    fmt.Println(m)
    for key, value : = range m {
```

```
        for k, v : = range value {
            fmt.Println("K:", k, "V:", v)
        }
        fmt.Println("Key:", key, "Value:", value)
    }
}
//K: name V:Shirdon
//Key: programmer Value: map[ name:Shirdon]
//K:goodAt V: Go
//Key: manager Value: map[ goodAt:Go]
```

② **map 多层嵌套的使用及遍历方法**

可以多次使用 for…range 语句来处理多层嵌套，示例如下。

代码路径：chapter1/map/1.5.5-map2.go。

```
package main

import (
    "fmt"
)

func main() {
    /*  使用 interface{}初始化一个一维 map
     *  关键点:interface{} 可以代表任意类型
     *  原理知识点:interface{} 就是一个空接口,所有类型都实现了这个接口,所以它可以代表所有类型
     */
    //mainMap : = make(map[ string]interface{})
    mainMap : = map[ string]interface{}{}
    subMap : = make(map[ string]string)
    subMap[ "Key_1"] = "SubValue_1"
    subMap[ "Key_2"] = "SubValue_2"
    mainMap[ "Map"] = subMap
    for key, val : = range mainMap {
        //此处必须实例化接口类型,即* .(map[ string]string)
        //subMap : = val.(map[ string]string)
        for subKey, subVal : = range val.(map[ string]string) {
            fmt.Printf("mapName =% s   Key =% s   Value =% s \n", key, subKey, subVal)
        }
    }
}
//mapName = Map      Key = Key_1     Value = SubValue_1
//mapName = Map      Key = Key_2     Value = SubValue_2
```

▶▶1.5.6 map 排序技巧

❶ 按 key 排序

Go 语言的 map 不保证有序性，所以按 key 排序需要先取出 key，再对 key 排序，然后遍历输出 value，示例如下。

代码路径：chapter1/map/map8. go。

```go
package main

import (
    "fmt"
    "sort"
)

func main() {
    //创建 map
    m := make(map[int]string)
    m[0] = "I"
    m[2] = "Go"
    m[1] = "Love"

    //将键值按排序顺序存储在切片中
    var keys []int
    for k := range m {
        keys = append(keys, k)
    }
    sort.Ints(keys)

    // To perform theopertion you want
    for _, k := range keys {
        fmt.Println("Key:", k, "Value:", m[k])
    }
}
//Key: 0 Value: I
//Key: 1 Value: Love
//Key: 2 Value: Go
```

❷ 按 value 排序

如果要对 Go map 按照 value 进行排序，思路是：先导入 sort 包，然后调用 sort. Slice 函数进行排序。

代码路径：chapter1/map/map9. go。

```go
package main

import (
```

```
        "fmt"
        "sort"
    )

    func main() {
        counts : = map[string]int{"Barry": 96, "Aaron": 98, "Clan": 97}

        keys : = make([]string, 0, len(counts))
        for key : = range counts {
            keys = append(keys, key)
        }
        sort.Slice(keys,func(i, j int) bool { return counts[keys[i]] > counts[keys[j]] })

        for _, key : = range keys {
            fmt.Printf("% s, % d\n", key, counts[key])
        }
    }
    //Aaron, 98
    //Clan, 97
    //Barry, 96
```

❸ 按照 map 字符出现的频率降序

计算字符串的字符出现频率，并按照频率降序排序。在 Go 语言中，提供了 sort.Slice() 函数，可用来对 map 进行排序，示例如下。

代码路径：chapter1/map/map10. go。

```
    package main

    import (
        "fmt"
        "sort"
    )

    type frequency struct {
        char string
        fre int
    }

    //计算字符串的字符出现频率,并按照频率降序排序
    func frequencies(s string) []frequency {
        m : = make(map[string]int)
        for _, r : = range s {
            m[string(r)] ++
        }
        a : = make([]frequency, 0, len(m))
        for c, f : = range m {
```

```
        a = append(a, frequency{char: c, fre: f})
    }
    sort.Slice(a, func(i, j int) bool { return a[i].fre > a[j].fre })
    return a
}
func main() {
    str := "hiilovegogogo"
    fmt.Println(str)
    f := frequencies(str)
    fmt.Println(f)
}
//[{o 4} {g 3} {i 2} {l 1} {v 1} {e 1} {h 1}]
```

▶▶ 1.5.7 【实战】 从数据库中获取数据并导出特定 CSV 文件

本节将讲解如何从数据库中导出一个 CSV 文件。

1) 打开数据库，新建一个名为 user 的表并插入示例数据，相关 SQL 语句如下。

```
DROP TABLE IF EXISTS `user`;
CREATE TABLE `user` (
  `uid` int(10) NOT NULL AUTO_INCREMENT,
  `name` varchar(30) DEFAULT '',
  `phone` varchar(20) DEFAULT '',
  `email` varchar(30) DEFAULT '',
  `password` varchar(100) DEFAULT '',
  PRIMARY KEY (`uid`)
) ENGINE = InnoDB AUTO_INCREMENT = 3 DEFAULT CHARSET = utf8 COMMENT = '用户表';

BEGIN;
INSERT INTO `user` VALUES (1, 'shirdon', '18888888888', 'shirdonliao@ gmail.com', '');
INSERT INTO `user` VALUES (2, 'barry', '18788888888', 'barry@ 163.com', '');
COMMIT;
```

2) 定义一个 User 结构体。

根据前面创建的 user 表，定义一个 User 结构体来存储数据库返回的数据，详细代码如下。

```
type User struct {
    Uid   int
    Name  string
    Phone string
    Email string
    Password string
}
```

3) 编写一个名为 queryMultiRow( ) 的查询函数，用于从数据库中获取用户数据。首先用 db. Query( ) 方法查询数据库，然后将返回结果通过 for rows. Next( ) 语句迭代返回，最后将结果通过 append( )语句追加进结构体数组[ ]User¦¦中，详细代码如下。

```go
//查询多条数据
func queryMultiRow() ([]User){
    rows, err := db.Query("select uid,name,phone,email from `user` where uid > ?", 0)
    if err != nil {
        fmt.Printf("query failed, err:%v\n", err)
        return nil
    }
    // 关闭 rows 释放持有的数据库链接
    defer rows.Close()
    // 循环读取结果集中的数据
    users := []User{}
    for rows.Next() {
        err := rows.Scan(&u.Uid, &u.Name, &u.Phone, &u.Email)
        users = append(users, u)
        if err != nil {
            fmt.Printf("scan failed, err:%v\n", err)
            return nil
        }
    }
    return users
}
```

4）编写导出函数，将数据写入指定文件。首先通过 os. Create( )函数返回创建文件句柄
fp，然后通过 csv. NewWriter（fp）方法写入文件流。如果成功，则返回一个 Writer 对象 w，最
后通过 w. WriteAll（data）方法写入文件，详细代码如下。

```go
//导出 csv 文件
func ExportCsv(filePath string, data [][]string) {
    fp, err := os.Create(filePath) //创建文件句柄
    if err != nil {
        log.Fatalf("创建文件["+filePath+"]句柄失败,%v", err)
        return
    }
    defer fp.Close()
    fp.WriteString("\xEF\xBB\xBF")
    w := csv.NewWriter(fp)          //创建一个新的写入文件流
    w.WriteAll(data)
    w.Flush()
}
```

5）编写 main( )函数，导出数据，代码如下。

```go
func main() {
    //设置导出的文件名
    filename := "./exportUsers.csv"
```

```
//从数据库中获取数据
users := queryMultiRow()
//定义一个二维数组
column := [][]string{{"手机号", "用户 UID", "Email", "用户名"}}
for _, u := range users {
    str :=[]string{}
    str = append(str,u.Phone)
    str = append(str,strconv.Itoa(u.Uid))
    str = append(str,u.Email)
    str = append(str,u.Name)
    column = append(column,str)
}
//导出
ExportCsv(filename, column)
}
```

完整代码见本书配套资源中的 "chapter1/exportCsv. go"。

在文件所在目录打开命令行终端，输入如下命令来导出文件。

```
$ go run exportCsv.go
```

如果运行正常，则会导出一个名为 exportUsers. csv 的文件。用 WPS 打开，如图1-4 所示。

● 图 1-4

1.6 结构体的使用技巧

▶▶ 1.6.1 结构体基础

（1）结构体介绍

结构体是由一系列具有相同类型或不同类型数据构成的数据集合。结构体是由 0 个或多个任意类型的值聚合成的实体，每个值都可以被称为结构体的成员。

结构体成员也可以被称为"字段"，这些字段有以下特性。

- 字段拥有自己的类型和值。
- 字段名必须唯一。
- 字段的类型也可以是结构体，甚至是字段所在结构体的类型。

使用关键字 type，可以将各种基本类型定义为自定义类型。基本类型包括整型、字符串型、布尔型等。结构体是一种复合的基本类型，通过 type 自定义类型，可以使结构体更便于使用。

（2）结构体的定义

结构体的定义格式如下。

```
type 类型名 struct {
    字段1 类型1
    字段2 类型2
    //…
}
```

对以上各部分的说明如下。

- 类型名：表示自定义结构体的名称。在同一个包内不能包含重复的类型名。
- struct||：表示结构体类型。type 类型名 struct|| 可以理解为将 struct|| 结构体定义为类型名的类型。
- 字段 1、字段 2……：表示结构体字段名。结构体中的字段名必须唯一。
- 类型 1、类型 2……：表示结构体各字段的类型。

（3）访问权限

在 Go 语言中，函数名的首字母大小写非常重要，它被来实现控制对方法的访问权限。当方法的首字母为大写时，这个方法对于所有包都是公开的（Public），其他包可以随意调用。当方法的首字母为小写时，这个方法是私有的（Private），其他包是无法访问的。

（4）结构体的排序

在 Go 语言实战中，可以通过 sort. Slice( )函数进行结构体的排序，示例如下。

代码路径：chapter1/struct/struct. go。

```
package main

import (
    "fmt"
    "sort"
)
```

```go
type Programmer struct {
    FirstName string
    GoodAt    string
}

func main() {
    members := []Programmer{
        {"Jack", "PHP"},
        {"Jane", "JAVA"},
        {"Barry", "Go"},
    }

    fmt.Println(members)
    sort.Slice(members, func(i, j int) bool {
        return members[i].GoodAt < members[j].GoodAt || members[i].FirstName < members[j].FirstName
    })

    fmt.Println(members)
}
```

输出如下。

```
[{Jack PHP} {Jane JAVA} {Barry Go}]
[{Barry Go} {Jane JAVA} {Jack PHP}]
```

sort 不保证排序的稳定性（两个相同的值，排序之后相对位置不变），排序的稳定性由 sort.Stable() 函数来保证，示例如下。

代码路径：chapter1/struct/struct6.go。

```go
package main

import (
    "fmt"
    "sort"
)

type Programmer struct {
    Name string
    Age  int
}

type ProgrammerSlice []Programmer
func (s ProgrammerSlice) Len() int          { return len(s) }
func (s ProgrammerSlice) Swap(i, j int)      { s[i], s[j] = s[j], s[i] }
func (s ProgrammerSlice) Less(i, j int) bool { return s[i].Age < s[j].Age }

func main() {
```

```
        a : = ProgrammerSlice{
            {
                Name: "Barry",
                Age:  30,
            },
            {
                Name: "Jack",
                Age:  22,
            },
            {
                Name: "Jim",
                Age:  18,
            },
        }
        sort.Stable(a)
        fmt.Println(a)
    }
    //[ {Jim 18} {Jack 22} {Barry 30}]
```

▶▶ 1.6.2 结构体初始化

Go 语言中数组只能存储同一类型的数据，但在结构体中可以为不同项定义不同的数据类型。结构体初始化示例如下。

代码路径：chapter1/struct/struct1. go。

```
    package main

    import "fmt"

    //定义结构体
    type Programmer struct {
        Name string
        GoodAt   string
    }

    func main() {
        //方法 1
        var person Programmer
        person.Name = "Jack"
        person.GoodAt = "Java"
        fmt.Println(person)

        //方法 2
        person1 := Programmer{"Jack", "PHP"}
        fmt.Println(person1)
```

```
//方法3:此处(*person2).Name 等同于 person2.Name
// 其他属性同理,因为 Go 语言设计者在底层做了相关处理
var person2 = new(Programmer)
//(*person2).Name = "zhangsan2"
person2.Name = "Barry"
(*person2).GoodAt = "Python"
fmt.Println(*person2)

//方法4:此处(*Programmer).Name 等同于 person3.Name,其他属性同理
var person3 = &Programmer{}
(*person3).Name = "Shirdon"
(*person3).GoodAt = "Go"
fmt.Println(*person3)
}
```

▶▶ 1.6.3 结构体继承

Go 语言中的继承和 Java 等语言相比不太一样。在 Go 语言中，type name struct{}结构体就相当于其他语言中 class（类）的概念。

在其他语言中，方法是直接写在类里面的。而 Go 语言中，对于该结构体，如果存在方法，则是以 "func（结构体名）方法名{}" 的方式，即 "func（p Programmer）write{}" 的方式来声明的。

在 Go 语言中没有 extends 关键字，也就意味着 Go 语言并没有原生级别的继承支持。本质上，Go 语言使用 interface 实现的功能叫组合，Go 语言是使用组合来实现继承的，说得更精确一点，是使用组合来代替继承的。

通过如下示例来加深对继承的理解，比如当前有一个父类（结构体）——Father，它有两个结构体方法，示例如下。

```
type Father struct {
    Name string
}

func(entity Father) Work() {
    //...
}
func(entity Father) Study() {
    //...
}
```

现在要创建一个它的子类，需要把 Father 这个结构体添加进去，变成其中的一个成员变量。

```
type Child struct {
    Father
    //...
}
```

这样结构体 Child 就可以直接调用父类结构体 Father 的方法了，示例如下。

```
child : = Child{}
child.Study()
```

按照常规的理解，由于父类是子类当中的一个成员，所以想要调用父类的方法，应该写成 child. Father. Study( )才对。但实际上 Go 语言做了相关的优化，直接调用方法也可以找到父类当中的方法。

如果要改写父类的方法也不困难，可以采用如下操作。

```
func (entity Child) Study() {
    entity.Father.Study()
    //...
}
```

如此，父类当中的 Study( )方法就被 Child 改写了，这样就完成了继承当中对父类函数的改写。

▶▶ 1.6.4　结构体组合

Go 语言中的结构体组合是指外部结构体与内部结构体的关系、结构体实例与结构体的关系，即它们是"有一个（has a）"的关系。结构体组合的使用示例如下。

代码路径：chapter1/struct/struct5. go。

```
package main

import (
    "fmt"
)
//定义基础结构体
type People struct {
}

//定义方法
func (*People) GetName(name string) {
    fmt.Println("Hi," + name + ", I am Barry")
}

//定义组合的结构体
type Student struct {
```

```
        * People
    }

    func main() {
        name : = "Barry"
        //定义
        a : = People{}
        a.GetName(name)

        //结构体组合
        b : = Student{&People{}}
        b.GetName(name)
    }
```

在以上代码的语句"b ：= Student{&People{}}"中，b 在赋值的时候，值语义里需要创建一个 People 类型的指针，赋值给 Student 中的匿名变量，从而实现了结构体的组合。

▶▶ 1.6.5　匿名结构体

在 Go 语言中，匿名结构体就是没有名字的结构体，其使用示例如下。

代码路径：chapter1/struct/struct2.go。

```
    package main

    import "fmt"

    //定义结构体
    type User struct {
        Name    string
        GoodAt string
    }

    func main() {
        user : = User{"Shirdon", "Go"}
        //初始化一个匿名结构体
        data : = struct {
            Title string
            Users User
        }{
            "info",
            user,
        }
        fmt.Println(data)
    }
    //{info {Shirdon Go}}
```

▶▶ 1.6.6 结构体嵌套

结构体的嵌套经常用于返回或者解析网络请求，比如 API 接口的 Response 响应，结构体的嵌套示例如下。

代码路径：chapter1/struct/struct3.go。

```go
package main

import (
    "encoding/json"
    "fmt"
)

//基础结构体
type Item struct {
    Title string
    URL   string
}
//定义一个响应结构体
type Response struct {
    Data struct {
        Children []struct {
            Data Item
        }
    }
}

func main() {
    jsonStr := `{
    "data": {
        "children": [
            {
                "data": {
                    "title": "Shirdon's Blog'",
                    "url": "https://www.shirdon.com"
                }
            }
        ]
    }
}`
    res := Response{}
    json.Unmarshal([]byte(jsonStr), &res)
    fmt.Println(res)
}

//{{[{{Shirdon's Blog' https://www.shirdon.com}}]}}
```

▶▶ 1.6.7　结构体字段标签

结构体字段标签（Tag）是指结构体字段的额外信息，常用于对字段进行说明。在进行json 序列化及对象关系映射（Object Relational Mapping）时，都会用到结构体字段标签，标签信息都是静态的，无须实例化结构体，可以通过反射（反射会在 2.4 节中介绍）获得。

标签在结构体字段后面书写，格式由一个或多个键值对组成，键值对之间使用空格分隔，形式如下。

```
`key1:"value1" key2:"value2"`
```

使用反射获取结构体的标签信息，示例如下。

代码路径：chapter1/struct/struct4. go。

```
package main

import (
    "fmt"
    "reflect"
)
type Programmer struct {
    Name string `json:"name" level:"12"`//标签
}

func main() {
    var pro Programmer = Programmer{}
    //反射获取标签信息
    typeOfPro := reflect.TypeOf(pro)
    proFieldName, ok := typeOfPro.FieldByName("Name")
    if ok {
        //打印标签信息
        fmt.Println(proFieldName.Tag.Get("json"), proFieldName.Tag.Get("level"))
    }
}
//name 12
```

▶▶ 1.6.8　Go 语言面向对象编程

Go 语言中没有类（Class）的概念，但这并不意味着 Go 语言不支持面向对象编程，毕竟面向对象只是一种编程思想。面向对象有 3 大基本特征。

- 封装：隐藏对象的属性和实现细节，仅对外提供公共访问方式。
- 继承：使得子类具有父类的属性和方法或者重新定义、追加属性和方法等。
- 多态：不同对象中同种行为的不同实现方式。

下面来看看 Go 语言是如何在没有类（Class）的情况下实现这 3 大特征的。

1 封装

（1）属性

在 Go 语言中可以使用结构体对属性进行封装，结构体就像是类的一种简化形式。例如，如果要定义一个三角形，每个三角形都有底和高，则可以进行如下封装。

```
type Triangle struct {
    Bottom float32
    Height float32
}
```

（2）方法

既然有了类，那类的方法在哪呢？Go 语言中也有方法（Methods），方法是作用在接收者（Receiver）上的一个函数，接收者是某种类型的变量，因此方法是一种特殊类型的函数。

定义方法的格式如下。

```
func (recv recv_type) methodName(parameter_list) (return_value_list) { ... }
```

下面代码中已经定义了一个圆形 Circle，现在为圆形定义一个方法 Area( )来计算其面积，代码如下。

代码 chapter1/struct/oob1.go

```
package main
import (
    "fmt"
)
//圆形结构体
type Circle struct {
    Radius float32
}
//计算圆形面积
func (t * Circle) Area() float32 {
    return t.Radius *  t.Radius *  3.14
}
func main() {
    r : = Circle{10}
    // 调用 Area()方法计算面积
    fmt.Println(r.Area())
}
```

以上代码的运行结果为 314。

（3）访问权限

在面向对象编程中，常会说一个类的属性是公共的还是私有的，这就涉及访问权限的范畴了。在其他编程语言中，常用 public 与 private 关键字来表达这样一种访问权限。

在 Go 语言中，没有 public、private、protected 这样的访问控制修饰符，是通过首字母大小写来控制可见性的。

如果定义的常量、变量、类型、接口、结构、函数等的名称是大写字母开头，则表示它们能被其他包访问或调用（相当于 public）；非大写开头就只能在包内使用（相当于 private）。

例如定义一个学生结构体来描述名字和分数，示例如下。

```
type Student struct {
    name   string
    score float32
    Age int
}
```

在以上结构体中，Age 属性是大写字母开头，其他包可以直接访问调用。而 name、score 是小写字母开头，则不能直接访问。

```
s : = new(person.Student)
s.name = "Shirdon"
s.Age = 18
fmt.Println(s.Age)
```

以上代码中，可以通过 s. Age 来访问，但不能通过 s. name 访问。所以在运行时会报如下错误。

```
$ ./oob2.go:10:3: s.name undefined (cannot refer to unexported field or method name)
```

和其他面向对象语言一样，Go 语言也有实现获取和设置属性的方式。

- 对于设置方法使用 Set 前缀。
- 对于获取方法只使用成员名。

例如现在有一个处于 person 包中的 Student 结构体。

代码路径：chapter1/struct/person/student. go。

```
package person

type Student struct {
    name string
    score float32
}

//获取 name
```

```go
func (s *Student) GetName() string {
    return s.name
}

//设置 name
func (s *Student) SetName(newName string) {
    s.name = newName
}
```

这样一来，就可以在 main 包里设置和获取 name 的值了。

代码路径：chapter1/struct/oob3. go。

```go
package main

import (
    "fmt"
    "gitee.com/shirdonl/goAdvanced/chapter1/struct/person"
)

func main() {
    s := new(person.Student)
    s.SetName("Jack")
    fmt.Println(s.GetName())
}
//Jack
```

❷ 继承

Go 语言中没有 extends 关键字，它使用在结构体中内嵌匿名类型的方法来实现继承。例如，定义一个 Engine 接口类型和一个 Bus 结构体，让 Bus 结构体包含一个 Engine 类型的匿名字段，代码如下。

```go
type Engine interface {
    Run()
    Stop()
}

type Bus struct {
    Engine //包含 Engine 类型的匿名字段
}
```

此时，匿名字段 Engine 上的方法"晋升"成为外层类型 Bus 的方法。可以构建出如下代码：

```go
func (c *Bus) Working() {
    c.Run() //开动汽车
    c.Stop() //停车
}
```

❸ 多态

在面向对象编程中，多态的特征是指不同对象中同种行为的不同实现方式。在 Go 语言中可以使用接口实现这个特征。有关接口的知识会在 1.7 节中详细讲解。

先定义一个正方形 Square 和一个三角形 Triangle，代码如下。

```go
//正方形结构体
type Square struct {
    sideLen float32
}

//三角形结构体
type Triangle struct {
    Bottom float32
    Height float32
}
```

然后，计算出这两个几何图形的面积。但由于它们的面积计算方式不同，所以需要定义两个不同的 Area( )方法。于是，可以定义一个包含 Area( )方法的接口 Shape，让 Square 和 Triangle 都能调用这个接口里的 Area( )方法，代码如下。

```go
//计算三角形面积
func (t *Triangle) Area() float32 {
    return (t.Bottom *  t.Height)/2
}

//接口 Shape
type Shape interface {
    Area() float32
}

//计算正方形的面积
func (sq *Square) Area() float32 {
    return sq.sideLen *  sq.sideLen
}

func main() {
    t := &Triangle{6, 8}
    s := &Square{8}
    shapes := []Shape{t, s}      //创建一个 Shape 类型的数组
    for n, _ := range shapes { //迭代数组上的每一个元素并调用 Area()方法
        fmt.Println("图形数据: ", shapes[n])
        fmt.Println("它的面积是: ", shapes[n].Area())
    }
}
```

以上代码的运行结果如下。

```
图形数据：  &{6 8}
它的面积是：  24
图形数据：  &{8}
它的面积是：  64
```

由以上代码输出结果可知，不同对象调用 Area( )方法产生了不同的结果，展现了多态的特征。

▶▶ 1.6.9 【实战】 模拟二维矢量移动小游戏

在二维矢量游戏中，一般使用二维矢量保存玩家的位置，使用矢量可以计算出玩家移动的位置。下面的示例中，首先实现二维矢量对象，接着构造玩家对象，最后使用矢量对象和玩家对象共同模拟玩家移动的过程。

❶ 实现二维矢量对象

矢量是数据中的概念，二维矢量拥有两个方向的信息，同时可以进行加、减、乘（缩放）、距离、单位化等计算。在计算机中，使用拥有 X 和 Y 两个分量的 Vector 结构体实现数学中二维向量的概念，示例如下。

代码路径：chapter1/struct/game/pkg/vector. go。

```go
package pkg

import "math"

type Vector struct {
    X float32
    Y float32
}

//坐标点相加
func (vector1 Vector) add(vector2 Vector) Vector {
    return Vector{vector1.X + vector2.X, vector1.Y + vector2.Y}
}

//坐标点相减
func (vector1 Vector) sub(vector2 Vector) Vector {
    return Vector{vector1.X - vector2.X, vector1.Y - vector2.Y}
}

//坐标点相乘
func (vector1 Vector) multi(Speed float32) Vector {
    return Vector{vector1.X * Speed, vector1.Y * Speed}
}

//计算距离
```

```go
func (vector1 Vector) distanceTo(vector2 Vector) float32 {
    dX := vector1.X - vector2.X
    dY := vector1.Y - vector2.Y
    distance := math.Sqrt(float64(dX* dX + dY* dY))
    return float32(distance)
}

//矢量单位化
func (vector1 Vector) normalize() Vector {
    mag := vector1.X* vector1.X + vector1.Y* vector1.Y
    if mag > 0 {
        oneOverMag := 1 / float32(math.Sqrt(float64(mag)))
        return Vector{vector1.X * oneOverMag, vector1.Y * oneOverMag}
    } else {
        return Vector{0, 0}
    }
}
```

② 实现玩家对象

玩家对象负责存储玩家的当前位置、目标位置和移动速度，使用 MoveTo( ) 为玩家设定目的地坐标，使用 Update( ) 更新玩家坐标，示例如下。

代码路径：chapter1/struct/game/pkg/player. go。

```go
package pkg

type Player struct {
    CurrentVector Vector
    TargetVector  Vector
    Speed         float32
}

//初始化玩家,设置速度
func NewPlayer(Speed float32) Player {
    return Player{Speed: Speed}
}

//设置目标位置
func (p *Player) MoveTo(v Vector) {
    p.TargetVector = v
}

//获取当前位置
func (p Player) Position() Vector {
    return p.CurrentVector
}
```

```
//是否到达目标位置
func (p Player) IsArrived() bool {
    return p.CurrentVector.distanceTo(p.TargetVector) < p.Speed
}

//更新玩家位置
func (p *Player) Update() {
    directionVector := p.TargetVector.sub(p.CurrentVector)
    normalizeVector := directionVector.normalize()
    pointChange := normalizeVector.multi(p.Speed)
    newVector := p.CurrentVector.add(pointChange)
    p.CurrentVector = newVector
}
```

更新坐标稍微复杂一些，需要通过矢量计算获得玩家移动后的新位置，步骤如下。

1）使用矢量减法，将目标位置（targetPos）减去当前位置（currPos）即可计算出位于两个位置之间的新矢量。

2）使用 normalize() 方法将方向矢量变为模为 1 的单位化矢量。

3）然后用单位化矢量乘以玩家的速度，就能得到玩家每次分别在 X，Y 方向上移动的长度。

4）将目标当前位置的坐标与移动的坐标相加，得到新位置的坐标，并做修改。

③ 编写主程序

玩家移动是一个不断更新位置的循环过程。每次都是检测玩家是否靠近目标点附近，如果还没有到达，则不断地更新位置，并打印出玩家的当前位置，直到玩家到达终点，示例代码如下。

代码路径：chapter1/struct/game/main.go。

```
package main

import (
    "fmt"
    "gitee.com/shirdonl/goAdvanced/chapter1/struct/game/pkg"
    "time"
)

func main() {
    // 创建玩家,设置玩家速度
    var p = pkg.NewPlayer(0.6)
    fmt.Println(p.Speed)
    // 设置玩家目标位置
    p.MoveTo(pkg.Vector{6, 8})
    p.CurrentVector = pkg.Vector{9, 13}
```

```
        fmt.Println(p.TargetVector)

        for ! p.IsArrived() {
            // 更新玩家坐标位置
            p.Update()
            // 打印玩家位置
            fmt.Println(p.Position())
            // 1s 更新 1 次
            time.Sleep(time.Second)
        }

        fmt.Println("到达目的地了~")
}
//0.6
//{6 8}
//{8.691302 12.485504}
//{8.382605 11.971008}
//{8.073907 11.456512}
//{7.7652097 10.942017}
//{7.4565125 10.427521}
//{7.1478148 9.913025}
//{6.8391175 9.398529}
//{6.53042 8.884033}
//{6.2217226 8.369537}
//到达目的地了~
```

1.7 接口常用技巧

接口（interface）类型是对其他类型行为的概括与抽象。接口是 Go 语言最重要的特性之一，接口类型可以定义为一组方法，但是这些方法不是必要实现的。

接口本质上是一种类型，确切地说，是指针类型。接口可以实现多态功能。如果一个类型实现了某个接口，则所有使用这个接口的地方都可以支持这种类型的值。接口的定义格式如下。

```
type 接口名称 interface {
    method1(参数列表) 返回值列表
    method2(参数列表) 返回值列表
    ...
    methodn(参数列表) 返回值列表
}
```

在 Go 语言中，接口本身不能创建实例，但是可以指向一个实现了该接口的自定义类型的变量来实现，示例如下。

代码路径：chapter1/interface/1.7-interface1.go。

```go
package main
import (
    "fmt"
)
type Programmer struct {
    Name string
}

func (stu Programmer) Write() {
    fmt.Println("Programmer Write()")
}

type SkillInterface interface {
    Write()
}
func main() {
    var pro Programmer //结构体变量实现了 Write()方法,实现了 SkillInterface 接口
    var a SkillInterface = pro
    a.Write()
}
//Programmer Write()
```

▶▶ 1.7.1 接口的赋值

Go 语言的接口不支持直接实例化，但支持赋值操作，从而快速实现接口与实现类的映射。

接口赋值在 Go 语言中分为如下两种情况。

1）将实现接口的对象实例赋值给接口。

2）将一个接口赋值给另一个接口。

① 将实现接口的对象实例赋值给接口

将指定类型的对象实例赋值给接口，要求该对象对应的类实现了接口要求的所有方法，否则也不能算作实现该接口了。例如，首先定义一个 Number 类型及相关方法。

```go
type Number int

func (x Number) Equal(i Number) bool {
    return x == i
}

func (x Number) LessThan(i Number) bool {
    return x < i
```

```
    }
func (x Number) MoreThan(i Number) bool {
    return x > i
}
func (x * Number) Multiple(i Number) {
    * x = * x * i
}
func (x * Number) Divide(i Number) {
    * x = * x / i
}
```

相应地，定义一个接口 NumberI。

```
type NumberI interface {
    Equal(iNumber) bool
    LessThan(i Number) bool
    BiggerThan(i Number) bool
    Multiple(i Number)
    Divide(i Number)
}
```

按照 Go 语言的约定，Number 类型实现了 NumberI 接口。然后可以将 Number 类型对应的对象实例赋值给 NumberI 接口。

```
var xNumber = 8
var yNumberI = &x
```

在上述赋值语句中，将对象实例 x 的指针赋值给了接口变量，为什么要这么做呢？因为 Go 语言会根据下面第 1 行的非指针成员方法，自动生成一个新的与之对应的指针成员方法，示例如下。

```
func (x Number) Equal(i Number) bool
func (x* Number) Equal(i Number) bool {
    return (* x).Equal(i)
}
```

这样一来，类型 * Number 就存在所有 NumberI 接口中声明的方法了。

2 将接口赋值给接口

在 Go 语言中，只要两个接口拥有相同的方法列表（与顺序无关），那它们就是等同的，可以相互赋值。下面编写对应的示例代码。

首先新建一个名为 oop1 的包，创建第 1 个接口 NumberInterface1。

```
packageoop1

type NumberInterface1 interface {
```

```
    Equal(i int) bool
    LessThan(i int) bool
    BiggerThan(i int) bool
}
```

然后新建一个名为 oop2 的包，以及第 2 个接口 NumberInterface2，代码如下。

```
packageoop2

type NumberInterface2 interface {
    Equal(i int) bool
    BiggerThan(i int) bool
    LessThan(i int) bool
}
```

上面定义了两个接口，一个叫 oop1. NumberInterface1，另一个叫 oop2. NumberInterface2，两者都定义了 3 个相同的方法，只是顺序不同而已。在 Go 语言中，以上这两个接口实际上并无区别，原因如下。

● 任何实现了 oop1. NumberInterface1 接口的类，也实现了 oop2. NumberInterface2。

● 任何实现了 oop1. NumberInterface1 接口的对象实例都可以赋值给 oop2. NumberInterface2，反之亦然。

● 在任何地方使用 oop1. NumberInterface1 接口与使用 oop2. NumberInterface2 并无差异。

接下来定义一个实现了这两个接口的类 Number，代码如下。

```
type Number int

func (x Number) Equal(i int) bool {
    return int(x) == i
}

func (x Number) LessThan(i int) bool {
    return int(x) < i
}

func (x Number) BiggerThan(i int) bool {
    return int(x) > i
}
```

下面这些赋值代码都是合法的，编译时能通过。

```
var f1Number = 6
var f2oop1.NumberInterface1 = f1
var f3oop2.NumberInterface2 = f2
```

此外，接口赋值并不要求两个接口完全等价（方法完全相同）。如果接口 A 的方法列表是接口 B 的方法列表的子集，那么接口 B 可以赋值给接口 A。例如，假设 NumberInterface2 接口定义如下。

```
type NumberInterface2 interface {
    Equal(i int) bool
    BiggerThan(i int) bool
    LessThan(i int) bool
    Sum(i int)
}
```

如果要让 Number 类继续保持实现以上两个接口，就要在 Number 类定义中新增一个 Sum( )
方法来实现，代码如下。

```
func (n * Number) Sum(i int) {
    * n = * n + Number(i)
}
```

接下来，将上面的接口赋值语句改写如下。

```
var f1 Number = 6
var f2 oop2.NumberInterface2 = f1
var f3 oop1.NumberInterface1 = f2
```

▶▶ 1.7.2　接口的查询

接口查询在程序运行时进行，查询是否成功，也要在运行期才能够确定。它不像接口的赋
值，编译器只需要通过静态类型检查即可判断赋值是否可行。在 Go 语言中，可以询问它指向
的对象是否是某个类型，示例如下。

```
var filewriter Writer = ...
if filew,ok := filewriter .(*File);ok {
    //...
}
```

以上 if 语句判断 filewriter 接口指向的对象实例是否为 *File 类型，如果是则执行特定的
代码。

```
slice := make([ ]int, 0)
slice = append(slice,1, 6, 8)
var I interface{} = slice
if res, ok := I.([ ]int); ok {
    fmt.Println(res) //[1 6 8]
    fmt.Println(ok)
}
```

以上 if 语句会判断接口 I 所指向的对象是否是[ ]int 类型，如果是则输出切片中的元素。

通过使用"接口类型.（type）"形式，加上 switch…case 语句来判断接口存储的类型，示例如下。

```go
func Len(array interface{}) int {
    var length int //数组的长度
    if array == nil {
        length = 0
    }
    switch array.(type) {
    case []int:
        length = len(array.([]int))
    case []string:
        length = len(array.([]string))
    case []float32:
        length = len(array.([]float32))

    default:
        length = 0
    }
    fmt.Println(length)

    return length
}
```

▶▶ 1.7.3　接口的组合

在 Go 语言中，不仅结构体与结构体之间可以嵌套，接口与接口之间也可以通过嵌套创造出新的接口。一个接口可以包含一个或多个其他的接口，这相当于直接将这些内嵌接口的方法列举在外层接口中一样。如果接口的所有方法都被实现，则这个接口中的所有嵌套接口的方法均可以被调用。

接口的组合很简单，直接将接口名写入接口内部即可。另外还可以在接口内再定义自己的接口方法。接口的组合示例如下。

```go
//接口 1
type Interface1 interface {
    Write(p []byte) (n int, err error)
}
//接口 2
type Interface2 interface {
    Close() error
}

//接口组合
type InterfaceCombine interface {
```

```
        Interface1
        Interface2
    }
```

以上代码定义了 3 个接口，分别是 Interface1、Interface2 和 InterfaceCombine。InterfaceCombine 这个接口由 Interface1 和 Interface2 两个接口嵌入，即 InterfaceCombine 同时拥有了 Interface1 和 Interface2 的特性。

▶▶ 1.7.4　接口的常见应用

❶ 类型推断

类型推断可将接口变量还原为原始类型，或用来判断是否实现了某个更具体的接口类型。还可用 switch…case 语句在多种类型间做出推断匹配，这样空接口就有更多的发挥空间，示例如下。

代码路径：chapter1/interface/1.7.4-interface1.go。

```go
package main

import "fmt"

func main() {
    var a interface{} = func(a int) string {
        return fmt.Sprintf("d:% d", a)
    }
    switch b := a.(type) { // 局部变量 b 是类型转换后的结果
    case nil:
        println("nil")
    case *int:
        println(*b)
    case func(int) string:
        println(b(88))
    case fmt.Stringer:
        fmt.Println(b)
    default:
        println("unknown")
    }
}
//d:88
```

❷ 实现多态功能

多态功能是接口实现的重要功能，也是 Go 语言中的一大行为特色。多态功能一般要结合 Go 语言的方法实现，作为函数参数可以很容易地实现多态功能，示例如下。

代码路径：chapter1/interface/1.7.4-interface2.go。

```go
package main

import "fmt"

// Message 是一个定义了通知类行为的接口
type Message interface {
    sending()
}

//定义 Programmer 及 Programmer.notify 方法
type Programmer struct {
    name  string
    phone string
}

func (u *Programmer) sending() {
    fmt.Printf("Sending Programmer phone to % s < % s > \n", u.name, u.phone)
}

//定义 Student 及 Student.message 方法
type Student struct {
    name  string
    phone string
}

func (a *Student) sending() {
    fmt.Printf("Sending Student phone to % s < % s > \n", a.name, a.phone)
}

func main() {
    // 创建一个 Programmer 值并传给 sendMessage
    bill := Programmer{"Jack", "jack@ gmail.com"}
    sendMessage(&bill)
    // 创建一个 Student 值并传给 sendMessage
    lisa := Student{"Wade", "wade@ gmail.com"}
    sendMessage(&lisa)
}

//sendMessage 接收一个实现了 message 接口的值,并发送通知
func sendMessage(n Message) {
    n.sending()
}
//Sending Programmer phone to Jack < jack@ gmail.com >
//Sending Student phone to Wade < wade@ gmail.com >
```

上述代码中实现了一个多态的例子，函数 sendMessage( )接收一个实现了 Message 接口的值作为参数。既然任意一个实体类型都能实现该接口，那么这个函数可以针对任意实体类型的值

来执行 sending( )方法。在调用 sending( )时，会根据对象的实际定义来实现不同的行为，从而实现多态行为。

③ 作为不确定类型的参数

在 Go 语言中如果要实现查找数组最小数的泛型函数，参数是不同类型，则需要用到类型开关 "v. （type）"。通过 for 语句遍历数组，遇到更小的数时保存下来，函数退出返回最后保存下来的数，示例如下。

代码路径：chapter1/interface/1.7.4-interface3.go。

```go
package main

import (
    "fmt"
)


func main() {
    i : = Minimum(1, 66, 6, 8, 9, 16, -2).(int)
    j : = Minimum(1.1, 66.6, 6.6, 8.5, 9.9, 16.6, -2.5).(float64)
    fmt.Printf("i = % d\n", i)
    fmt.Printf("j = % f\n", j)
}

//获取数组最小值,interface{}
func Minimum(first interface{}, rest ...interface{}) interface{}{
    minimum : = first

    for _, v : = range rest {
        switch v.(type) {
        case int:
            if v : = v.(int); v < minimum.(int) {
                minimum = v
            }
        case float64:
            if v : = v.(float64); v < minimum.(float64) {
                minimum = v
            }
        case string:
            if v : = v.(string); v < minimum.(string) {
                minimum = v
            }
        }
    }
    return minimum
}
```

```
//i = -2
//j = -2.500000
```

1.7.5 接口使用注意事项

1 可变参数是空接口类型

在 Go 语言中，当可变参数是空接口类型时，传入空接口的切片时需要注意参数展开的问题。不管是否展开，编译器都无法发现错误，但是输出是不同的，示例如下。

```
func main() {
    vararr = []interface{}{1, 6, 8}

    fmt.Println(arr)
    fmt.Println(arr...)
}
//[1 6 8]
//1 6 8
```

2 空指针和空接口不等价

接口类型默认是一个指针（引用类型），如果没有对接口进行初始化就使用，则会输出 nil。空接口 interface{} 没有任何方法，所以所有类型都实现了空接口，即可以把任何一个变量赋给空接口。比如返回了一个错误指针，但是并不是空的 error 接口，示例如下。

代码路径：chapter1/interface/1.7.5-interface2.go。

```
package main

import (
    "fmt"
    "os"
)

func main() {
    err := returnsError()
    if err != nil {
        fmt.Printf("操作失败: % v", err)
    }
}

func returnsError() error {
    var err * os.PathError = nil
    // …
    return err
```

```
    }
    //操作失败: <nil>
```

因为 error 为指针类型，而"var err * os. PathError = nil"为 nil 类型，它们是不相等的，正确的使用方式如下。

```
package main

import (
    "fmt"
    "os"
)

func main() {
    err1 := returnsError1()
    fmt.Println(err1)        // <nil>
    fmt.Println(err1 == nil) // false

    err2 := returnsError2()
    fmt.Println(err2)        // <nil>
    fmt.Println(err2 == nil) // true
}

func returnsError1() error {
    var err * os.PathError = nil
    // ...
    return err
}

func returnsError2() (err error) {
    return err //err 未赋值且为零值 [nil, nil]
}
```

1.8 Go 语言模块管理

从 Go 1. 11 版本开始对模块（module）进行支持，主要目的就是使用模块来管理依赖。本节将介绍使用 modules 的一些基本操作。在 Go 1. 16 版本中，GO111MODULE 默认是开启状态。在 Go 1. 16 版本以下，请确保已经设置了 GO111MODULE = on 状态。

一个模块就是一组包的集合，即 go. mod 文件所在目录下定义的所有的包都属于这个模块。go. mod 文件定义了模块的路径（path），这个路径是用于 import 包的路径的集合，在编译时该模块会依赖其他模块。该模块依赖的模块通过模块路径加语义化版本号的格式添加到 go. mod 中。go mod 常用命令见表 1-3。

表 1-3

go mod download	下载依赖的 module 到本地 cache（缓存）
go mod edit	编辑 go. mod 文件
go mod graph	打印模块依赖图
go mod init	在当前文件夹下初始化一个新的 module，创建 go. mod 文件
go mod tidy	增加丢失的 module，去掉未用的 module
go mod vendor	将依赖复制到 vendor 下
go mod verify	校验依赖
go mod why	解释为什么需要依赖

1 创建 module

还可以在 $ GOPATH/src 之外创建新的项目，"go mod init modulename"命令可以创建一个空的 go. mod 文件，代码如下。

```
module modulename
go 1.16
```

go. mod 文件在项目根目录下创建一次即可，如果该根目录下再有子目录，则子目录下就不再需要重复创建 go. mod 文件了。因为所有子目录中的包都同属于该模块。该模块中的包在被导入的时候，import 的路径使用"module/package"的模式导入即可。

2 添加依赖

通过在程序文件中 import（导入）对应的包，在 Go 1. 16 之前的版本中，运行 go 命令（如 go run、go build、go test）时，Go 语言会通过以下规则自动解析并下载包。

1）添加特定版本的包：需要 import 的包在 go. mod 文件中有对应的 require 描述，才能按对应描述的版本下载。

2）添加最新版本的包：如果 import 的包在 go. mod 中没有 require 描述，则按最新版本下载该包，同时将该包加入到 go. mod 中。

在 Go 1. 16 版本中，运行 go 命令时，如果 import 的依赖在 go. mod 文件中没有，则不会再自动下载并修改 go. mod 和 go. sum 文件，而会提示错误，并需要手动执行 go get 命令下载对应的包。原因是自动修复的方式不是在任何场景下都适用的：如果导入的包在没有提供任何依赖的情况下自动添加新依赖，则可能会引起公共依赖包的升级等。

通过运行"go get . / …"命令可以自动查找并下载所有的包。添加完包后，可以通过使用"go list -m all"命令查看当前模块所依赖的包列表。

在 go. mod 所在根目录下，除了维护 go. mod 文件外，还有一个 go. sum 文件。go. sum 文件是对导入依赖包特定版本的 hash 校验值，作用就是确保将来下载的依赖包版本和第一次下载到依赖包的版本号相同，以防止在将来有版本号升级后程序不兼容的问题。所以，go. mod 和 go. sum 文件都需要被加入版本管理中。

Go 命令行下载依赖包的来源有两个，分别是：代理网站（如 http：//proxy. golang. org）和版本控制仓库（如 http：//github. com 等源码仓库管理站）。尤其是当依赖包是私有包、未在代理网站上传时，从版本控制仓库下载源代码尤为重要。但这也涉及一个安全问题：恶意服务器可能会利用版本控制工具中的 BUG 来运行错误代码。因此，Go 语言通过 GOVCS 环境变量的配置来确保安全，格式如下。

```
GOVCS = <module prefix>:<tool name>,[<module prefix>:<tool name>,...]
```

例如："GOVCS = gitee. com：git，evil. com：off，＊：git | hg" 代表可以使用 git 命令下载包路径是 http：//gitee. com 的依赖包。任何版本控制命令都不可以下载 http：//evil. com 路径的包，其余任何路径的包都可以使用 git 或 hg 命令下载。

❸ 升级依赖

在 Go 模块中，使用语义化的版本号来标记所依赖的包的版本。一个语义化的版本号由 3 部分组成：主版本号、次版本号和补丁版本号。例如 v1. 1. 2，代表主版本号是 1，次版本号是 1，补丁版本号是 2。另外，以下版本号格式也都是合法的。

```
github.com/garyburd/redigo v1.6.2 h1:yE/pwKCrbLpLpQICzYTeZ7JsTA/C53wFTJHaEtRqniM =
github. com/garyburd/redigo  v1. 6. 2/go. mod  h1: NR3MbYisc3/PwhQ00EMzDiPmrwpPxAn5GI05/
YaO1SY =
```

（1）主版本升级

Go 模块规定包的不同主版本号需要使用不同的模块路径。例如一个包 http：//github. com/demo 的后续主版本应该使用的路径为 http：//github. com/demo/vX，即 vX 版本的路径是 http：//github. com/demo/v2，v3，v4…依次类推。

所以，要升级依赖的主版本则通过以下方式。

```
$ go get package@ version
```

（2）次版本升级

运行 "go get -u" 将会升级到最新的次版本或者修订版本（a. b. c，c 是修订版本号、b 是次版本号），运行 go get -u = patch 将会升级到最新的修订版本。运行 go get package@ version 将会升级到指定的版本号 version。

❹ 移除依赖

如果不再使用一个依赖包，则从代码文件的 import 中移除。但在 go. mod 文件的 require 中并不会自动移除，需要使用 go get tidy 命令将其从 go. mod 文件中移除。

因为 go. mod 的作用是在构建包时（如 go build 或 go test）告诉编译器需要哪些包、哪些包是缺失的，而不是告诉编译器什么时候该删除包。所以，想要安全地移除包需使用命令 go mod tidy。

1.9 通道实战技巧

▶▶ 1.9.1 通道基础

通道（channel）是用来传递数据的一个数据结构。Go 语言提倡使用通信的方法代替共享内存。当一个资源需要在协程（goroutine）之间共享时，通道在 goroutine 之间架起了一个管道，并提供了确保同步交换数据的机制。

在声明通道时，需要指定将要被共享的数据的类型。可以通过通道共享内置类型、命名类型、结构类型和引用类型的值或者指针。

Go 语言中的通道是一种特殊的类型。在任何时候，同时只能有一个 goroutine 访问通道进行发送和获取数据，如图 1-5 所示。

多个 goroutine 为了争抢数据，势必造成执行的低效率。使用队列的方式是最高效的，通道就是一种队列方式的结构。通道总是遵循"先入先出（First In First Out）"的规则，从而保证收发数据的顺序。通道的常用示例如下。

● 图 1-5

代码路径：chapter1/channel/1.9.1-channel1.go。

```go
package main

import "fmt"

func Hello(c chan string) {
    name := <-c // 从通道获取数据
    fmt.Println("Hello", name)
}
```

```go
func main() {

    // 声明一个字符串类型的变量
    ch := make(chan string)

    // 开启一个 goroutine
    go Hello(ch)

    // 发送数据到通道 ch
    ch <- "World"

    //关闭通道
    close(ch)
}
```

▶▶ 1.9.2 创建定时通知

下面通过 Go 语言通道实现一个一次性的定时通知器，代码如下。

代码路径：chapter1/channel/1.9.2-channel2.go。

```go
package main
import (
    "fmt"
    "time"
)
func TimeLong(d time.Duration) <-chan struct{} {
    ch := make(chan struct{}, 1)
    go func() {
        time.Sleep(d)
        ch <- struct{}{}
    }()
    return ch
}

func main() {
    fmt.Println("你好~")
    <-TimeLong(time.Second)
    fmt.Println("过1s后继续显示~")
    <-TimeLong(time.Second)
    fmt.Println("再过1s后显示~")
}
```

事实上，time 标准库包中的 After( ) 函数提供了和上例中 TimeLong( ) 函数同样的功能。在实践中，应该尽量使用 time. After( ) 函数以使代码看上去更整洁。

注意，调用 <-time. After( ) 函数将使当前协程进入阻塞状态，而调用 time. Sleep( ) 函数不

会如此。<-time. After( )函数经常被使用在超时机制实现中。

1.9.3 使用通道传送通道

一个通道的元素可以是另一个通道。在下面这个例子中，单向发送通道 chan <- int 是另一个通道 chan chan <- int 的元素，示例如下。

代码路径：chapter1/channel/1. 9. 3-channel4. go。

```go
package main

import "fmt"

var counter = func(n int) chan <-  chan <- int {
    //定义一个 chan <- int 类型的 chan
    requests : = make(chan chan <- int)
    go func() {
        for request : = range requests {
            if request == nil {
                n ++ // 递增计数
            } else {
                request <- n // 返回当前计数
            }
        }
    }()
    return requests // 隐式转换到类型 chan <- (chan <- int)
}(0)

func main() {
    increase100 : = func(done chan <- struct{}) {
        for i : = 0; i < 100; i ++ {
            counter <- nil
        }
        done <- struct{}{}
    }

    done : = make(chan struct{})
    go increase100(done)
    go increase100(done)
    <-done
    <-done

    request : = make(chan int, 1)
    counter <- request
    fmt.Println(<-request) // 200
}
```

▶▶ 1.9.4 检查通道的长度和容量

在 Go 语言中，可以使用内置的 cap( )和 len( )函数来查看一个通道的容量和当前长度。但是在实践中很少这样做，很少使用内置函数 cap( )的原因是一个通道的容量常常是已知的或者不重要的；很少使用内置函数 len( )的原因是一个 len( )函数调用的结果并不能准确地反映出一个通道的当前长度。

但确实有一些场景需要调用这两个函数。比如，有时一个 goroutine 欲将一个未关闭的并且不会再向其发送数据的缓冲通道的所有数据接收出来，在确保只有此一个 goroutine 从此通道接收数据的情况下，可以用下面的代码来实现。

```
for len(c) > 0 {
    value := <-c
    // 使用 value ...
}
```

有时一个 goroutine 欲将一个缓冲通道写满而又不阻塞，在确保只有此一个 goroutine 向此通道发送数据的情况下，可以用下面的代码实现这一目的。

```
for len(c) < cap(c) {
    c <- aValue
}
```

▶▶ 1.9.5 速率限制

速率限制常用来限制吞吐和确保在一段时间内的资源使用不会超标。在如下示例中，任何 1min 内处理的请求数不会超过 100，代码如下。

代码路径：chapter1/channel/1.9.5-channel5.go。

```
package main

import (
    "fmt"
    "time"
)

type Request interface{}

func handle(r Request) { fmt.Println(r.(int)) }

const RateLimitPeriod = time.Minute

//任何一分钟内最多处理 100 个请求
const RateLimit = 100

//处理多个请求的函数
```

```go
func handleRequests(requests <-chan Request) {
    quotas : = make(chan time.Time, RateLimit)

    go func() {
        tick : = time.NewTicker(RateLimitPeriod / RateLimit)
        defer tick.Stop()
        for t : = range tick.C {
            select {
            case quotas <- t:
            default:
            }
        }
    }()

    for r : = range requests {
        <-quotas
        go handle(r)
    }
}

func main() {
    requests : = make(chan Request)
    go handleRequests(requests)
    for i : = 0; ; i ++ {
        requests <- i
    }
}
```

1.10 回顾和启示

　　本章介绍了 Go 语言数据类型的应用技巧，包括 Go 语言的字符串、数组和切片、Map、结构体、接口、通道、同步的常用技巧，其中主要是一些重点、难点和实战技巧的介绍，让读者对 Go 语言数据类型有更深入的理解和认识。

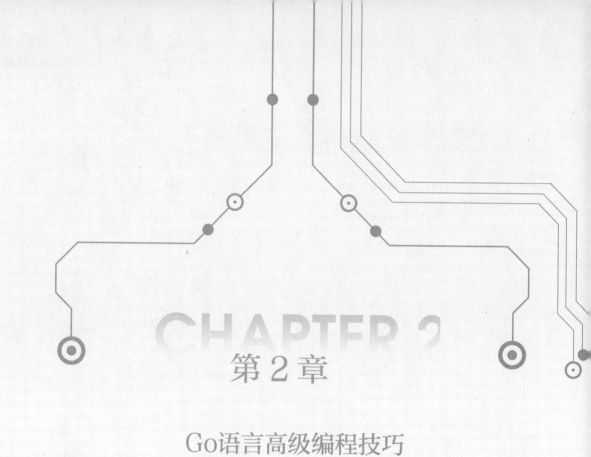

第 2 章

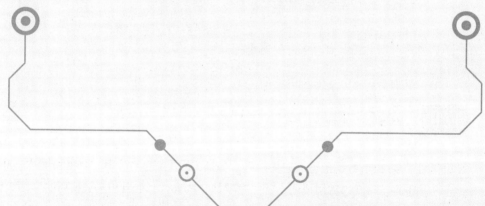

Go语言高级编程技巧

本章通过对"函数与指针技巧""反射应用技巧""Go 编译原理""CGO 编程技巧""错误和异常处理技巧""密码学算法技巧"6 节内容的系统讲解，让读者系统地学习 Go 语言的高级编程技巧。

2.1 函数与指针技巧

▶▶2.1.1 递归函数

❶ 什么是递归函数

很多编程语言都支持递归函数，Go 语言也不例外。如果一个函数直接或间接调用这个函数本身，则该函数称为递归函数。在实际开发过程中，递归函数可以解决许多数学问题，如计算给定数字阶乘、产生斐波那契数列等。

一般来说，构成递归需要具备以下条件。

- 一个问题可以拆分成多个子问题。
- 拆分前的问题与拆分后的子问题除了数据规模不同，处理问题的思路是一样的。
- 不能无限制地调用本身，子问题需要有退出递归状态的条件。

注意：编写递归函数时，一定要有终止条件，否则就会无限调用下去，直到内存溢出。

Go 语言递归函数形式如下。

```
func FuncName(param paramType){
    if param == condtition {
        return
    }

    var param2 paramType2 = xxx
    FuncName(param2)
}
```

以上代码首先定义一个名为 FuncName( ) 的函数，该函数传递一个参数 param，然后在函数体里面使用 if 语句判断。如果参数满足一定的条件，则直接 return，否则继续调用函数本身。

这里的 if 条件就是函数递归的出口，这个非常重要，如果没有这个递归的出口，则这个递归函数有可能会一直执行下去。

❷ 多个函数组成递归

Go 语言中也可以使用相互调用的递归函数，多个函数之间相互调用形成闭环。因为 Go 语言编译器的特殊性，这些函数的声明顺序可以是任意的。下面这个简单的例子展示了函数

Odd( ) 和 Even( ) 之间的相互调用。

代码路径：chapter2/advancedFunc/recursive/2. 3. 1-recursive. go。

```go
package main

import (
    "fmt"
)

func main() {
    fmt.Printf("% d 是否偶数:% t \n", 7, Even(7)) // 7 是否偶数:false
    fmt.Printf("% d 是否奇数:% t \n", 2, Odd(2)) // 2 是否奇数:false
    fmt.Printf("% d 是否奇数:% t \n", 3, Odd(3)) // 3 是否奇数:true
}

//判断是否是偶数
func Even(number int) bool {
    if number == 0 {
        return true
    }
    return Odd(RecursiveSign(number) - 1)
}

//判断是否是奇数
func Odd(number int) bool {
    if number == 0 {
        return false
    }
    return Even(RecursiveSign(number) - 1)
}

//递归签名
func RecursiveSign(number int) int {
    if number < 0 {
        return -number
    }
    return number
}
//7 是否偶数:false
//2 是否奇数:false
//3 是否奇数:true
```

▶▶ 2.1.2　匿名变量和匿名函数

❶ 匿名变量

在编程过程中，可能会遇到没有名称的变量、类型或方法。虽然这不是必需的，但有时候这样做可以极大地增强代码的灵活性，这些变量被统称为匿名变量。

在 Go 语言中，匿名变量用一个下画线 "_" 表示，"_" 本身就是一个特殊的标识符，被称为空白标识符。它可以像其他标识符那样用于变量的声明或赋值（任何类型都可以赋值给它），但任何赋给这个标识符的值都将被抛弃，因此这些值不能在后续的代码中使用，也不可以使用这个标识符作为变量对其他变量进行赋值或运算。在使用匿名变量时，只需要在变量声明的地方使用下画线替换即可，示例如下。

```
① package main

② import "fmt"

③ func GetIntNumbers() (int, int) {
     ④ return 6, 8
⑤ }
⑥ func main(){
     ⑦ a, _ := GetIntNumbers()
     ⑧ _, b := GetIntNumbers()
     ⑨ fmt.Println(a, b)
⑩ }
```

代码运行结果如下。

```
6 8
```

GetIntNumbers() 是一个函数，拥有两个整型返回值。每次调用将会返回 6 和 8 两个数值。代码说明如下。

- 第⑦行只需要获取第 1 个返回值，所以将第 2 个返回值的变量设为下画线（匿名变量）。
- 第⑧行将第 1 个返回值的变量设为匿名变量。

匿名变量不占用内存空间，不会分配内存。匿名变量之间也不会因为多次声明而无法使用。在使用传统的强类型语言（例如 Java、Python 等）编程时，经常会出现这种情况，即在调用函数时为了获取一个值，却因为该函数返回多个值而不得不定义一堆没用的变量。在 Go 语言中可以通过结合使用多重返回和匿名变量来避免这种不友好的写法，让代码看起来更加优雅。

例如，定义一个函数 GetEnglishName()，它返回 3 个值，分别为 firstName、lastName 和 nickName，代码如下。

```
func GetEnglishName() (firstName, lastName, nickName string) {
    return "Barry", "Liao", "Shirdon"
}
```

若只想获得 nickName，则函数调用语句可以用如下方式编写。

```
_, _, nickName : = GetEnglishName()
```

这种用法可以让代码非常清晰，基本上屏蔽了可能混淆代码阅读者视线的内容，从而大幅降低沟通的复杂度和代码维护的难度。

❷ 匿名函数

匿名函数是指没有名字的函数。像 Java、PHP 等很多传统编程语言都有匿名函数。匿名函数最大的用途之一是模拟块级作用域，避免数据污染。匿名函数的使用有如下几种情景。

（1）不带参数的匿名函数

代码路径：chapter2/advancedFunc/anonymous/func1. go。

```go
package main
import (
    "fmt"
)

func main() {
    f : = func() {
        fmt.Println("不带参数的匿名函数 ~ ")
    }
    f()
    fmt.Printf("% T\n", f) //打印 func()
}
```

（2）带参数的匿名函数

代码路径：chapter2/advancedFunc/anonymous/func2. go。

```go
package main
import (
    "fmt"
)

func main() {
    f : = func(args string) {
        fmt.Println(args)
    }
    f("带参数的匿名函数 ~ 写法 1")
    //或
    (func(args string) {
        fmt.Println(args)
    })("带参数的匿名函数 ~ 写法 2")
    //或
    func(args string) {
```

```
        fmt.Println(args)
    }("带参数的匿名函数～写法 3")
}
```

（3）带返回值的匿名函数

代码路径：chapter2/advancedFunc/anonymous/func3. go。

```
package main

import "fmt"

func main() {
    f : = func() string {
        return "带返回值匿名函数～"
    }
    a : = f()
    fmt.Println(a) //带返回值匿名函数～
}
```

（4）编写返回多个匿名函数的函数

代码路径：chapter2/advancedFunc/anonymous/func4. go。

```
package main

import "fmt"

func main() {
    f1, f2 : = MultiFunc(6, 8)
    fmt.Println(f1(1)) //7
    fmt.Println(f2())  //28
}

//返回多个匿名函数
func MultiFunc(a, b int) (func(int) int, func() int) {
    f1 : = func(c int) int {
        return (a + b) * c / 2
    }

    f2 : = func() int {
        return 2 * (a + b)
    }
    return f1, f2
}
```

❸ 闭包

闭包（closure）是由函数和与其相关的引用环境组合而成的实体。闭包是从其主体外部引用变量的函数值。函数可以访问并分配给引用的变量，从这个意义上说，函数是被"绑定"

到了变量上。闭包的实质是函数的嵌套，内层的函数可以使用外层函数的所有变量，即使外层函数已经执行完毕。其使用示例如下。

代码路径：chapter2/advancedFunc/anonymous/closure1.go。

```
package main

import "fmt"

func main() {
    a := Func()
    b := a("你好~")
    c := a("你好~")
    fmt.Println(b) //世界~你好~
    fmt.Println(c) //世界~你好~你好~
}
func Func() func(string) string {
    a := "世界~"
    return func(args string) string {
        a += args
        return a
    }
}
```

闭包通过引用的方式使用外部函数的变量。在如下示例中，main()函数只调用了一次函数Func()，构成一个闭包。i 在外部数组 b 中定义，所以闭包维护该变量 i，arr［0］、arr［1］中的 i 都是闭包中 i 的引用。因此，执行 i 的值已经变为 2，故再调用 a［0］()时的输出是 2 而不是 0。

代码 chapter2/advancedFunc/anonymous/closure2.go

```
package main
import "fmt"

func main() {
    arr := Func()
    arr[0]() //0xc000014070 2
    arr[1]() //0xc000014070 2
}

//定义一个闭包
func Func() []func() {
    //声明一个匿名函数类型的数组
    b := make([]func(), 2, 2)
    for i := 0; i < 2; i++ {
        b[i] = func() {
            fmt.Println(&i, i)
```

```
            }
        }
        return b
    }
```

如果想要避免上面的 BUG，可以用下面的方法。

该方法每次操作仅将匿名函数放入数组中，但并未执行。并且引用的变量都是 i，随着 i 的改变，匿名函数中的 i 也在改变，所以当执行这些函数时，它们读取的都是环境变量 i 最后一次的值。解决的方法就是每次复制变量 i 后传到匿名函数中，让闭包的环境变量不相同。

代码路径：chapter2/advancedFunc/anonymous/closure3. go。

```go
package main

import "fmt"

func main() {
    arr := Func()
    arr[0]() //0xc0000b2008 0
    arr[1]() //0xc0000b2010 1
}

//定义一个闭包
func Func() []func() {
    b := make([]func(), 2, 2)
    for i := 0; i < 2; i++ {
        b[i] = (func(j int) func() {
            return func() {
                fmt.Println(&j, j)
            }
        })(i)
    }
    return b
}
```

在 Go 语言中，defer 后的函数最后执行，示例如下。

代码路径：chapter2/advancedFunc/anonymous/closure4. go。

```go
package main

import "fmt"

func main() {
    fmt.Println(Func()) //3
}
func Func() (r int) {
    defer func() {
```

```
        r + = 3
    }()

    return 0
}
```

上述代码输出结果为 2，即先执行 r = 0，再执行 r + = 3。

读者需要注意的是，匿名函数给编程带来灵活性的同时也容易产生 BUG，在使用过程中要多注意函数的参数问题。

▶▶ 2.1.3　指针

① 什么是指针

在计算机中，指针（Pointer）是编程语言的一种数据类型，用来表示或存储一个存储器地址，这个地址的值直接指向存在该地址的对象的值。

在使用指针前，需要声明指针。指针的声明格式如下。

```
var var_name * var_type
```

其中，var_type 为指针类型，var_name 为指针变量名，＊号用于指定变量是作为一个指针来使用。以下是有效的指针声明。

```
var name * string    // 指向字符串型
var fp * float64      //指向浮点型
```

以上示例中，分别声明了一个指向 string 和 float64 的指针。

② 如何使用指针

在 Go 语言中，指针使用流程如下。

1）定义指针变量。

2）为指针变量赋值。

3）访问指针变量中指向地址的值。

4）在指针类型前面加上 ＊ 号（前缀）来获取指针所指向的内容。

指针的使用示例如下。

代码路径：chapter2/advanced/2.1.3-pointer.go。

```
package main

import "fmt"

func main() {
    var str string = "Barry" //声明实际变量
```

```
        var name *string      //声明指针变量

        name = &str //指针变量的存储地址

        fmt.Printf("str 变量的地址是: % x \n", &str)
        //指针变量的存储地址
        fmt.Printf("name 变量存储的指针地址: % x \n", name)
        //使用指针访问值
        fmt.Printf("* name 变量的值: % s \n", * name)
    }
    //str 变量的地址是: c000010200
    //name 变量存储的指针地址: c000010200
    //* name 变量的值: Barry
```

③ 空指针

当一个指针被定义后没有分配到任何变量时，它的值为 nil。nil 指针也称为空指针。nil 在概念上和其他语言的 null、None、NULL 一样，都代指 0 值或空值。一个指针变量通常缩写为 ptr。空指针的使用示例如下。

代码路径：chapter2/advanced/2.1.3-pointer1.go。

```
    package main

    import "fmt"

    func main() {
        var ptr *string

        //空指针判断
        if ptr == nil {//ptr 是空指针
            fmt.Printf("ptr 的值为: % x \n", ptr   )
        }
    }
    //ptr 的值为: 0
```

④ 指针数组

声明整型指针数组的形式如下。

```
    var ptr [MAX]*int;
```

在以上声明中，ptr 为整型指针数组，因此每个元素都指向了一个值。以下示例的 3 个整数将存储在指针数组中。

代码路径：chapter2/advanced/2.1.3-pointer2.go。

```
    package main

    import "fmt"
```

```go
func main() {
    //声明一个数字常量
    const MAX int = 3
    //声明一个数组
    arr := []int{66, 88, 99}
    var i int
    //声明整型指针数组
    var ptr [MAX]*int

    for i = 0; i < MAX; i ++ {
        ptr[i] = &arr[i] // 整数地址赋值给指针数组
    }

    //循环打印
    for i = 0; i < MAX; i ++ {
        fmt.Printf("arr[% d] = % d\n", i, *ptr[i])
    }
}
//arr[0] = 66
//arr[1] = 88
//arr[2] = 99
```

⑤ 指向指针的指针

如果一个指针变量存放的是另一个指针变量的地址，则称这个指针变量为指向指针的指针变量。当定义一个指向指针的指针变量时，第 1 个指针存放第 2 个指针的地址，第 2 个指针存放变量的地址，如图 2-1 所示。

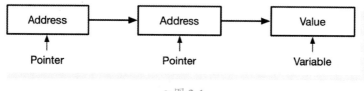

● 图 2-1

指向指针的指针变量声明格式如下。

```go
var ptr * *int;
```

以上指向指针的指针变量为整型。访问指向指针的指针变量值需要使用两个 " * " 号，示例如下。

代码路径：chapter2/advanced/2. 1. 3-pointer3. go。

```go
package main

import "fmt"

func main() {
```

```
    var str string
    var ptr *string
    var pptr * *string

    str = "Go Advanced"

    //指针 ptr 地址
    ptr = &str

    //指向指针 ptr 地址
    pptr = &ptr

    //获取 pptr 的值
    fmt.Printf("变量 str = % s \n", str )
    fmt.Printf("指针变量 *ptr = % s \n", *ptr )
    fmt.Printf("指向指针的指针变量 * *pptr = % s \n", * *pptr)
}
//变量 str = Go Advanced
//指针变量 *ptr = Go Advanced
//指向指针的指针变量 * *pptr = Go Advanced
```

⑥ 指针作为函数参数

Go 语言允许向函数传递指针，只需要在函数定义的参数上设置为指针类型即可。以下示例演示了如何向函数传递指针，并在函数调用后修改函数内的值。

代码路径：chapter2/advanced/2.1.3-pointer4.go。

```
package main

import "fmt"

func main() {
    //定义局部变量
    var i int = 66
    var j int = 88

    fmt.Printf("交换前 i 的值 : % d \n", i)
    fmt.Printf("交换前 j 的值 : % d \n", j)

    //调用函数用于交换值
    // &i 指向 i 变量的地址
    // &j 指向 j 变量的地址

    Swap(&i, &j)

    fmt.Printf("交换后 i 的值 : % d \n", i)
    fmt.Printf("交换后 j 的值 : % d \n", j)
}

func Swap(x *int, y *int) {
```

```
        var temp int
        temp = * x //保存 x 地址的值
        * x = * y    //将 y 赋值给 x
        * y = temp //将 temp 赋值给 y
    }
    //交换前 i 的值：66
    //交换前 j 的值：88
    //交换后 i 的值：88
    //交换后 j 的值：66
```

▶▶2.1.4 函数的参数传递

❶ 参数的使用

函数可以有一个或者多个参数。如果函数使用参数，则该参数可称为函数的形参。形参就像是定义在函数体内的局部变量。

- 形参：定义函数时，用于接收外部传入的数据，叫作形式参数，简称形参。
- 实参：调用函数时，传给形参的实际数据，叫作实际参数，简称实参。

函数参数调用需遵守如下规则。

- 函数名称必须匹配。
- 实参与形参必须一一对应：顺序、个数、类型都需要一致。

❷ 可变参数

Go 语言函数支持可变参数（简称变参），接收变参的函数有不定数量的参数。定义可接收变参的函数形式如下。

```
func myFunc(arg ...string) {
    //...逻辑语句
}
```

其中"arg …string"是指这个函数接收不定数量的字符串类型的参数。

注意，这些参数的类型全部是 string。在相应的函数体中，变量 arg 是一个 string 的切片（slice）。

```
for _, v: = range arg {
    fmt.Printf("And the string is: % s \n", v)
}
```

❸ 参数传递

在 Go 语言中，当调用一个函数时，可以通过值传递、引用传递两种方式来传递参数。

（1）值传递

值传递是指在调用函数时将实际参数复制一份传递到函数中。这样在函数中如果对参数进行修改，则不会影响实际参数。默认情况下，Go 语言使用的是值传递，即在调用过程中不会影响实际参数。

以下示例定义了一个名为 exchange( ) 的函数。

```
/* 定义相互交换值的函数 */
func exchange(x, y int) int {
    var tmp int
    tmp = x /* 保存 x 的值 */
    x = y   /* 将 y 值赋给 x */
    y = tmp /* 将 tmp 值赋给 y*/
    return tmp
}
```

接下来使用值传递来调用 exchange( ) 函数，代码如下。

代码路径：chapter2/advanced/2.1.4-parameter1.go。

```
package main

import "fmt"

func main() {
    /* 定义局部变量 */
    num1 := 6
    num2 := 8
    fmt.Printf("交换前 num1 的值为：% d \n", num1)
    fmt.Printf("交换前 num2 的值为：% d \n", num2)
    /* 通过调用函数来交换值 */
    exchange(num1, num2)
    fmt.Printf("交换后 num1 的值：% d \n", num1)
    fmt.Printf("交换后 num2 的值：% d \n", num2)
}

/* 定义相互交换值的函数 */
func exchange(x, y int) int {
    var tmp int
    tmp = x /* 保存 x 的值 */
    x = y   /* 将 y 值赋给 x */
    y = tmp /* 将 tmp 值赋给 y*/
    return tmp
}
//交换前 num1 的值为：6
//交换前 num2 的值为：8
//交换后 num1 的值：6
//交换后 num2 的值：8
```

因为上述程序中使用的是值传递，所以两个值并没有实现交互。

（2）引用传递

引用传递是指在调用函数时将实际参数的地址传递到函数中。引用传递会在函数中对参数进行修改，因此将影响实际参数。

以下是交换函数 exchange( ) 使用了引用传递的示例。

```
//定义相互交换值的函数
func exchange(x *int, y *int) int {
    var tmp int
    tmp = * x /* 保存 x 的值 */
    * x = * y /* 将 y 值赋给 x */
    * y = tmp /* 将 tmp 值赋给 y*/
    return tmp
}
```

❹ 函数作为参数传递

在 Go 语言中，一个函数可以作为参数传递给另一个函数，示例如下。

代码路径：chapter2/advanced/2.1.4-parameter2.go。

```
package main

import "fmt"

//定义 1 个函数,参数为 func(int, int) int
func Func(i func(int, int) int) int {
    fmt.Printf("i type: % T \n", i)
    return i(6, 9)
}

func main() {
    //定义一个匿名函数,作为 Func()函数的参数
    f := func(x, y int) int {
        return x + y
    }
    fmt.Printf("f type: % T \n", f)
    //将 f 作为参数调用 Func(f)
    fmt.Println(Func(f))
}
//f type:func(int, int) int
//i type:func(int, int) int
//15
```

上面这个例子就是将匿名函数 f 作为参数传递给 Func( ) 函数。

注意：为什么 Func(f) 这样是可以的，是因为 f 的值的类型和 Func(i) 的参数 i 的类型是一致的。

▶▶ 2.1.5 函数使用的常见注意事项

❶ 返回值被屏蔽

在 Go 语言的局部作用域中，命名的返回值会被同名的局部变量屏蔽，代码如下。

```
func Func() (err error) {
    if err := Bar(); err != nil {
        return
    }
    return
}
```

❷ recover( ) 函数必须在 defer 函数中运行

需要注意的是，recover( ) 函数捕获的是祖父级调用时的异常，直接调用时无效，代码如下。

```
func main() {
    recover()
    panic(6)
}
```

直接 defer 调用也是无效的，代码如下。

```
func main() {
    defer recover()
    panic(6)
}
```

defer 调用时，多层嵌套依然无效，代码如下。

```
func main() {
    defer func() {
        func() { recover() }()
    }()
    panic(6)
}
```

必须在 defer 函数中直接调用才有效，代码如下。

```
func main() {
    defer func() {
        recover()
    }()
    panic(6)
}
```

③ 闭包错误引用同一个变量

在 Go 语言中，在闭包中使用变量容易混淆。例如，当想打印一个倒序的数字时，如果通过如下代码来实现，则实际的返回结果会全是数字 3，示例如下。

```
func main() {
    for i := 0; i < 3; i ++ {
        defer func() {
            println(i)
        }()
    }
}
//3
//3
//3
```

如果想要实现倒序，则需要传入闭包的参数，示例如下。

```
func main() {
    for i := 0; i < 3; i ++ {
        defer func(i int) {
            println(i)
        }(i)
    }
}
//2
//1
//0
```

④ 在循环内部执行 defer 语句

在 Go 语言中，defer 在函数退出时才能执行，在 for 循环内部执行 defer 会导致资源延迟释放，示例如下。

```
func main() {
    for i := 0; i < 3; i ++ {
        f, err := os.Open("./testFile.txt")
        if err != nil {
            log.Fatal(err)
        }
        defer f.Close()
    }
}
```

解决的方法是，可以在 for 循环中构造一个局部函数，在局部函数内部执行 defer，示例如下。

```
func main() {
    for i := 0; i < 3; i ++ {
    func() {
            f, err := os.Open("./testFile.txt")
            if err != nil {
                log.Fatal(err)
            }
            defer f.Close()
    }()
    }
}
```

2.2 反射应用技巧

▶▶ 2.2.1 反射原理

反射（reflect）是指一类应用，它们能够自描述和自控制。也就是说，这类应用通过采用某种机制来实现对自己行为的描述（Self-Representation）和监测（Examination），并能根据自身行为的状态和结果，调整或修改应用所描述行为的状态和相关的语义。

每种语言的反射模型都不同，并且有些语言根本不支持反射。Go 语言实现了反射，反射机制就是在运行时动态地调用对象的方法和属性。官方自带的 reflect 包就是反射相关的，只要包含这个包就可以使用。Go 语言的 gRPC（gRPC 会在 3.7 节进行详细介绍）也是通过反射实现的。

① 接口和反射

在讲反射之前，先来看看 Go 语言关于类型设计的一些原则。

变量包括类型、值两部分，理解这一点就知道为什么 nil ！= nil 了。类型包括静态类型（Static Type）和具体类型（Concrete Type）。简单来说，静态类型是指在编码时看见的类型（如 int、string 等），具体类型是指在运行时（runtime）系统看见的类型。

类型的断言 Casserion 能否成功，取决于变量的具体类型，而不是静态类型。因此，一个只读变量如果它的具体类型也实现了可写方法的话，它也可以被类型断言为写入者。

提示：在程序设计中，断言（assertion）是一种放在程序中的一阶逻辑，目的是为了标识与验证程序开发者预期的结果——-当程序运行到断言的位置时，对应的断言应该为真。若断言不为真时，程序会中止运行，并给出错误消息。

接下来要讲的反射，就是建立在类型之上的。Go 语言指定类型的变量的类型是静态的（也就是指定 int、string 这些变量，它们的类型是静态类型），在创建变量的时候就已经确定。

反射主要与 Go 语言的接口（interface）类型相关（它的类型是具体类型），只有接口类型才有反射。

在 Go 语言的实现中，每个接口变量都有对应的一对数据，这个配对中记录了实际变量的值和类型，形式如下。

```
(value, type)
```

value 是实际变量的值，type 是实际变量的类型。一个 interface｜｜类型的变量包含了 2 个指针，一个指针指向值的类型（对应的具体类型），另外一个指针指向实际的值（对应的 value）。

例如，创建类型为 * os. File 的变量，然后将其赋值给一个接口变量 r，代码如下。

```
tty, _ := os.OpenFile("/dev/tty", os.O_RDWR, 0)
var reader io.Reader
reader = tty
```

接口变量 reader 的这个配对中记录的信息为（tty， * os. File）。这个配对在接口变量的连续赋值过程中是不变的，将接口变量 reader 赋值给另一个接口变量 writer，代码如下。

```
var writer io.Writer
writer = reader.(io.Writer)
```

接口变量 writer 的这一对数据与 reader 的这一对数据相同，都是（tty， * os. File），即使 writer 是空接口类型，这一对数据也是不变的。接口及其配对的存在，是 Go 语言中实现反射的前提，理解了一对数据的意思，就更容易理解反射了。反射就是用来检测存储在接口变量内部的（值，具体类型）这一对数据的一种机制。

注意，接口变量保存的不是接口类型的值。

② 反射原理

（1）TypeOf( )函数和 ValueOf( )函数

既然反射就是用来检测存储在接口变量内部（值，具体类型）这个配对数据的一种机制。那么在 Go 语言的 reflect 反射包中有什么样的方式可以直接获取变量内部的信息呢？它提供了两种类型（或者说两种方法）可以很容易地访问接口变量内容，分别是 reflect. ValueOf( )函数和 reflect. TypeOf( )函数。

reflect. ValueOf( )函数的定义如下。

```
func ValueOf(i interface{}) Value {...}
```

ValueOf( )函数用来获取输入参数接口中的数据的值，如果接口为空，则返回 0。

reflect. TypeOf( )函数的定义如下。

```
func TypeOf(i interface{}) Type {...}
```

TypeOf( )函数用来动态获取输入参数接口中的值的类型，如果接口为空，则返回 nil。

reflect. TypeOf( )函数是获取一个变量中值的类型，reflect. ValueOf( )函数是获取一个变量中的数据的值，示例如下。

代码路径：chapter2/reflect/reflect1. go。

```
package main

import (
    "fmt"
    "reflect"
)

func main() {
    var money float32 = 88.88
    fmt.Println("type is : ", reflect.TypeOf(money))
    fmt.Println("value is : ", reflect.ValueOf(money))
}
//type is :  float32
//value is :  88.88
```

通过以上示例可以看到，reflect. TypeOf( )函数用于直接返回变量类型，如 float32、string、struct 等。

reflect. ValueOf( )函数用于返回具体的值，如 88. 88。也就说明反射可以将"接口类型变量"转换为"反射类型对象"，反射类型指的是 reflect. Type 和 reflect. Value 这两种。

（2）从 reflect. Value 中获取接口的信息

当执行 reflect. ValueOf( )函数后，就得到了一个类型为"reflect. Value"的变量，可以通过它本身的 Interface( )方法获得接口变量的真实内容。然后可以通过类型判断进行转换，转换为原有真实类型。但是这个原有真实类型可能是已知原有类型，也有可能是未知原有类型。因此，下面分两种情况进行说明。

1）已知原有类型（进行"强制转换"）。已知类型后，转换为其对应的类型的做法为直接通过 Interface( )方法强制转换，格式如下。

```
realValue := value.Interface().(已知的类型)
```

具体实施示例如下。

代码路径：chapter2/reflect/reflect2. go。

```
package main

import (
    "fmt"
    "reflect"
```

```
)
func main() {
    var money float32 = 66.68

    pointer := reflect.ValueOf(&money)
    value := reflect.ValueOf(money)

    convertPointer := pointer.Interface().(* float32)
    convertValue := value.Interface().(float32)
    fmt.Println(convertPointer)
    fmt.Println(convertValue)
}
//0xc0000b2004
//66.68
```

在转换的时候，对类型要求非常严格，如果转换的类型不完全符合，则直接触发 panic( )函数。同时要区分是指针还是值，也就是说反射可以将"反射类型对象"重新转换为"接口类型变量"。

2）未知原有类型（遍历探测其 Filed）。很多情况下，大家可能并不知道其具体类型。那么这个时候，该如何做呢？这时需要进行遍历探测其 Filed 来得知其类型，示例如下。

代码路径：chapter2/reflect/reflect3. go。

```
package main
import (
    "fmt"
    "reflect"
)

type Programmer struct {
    Id   int
    Name string
    Level  int
}

func (u Programmer) ReflectCallFunc() {
    fmt.Println("Barry")
}

func main() {
    pro := Programmer{1, "Barry", 8}

    GetFiledAndMethod(pro)
}

//通过接口来获取任意参数,然后打印出来
```

```
func GetFiledAndMethod(input interface{}) {

    getType := reflect.TypeOf(input)
    fmt.Println("Type is :", getType.Name())
    getValue := reflect.ValueOf(input)
    fmt.Println("All Fields is:", getValue)

    for i := 0; i < getType.NumField(); i ++ {
        field := getType.Field(i)
        value := getValue.Field(i).Interface()
        fmt.Printf("% s: % v = % v \n", field.Name, field.Type, value)
    }

    for i := 0; i < getType.NumMethod(); i ++ {
        m := getType.Method(i)
        fmt.Printf("% s: % v \n", m.Name, m.Type)
    }
}
//Type is : Programmer
//All Fields is: {1 Barry 8}
//Id: int = 1
//Name: string = Barry
//Level: int = 8
//ReflectCallFunc: func(main.Programmer)
```

对以上代码说明如下。

通过运行结果可以得知获取未知类型的 interface（接口）的具体变量及其类型的步骤如下。

- 先获取 interface 的 reflect. Type，然后通过 NumField 进行遍历。
- 再通过 reflect. Type 的 Field 获取其 Field。
- 最后通过 Field 的 Interface( )得到对应的 value。

通过运行结果可以得知获取未知类型的 interface 的所属方法（函数）的步骤如下。

- 先获取 interface 的 reflect. Type，然后通过 NumMethod 进行遍历。
- 再分别通过 reflect. Type 的 Method 获取对应的真实的方法（函数）。
- 最后对结果取其 Name 和 Type 得知具体的方法名。

（3）通过 reflect. Value 设置实际变量的值

reflect. Value 是通过 reflect. ValueOf（interface）方法获得的，只有当参数 interface 是指针的时候，才可以通过 reflec. Value 修改实际变量 interface 的值，即如果要修改反射类型的对象就一定要保证其值是"可寻址的"的，示例如下。

代码路径：chapter2/reflect/reflect4. go。

```
package main

import (
    "fmt"
    "reflect"
)

func main() {
    var money float32  = 66.66
    fmt.Println("指针原来的值是:", money)

    // 通过 reflect.ValueOf 获取 money 中的 reflect.Value
    // 注意,参数必须是指针才能修改其值
    pointer := reflect.ValueOf(&money)
    newValue := pointer.Elem()

    fmt.Println("指针的类型是:", newValue.Type())
    fmt.Println("指针是否可设置:", newValue.CanSet())

    // 重新赋值
    newValue.SetFloat(88.88)
    fmt.Println("指针的新值是:", money)
}

//指针原来的值是: 66.66
//指针的类型是: float32
//指针是否可设置: true
//指针的新值是: 88.88
```

对以上代码说明如下。

1）需要传入的参数是 * float32 这个指针，然后可以通过 pointer. Elem（）去获取所指向的 Value，注意参数类型一定要是指针。

2）如果传入的参数不是指针，而是变量，那么通过 Elem 获取原始值对应的对象则直接会触发 panic（）函数。

3）通过 CanSet 方法查询是否可以设置返回 false。

4）newValue. CantSet（）表示是否可以重新设置其值，如果输出的是 true 则可修改，否则不能修改。reflect. Value. Elem（）表示获取原始值对应的反射对象。只有原始对象才能修改，当前反射对象是不能修改的，也就是说如果要修改反射类型对象，其值必须是"可寻址的"（对应的要传入的是指针，同时要通过 Elem（）方法获取原始值对应的反射对象）。

（4）通过 reflect. ValueOf（）函数来进行方法的调用

前面只说到对类型、变量的几种反射的用法，包括如何获取其值、其类型，如何重新设置新值等。但是在工程应用中，另外还有一个常用并且高级的用法，就是通过 reflect 包来进行方法的调用。比如做框架工程时，需要可以随意扩展方法，或者说用户可以自定义方法，那么通过什么手段来扩展让用户能够自定义呢？关键点在于用户的自定义方法是未知的，因此可以通过 reflect 包来实现，示例如下。

代码路径：chapter2/reflect/reflect6. go。

```go
package main
import (
    "fmt"
    "reflect"
)
type Gopher struct {
    Id    int
    Name  string
    Level int
}
//有参数调用
func (u Gopher) CallFuncHasArgs(name string, age int) {
    fmt.Println("CallFuncHasArgs name: ", name, ", age:", age, "and original Gopher.
Name:", u.Name)
}

//无参数调用
func (u Gopher) CallFuncNoArgs() {
    fmt.Println("CallFuncNoArgs")
}

func main() {
    pro := Gopher{1, "Shirdon.Liao", 12}

    getValue := reflect.ValueOf(pro)

    //先看有参数的调用方法
    methodValue := getValue.MethodByName("CallFuncHasArgs")
    args := []reflect.Value{reflect.ValueOf("Barry"), reflect.ValueOf(20)}
    methodValue.Call(args)

    //再看无参数的调用方法
    methodValue = getValue.MethodByName("CallFuncNoArgs")
    args = make([]reflect.Value, 0)
    methodValue.Call(args)
}

//CallFuncHasArgs name:  Barry, age: 20 and original Gopher.Name: Shirdon.Liao
//CallFuncNoArgs
```

如果要通过反射调用，那么首先要将方法注册，也就是通过 MethodByName( ) 方法获取方法值 methodValue 对象，然后通过反射调用 methodValue 对象的 Call( ) 方法。

③ 反射性能

Go 语言的反射比较慢，这个和它的 API 设计有关。Go 语言的反射是这样设计如下。

```
type_ := reflect.TypeOf(obj)
field, _ := type_.FieldByName("hi")
```

这里读取的 field 对象是 reflect. StructField 类型，但是它没有办法用来读取对应对象上的值。如果要读取值，则需用另外一套对象，而不是 type 的反射，示例如下。

```
type_ := reflect.ValueOf(obj)
fieldValue := type_.FieldByName("hi")
```

这里读取的 fieldValue 类型是 reflect. Value，它是一个具体的值，而不是一个可复用的反射对象。每次反射都需要分配请求的内存并返回指向它的指针给这个 reflect. Value 结构体，并且还涉及垃圾回收（Garbage Collection，GC）。

综上，Go 语言反射慢主要有如下两个原因。

- 频繁地进行内存分配以及后续的 GC。
- reflect 反射实现里面有大量的枚举、类型转换、for 循环等。

▶▶2.2.2 反射 3 大法则简介

① 法则 1：反射可以将"接口变量"转换为"反射对象"

反射是一种检测存储在接口变量中的值和类型的机制。通过 reflect 包的一些函数，可以把接口转换为反射定义的对象。reflect 包的常用函数如下。

- reflect. ValueOf（ | | interface ）reflect. Value：获取某个变量的值，但值是通过 reflect. Value 对象描述的。

- reflect. TypeOf（ | | interface ）reflect. Type：获取某个变量的静态类型，但值是通过 reflect. Type 对象描述的，是可以直接使用 Println 打印的。

- reflect. Value. Kind( ) Kind：获取变量值的底层类型，底层类型可能是 Int、Float、Struct、Slice 等。

- reflect. Value. Type( ) reflect. Type：获取变量值的类型，效果等同于 reflect. TypeOf。

② 法则 2：反射可以将"反射对象"转换为"接口变量"

和法则 1 刚好相反，法则 2 描述的是，从反射对象到接口变量的转换。和物理学中的反射类似，Go 语言中的反射也能创造自己反面类型的对象。根据一个 reflect. Value 类型的变量，可以使用 Interface( ) 函数恢复其接口类型的值。事实上，这个方法会把 type 和 value 信息打包并填充到一个接口变量中，然后返回，Interface( )方法声明如下。

```
func (v Value) Interface() interface{}
```

然后可以通过断言，恢复底层的具体值，代码如下。

```
y := v.Interface().(float64) //
fmt.Println(y)
```

Interface( )方法就是用来实现将反射对象转换成接口变量的一个桥梁。

注意：如果 Value 是结构体的非导出字段，则调用该函数会触发 panic( )函数。

❸ 法则 3：如果要修改"反射对象"，则其值必须是"可写的"（settable）

当使用 reflect. Typeof 和 reflect. Valueof 时，如果传递的不是接口变量的指针，反射环境里的变量值始终将只是真实环境里的一个副本，对该反射对象进行修改，并不能反映到真实环境里。在反射的规则里，需要注意以下几点。

- 不是接收变量指针创建的反射对象，是不具备"可写性"的。
- 是否具备"可写性"，可使用 CanSet( )函数来获取得知。
- 对不具备"可写性"的对象进行修改是没有意义的，也认为是不合法的，因此会报错。

如果要让反射对象具备可写性，需要注意以下两点。

- 创建反射对象时传入变量的指针。
- 使用 Elem( )函数返回指针指向的数据。

可写指的是，可以通过 Value 设置原始变量的值。下面通过函数的例子熟悉一下可设置。

```
func f(x int)
```

在调用 f 的时候，传入了参数 x，从函数内部修改 x 的值，外部变量的值并不会发生改变，因为这种是传值，是复制的传递方式。

```
func f(p *int)
```

如果函数 f 的入参是指针类型，在函数内部修改变量的值，则函数外部变量的值也会跟着变化。使用反射也是这个原理，如果创建 Value 时传递的是变量，则 Value 是不可写的。如果创建 Value 时传递的是变量地址，则 Value 是可写的。

可以使用 Value. CanSet( )检测是否可以通过此 Value 修改原始变量的值，代码如下。

```
x := 10
v1 := reflect.ValueOf(x)
fmt.Println("setable:", v1.CanSet())
p := reflect.ValueOf(&x)
fmt.Println("setable:", p.CanSet())
v2 := p.Elem()
fmt.Println("setable:", v2.CanSet())
```

如何通过 Value 设置原始对象值呢？答案是 Value. SetXXX ( ) 系列函数，它可设置 Value 中原始对象的值。部分函数如下。

```
Value.SetInt()
Value.SetUint()
Value.SetBool()
Value.SetBytes()
Value.SetFloat()
Value.SetString()
//...
```

设置函数这么多，到底该选用哪个 Set 函数？可以根据 Value. Kind( )的结果去获得变量的底层类型，然后选用该类别对应的 Set 函数。

2.3 Go 语言编译

▶▶ 2.3.1 编译基础知识

❶ 抽象语法树

抽象语法树（Abstract Syntax Tree，AST）或简称语法树（Syntax Tree）是源代码语法结构的一种抽象表示。它以树状的形式表现编程语言的语法结构，树上的每个节点都表示源代码中的一种结构。之所以说语法是"抽象"的，是因为这里的语法并不会表示出真实语法中出现的每个细节。比如，嵌套括号被隐含在树的结构中，并没有以节点的形式呈现；而类似于 if…condition…then 这样的条件跳转语句，可以使用带有 3 个分支的节点来表示。

❷ 静态单赋值

在编译器设计中，静态单赋值形式（Static Single Assignment Form，SSA）是中间表示（Intermediate Representation，IR）的属性。它要求每个变量只分配一次，并且每个变量在使用之前定义。原始 IR 中的现有变量被拆分为版本，新变量通常由原始名称加下标表示，以便每次定义都有自己的版本。在 SSA 形式中，use-def 链是显式的，每个包含一个元素。

在实践中，通常会用下标实现静态单赋值，这里以下面的代码为例。

```
x := 1
x := 2
y := x
```

经过简单的分析就能够发现上述第一行代码的赋值语句 x : = 1 不会起到任何作用。下面是具有 SSA 特性的中间代码，可以清晰地发现变量 y1 和 x1 是没有任何关系的，所以在机器码生成时就可以省去 x : = 1 的赋值,通过减少需要执行的指令优化这段代码。

```
x1 := 1
x2 := 2
y1 := x2
```

因为 SSA 的主要作用是对代码进行优化,所以它是编译器后端的一部分。当然代码编译领域除了 SSA 还有很多中间代码的优化方法,编译器生成代码的优化也是一个经典并且复杂的领域,这里不再展开讲解,感兴趣的读者可查阅相关资料自学。

❸ 指令集

指令集架构(Instruction Set Architecture,ISA)又称指令集或指令集体系,是计算机体系结构中与程序设计有关的部分。它包含了基本数据类型、指令集、寄存器、寻址模式、存储体系、中断、异常处理以及外部 I/O。指令集包含一系列的 opcode(即操作码,机器语言),以及由特定处理器执行的基本命令。不同系列的处理器(如 Intel 的 IA-32 和 x86-64、IBM 的 Freescale Power 和 ARM 处理器)有不同的指令集。

指令集与微架构(一套用于执行指令集的微处理器设计方法)不同。使用不同微架构的计算机可以共享一种指令集。例如,Intel 的 Pentium 和 AMD 的 AMD Athlon,两者几乎采用相同版本的 x86 指令集,但是两者在内部设计上有本质的区别。

例如,在 macOS X 系统的命令行中输入 uname -m 就能获得当前机器的硬件信息。

```
$ uname -m
x86_64
```

x86 是目前比较常见的指令集,除了 x86 之外,还有 arm 等指令集。不同的处理器使用了不同的架构和机器语言,所以很多编程语言为了在不同的机器上运行,需要将源代码根据架构翻译成不同的机器代码。

▶▶ 2.3.2 Go 语言编译原理

目前成熟的生产环境用的编译器基本上都是前中后三阶段架构,如图 2-2 所示。

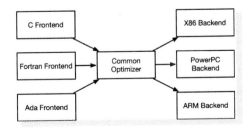

● 图 2-2

其中前端将高级语言的源代码翻译成 IR 序列，并传递给中端；中端对输入的原始 IR 序列做通用优化，并输出优化后的 IR 序列给后端；后端接收中端传来的 IR 序列，将其映射成真正的汇编指令序列，并做进一步和硬件相关的特殊优化，最终经过链接生成可执行程序。

这种架构的第 1 个好处是新的高级语言无须支持所有的硬件，仅需生成 IR 即可；新的硬件无须适配所有的高级编程语言，仅需适配 IR 即可。从因果关系上看，前端和后端各自都是一个子编译器，前端把高级语言编译成 IR 序列，IR 对于前端就是（伪）汇编；而后端把 IR 编译成真汇编，IR 对于后端就是（伪）高级语言；第 2 个好处是避免重复的优化。例如把 "a * 8" 优化成 "a << 3" 在所有的硬件上都适用。因此没必要每个后端都做一遍，把这个优化放在中端一次性完成即可；第 3 个好处是针对 SSA 形态的 IR，已经有很多计算机科学家做了大量细致的研究，有非常成熟的优化算法可以借鉴。

① 词法与语法分析

所有的编译过程其实都是从解析代码的源文件开始的，词法分析的作用就是解析源代码文件。它将文件中的字符串序列转换成 Token 序列，方便后面的处理和解析。一般会把执行词法分析的程序称为词法解析器（Lexer）。而语法分析的输入是词法分析器输出的 Token 序列，语法分析器会按照顺序解析 Token 序列。该过程会将词法分析生成的 Token 按照编程语言定义好的文法（Grammar）自下而上或者自上而下地制定规约（Specification），每一个 Go 语言的源代码文件最终会被归纳成一个 SourceFile 结构，代码如下。

```
SourceFile = PackageClause ";" { ImportDecl ";" } { TopLevelDecl ";" }.
```

词法分析会返回一个不包含空格、换行等字符的 Token 序列，例如，package、json、import、(、io、)……而语法分析会把 Token 序列转换成有意义的结构体，即语法树，代码如下。

```
"json.go": SourceFile {
    PackageName: "json",
    ImportDecl: []Import{
        "io",
    },
    TopLevelDecl: ...}
```

Token 到上述抽象语法树（AST）的转换过程会用到语法解析器，每一个 AST 都对应一个单独的 Go 语言文件。这个抽象语法树包括当前文件属于的包名、定义的常量、结构体和函数等。

Go 语言的语法解析器使用的是 LALR（1）的文法，限于篇幅，不做详细介绍对解析器文法感兴趣的读者可以自行找编译器文法的相关资料来学习。

语法解析的过程中，发生的任何语法错误都会被语法解析器发现并将消息打印到标准输出上，整个编译过程也会随着错误的出现而被中止。

② 类型检查

当拿到一组文件的抽象语法树后，Go 语言的编译器会对语法树中定义和使用的类型进行检查，类型检查会按照以下的顺序分别验证和处理不同类型的节点。

- 检查常量、类型和函数名及类型。
- 对变量进行赋值和初始化。
- 检查函数和闭包的主体。
- 检查哈希键值对的类型。
- 导入函数体。
- 外部的声明。

通过对整棵抽象语法树的遍历，在每个节点上都会对当前子树的类型进行验证，以保证节点不存在类型错误。所有的类型错误和不匹配都会在这一个阶段被暴露出来，其中包括结构体对接口的实现。

类型检查阶段不只会对节点的类型进行验证，还会展开和改写一些内建的函数，例如 make 关键字在这个阶段会根据子树的结构被替换成 runtime. makeslice( ) 或者 runtime. makechan( ) 等函数。

类型检查这一过程在整个编译流程中还是非常重要的，Go 语言的很多关键字都依赖类型检查期间的展开和改写。

③ 中间代码生成

当将源文件转换成了抽象语法树，并对整棵树的语法进行解析和类型检查之后，就可以认为当前文件中的代码不存在语法错误和类型错误的问题了。Go 语言的编译器就会将输入的抽象语法树转换成中间代码。

在类型检查之后，编译器会通过 cmd/compile/internal/gc 包的 compileFunctions( ) 函数编译整个 Go 语言项目中的全部函数。这些函数会在一个编译队列中等待几个 goroutine 的消费，并发执行的 cmd/compile/internal/gcoroutine 会将所有函数对应的抽象语法树转换成中间代码。

由于 Go 语言编译器的中间代码使用了 SSA 的特性，所以在这一阶段能够分析出代码中的无用变量和片段，并对代码进行优化。后文相关章。

④ 机器码生成

Go 语言源代码的 src/cmd/compile/internal 目录中包含了很多机器码生成的相关包。不同类型的 CPU 分别使用了不同的包生成机器码，其中包括 amd64、arm、arm64、mips、x86 和 wasm 等，其中还包括 WebAssembly。

提示： WebAssembly 是由主流浏览器厂商组成的 W3C 社区共同制定的一个新的规范。WebAssembly 是一个可移植、体积小、加载快并且兼容 Web 的全新格式。

WebAssembly 作为一种在栈虚拟机上使用的二进制指令格式，它设计的主要目标就是在 Web 浏览器上提供一种具有高可移植性的目标语言。Go 语言的编译器能够生成 WebAssembly 格式的指令，从而能够运行在常见的主流浏览器中。Go 语言编译成 WebAssembly 格式的命令如下。

```
$ GOARCH = wasm GOOS = js go build -o lib.wasm main.go
```

可以使用上述的命令将 Go 语言的源代码编译成能够在浏览器上运行的 WebAssembly 文件。当然除了二进制指令格式外，Go 语言经过编译还可以运行在几乎全部的主流机器上，除了对 Windows 系统的兼容性较差之外，对 Linux 和 Darwin 类系统的兼容性很好。

▶▶ 2.3.3 Go 语言编译器入口

Go 语言的编译器入口在 src/cmd/compile/internal/gc/main. go 文件中，其中 600 多行的 Main( ) 函数就是 Go 语言编译器的主程序。该函数会先获取命令行传入的参数并更新编译选项和配置，随后会调用 parseFiles( ) 函数对输入的文件进行词法与语法分析得到对应的抽象语法树，代码如下。

```
func Main(archInit func(*Arch)) {
    //...省略多行代码
    lines := parseFiles(flag.Args())
    //...省略多行代码
}
```

得到抽象语法树后会分多个阶段对抽象语法树进行更新和编译。

在这里编译器会对生成语法树中的节点执行类型检查，除了常量、类型和函数这些顶层声明之外，它还会检查变量的赋值语句、函数主体等结构，代码如下。

```
for i : = 0; i < len(xtop); i ++ {
    n : = xtop[ i]
    if op : = n.Op; op != ODCL && op != OAS && op != OAS2 && (op != ODCLTYPE || ! n.Left.
Name.Param.Alias) {
    xtop[ i] = typecheck(n, ctxStmt)
    }
}

for i : = 0; i < len(xtop); i ++ {
    n : = xtop[ i]
    if op : = n.Op; op == ODCL || op == OAS || op == OAS2 || op == ODCLTYPE && n.Left.
Name.Param.Alias {
```

```
xtop[i] = typecheck(n, ctxStmt)
    }
}
//...
```

类型检查会遍历传入节点的全部子节点，这个过程会展开和重写 make 等关键字。在类型检查中会改变语法树的一些节点，但不会生成新的变量或者语法树。这个过程的结束也意味着源代码中已经不存在语法和类型错误了，中间代码和机器码都可以根据抽象语法树正常生成。

```
initssaconfig()

peekitabs()

for i := 0; i < len(xtop); i ++ {
    n :=xtop[i]
    if n.Op == ODCLFUNC {
        funccompile(n)
    }
}

compileFunctions()

for i, n := rangeexterndcl {
    if n.Op == ONAME {
        externdcl[i] = typecheck(externdcl[i], ctxExpr)
    }
}

checkMapKeys()
}
```

在主程序运行的最后，编译器会将顶层的函数编译成中间代码并根据目标的 CPU 架构生成机器码。不过在这一阶段也有可能会再次对外部依赖进行类型检查以验证其正确性。

Go 语言的编译过程是非常有趣且值得学习的，通过对 Go 语言 4 个编译阶段的分析和对编译器主函数的梳理，读者能够对 Go 语言的实现有一些基本的理解。掌握编译的过程之后，Go 语言对于读者来讲也不再是一个黑盒，可以通过研究其编译原理来增加对 Go 语言的理解。

▶▶2.3.4 编译器调试

Go 编译器提供了完备的调试手段，正好可以用来展示 Go 编译器的内部工作流程。本书使用 go1.16 版本做演示，请读者安装此版本。下面用一个示例加深理解。

代码路径：chapter2/2.3.4-compiler_debug.go。

```
package main

func Func(x, y int) int {
```

```
    z := 6
    return x* 8 + y* z
}

func main() {
    println(Func(80, 60))
}
```

使用如下命令编译，在得到可执行目标程序的同时，还会得到一个额外的 ssa. html 文件。这个 ssa. html 记录了 Go 编译器的工作流程和各阶段的中间结果，其中 GOSSAFUNC 环境变量用于指定需要被调试的函数，本例中指定的是 Func。

```
$ GOSSAFUNC = Func go build 2.3.4-compiler_debug.go
# command-line-arguments
dumped SSA to ./ssa.html
```

打开 ssa. html，可以看到编译 Func 函数一共经过了几十道工序，如图 2-3 所示。

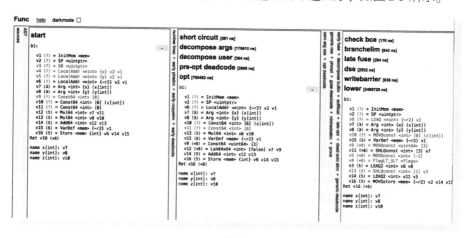

● 图 2-3

其中，source 和 AST 属于编译器前端，从 start 到 writebarrier 属于编译器中端，从 lower 到 genssa 属于编译器后端。这其中的 start/writebarrier/genssa 三道工序的输出，请读者认真看一下。start 工序是编译器前端的最后一步，输出原始 IR 序列，请读者对照源码仔细阅读。v10 对应变量 z，v11 对应第 1 个乘法运算的乘数 8，v12 是第一个乘法的积，v13 是第 2 个乘法的积，v14 是加法的和，具体如下。

```
start

    b1:

    v1 (?) = InitMem <mem>
    v2 (?) = SP <uintptr>
```

```
    v3 (?)  = SB <uintptr>
    v4 (?)  = LocalAddr <*int> {x} v2 v1
    v5 (?)  = LocalAddr <*int> {y} v2 v1
    v6 (?)  = LocalAddr <*int> {~r2} v2 v1
    v7 (3)  = Arg <int> {x} (x[int])
    v8 (3)  = Arg <int> {y} (y[int])
    v9 (?)  = Const64 <int> [0]
    v10 (?) = Const64 <int> [6] (z[int])
    v11 (?) = Const64 <int> [8]
    v12 (5) = Mul64 <int> v7 v11
    v13 (5) = Mul64 <int> v8 v10
    v14 (5) = Add64 <int> v12 v13
    v15 (5) = VarDef <mem> {~r2} v1
    v16 (5) = Store <mem> {int} v6 v14 v15
    Ret v16 (+5)

name x[int]: v7
name y[int]: v8
name z[int]: v10
```

writebarrier 是编译器中端的最后一步, 输出经过优化后的 IR 序列。读者可以看到, 最初的乘法运算 (Mul64) 被优化成了移位运算 (Lsh64x64), 具体如下。

```
b1:

    v1 (?)  = InitMem <mem>
    v2 (?)  = SP <uintptr>
    v6 (?)  = LEAQ <*int> {~r2} v2
    v7 (3)  = Arg <int> {x} (x[int])
    v8 (3)  = Arg <int> {y} (y[int])
    v10 (?) = MOVQconst <int> [6] (z[int])
    v15 (5) = VarDef <mem> {~r2} v1
    v9 (+5)  = MOVQconst <uint64> [3]
    v11 (+5) = SHLQconst <int> [3] v7
    v5 (+5)  = MOVQconst <int> [-1]
    v4 (+5)  = FlagLT_ULT <flags>
    v3 (5)  = LEAQ2 <int> v8 v8
    v13 (5) = SHLQconst <int> [1] v3
    v14 (5) = LEAQ2 <int> v11 v3
    v16 (5) = MOVQstore <mem> {~r2} v2 v14 v15
    Ret v16 (+5)
name x[int]: v7
name y[int]: v8
name z[int]: v10
```

而 genssa 是后端的最后一步, 输出真正的最优的 x86_64 汇编序列, 具体如下。

```
# /Users/mac/go/src/gitee.com/shirdonl/goAdvanced/chapter2/2.3.4-compiler_debug.go
        00000 (3) TEXT"".Func(SB), ABIInternal
        00001 (3) FUNCDATA $0,gclocals·33cdeccccebe80329f1fdbee7f5874cb(SB)
        00002 (3) FUNCDATA $1,gclocals·33cdeccccebe80329f1fdbee7f5874cb(SB)
v4      00003 (+5) MOVQ"".x(SP), AX
v11      00004 (5) SHLQ $3, AX
v5      00005 (5) MOVQ"".y+8(SP), CX
v3      00006 (5) LEAQ (CX)(CX* 2), CX
v14      00007 (5) LEAQ (AX)(CX* 2), AX
v16      00008 (5) MOVQ AX,"". ~r2+16(SP)
b1      00009 (5) RET
        00010 (?) END
```

编译器的内部实现是十分复杂的，由于篇幅的关系，这里不再赘述。感兴趣的读者可以在本节的基础上进行深入学习和研究。

2.4 CGO 编程技巧

▶▶2.4.1 CGO 基础使用

CGO 是 Go 语言提供的一个工具，它本身是一个可执行文件。当调用 go build 指令编译项目时，CGO 会在需要处理 C 代码的时候被自动使用，它依赖 GCC 来工作。CGO 本身可以被直接执行，并提供了一系列可选指令选项帮助程序员查找问题。

❶ 【实战】第一个 CGO 程序

代码路径：chapter2/cgo/cgo.go。

```
package main
/*
#include <stdio.h>

void HelloCGO() {
    printf("hello cgo ~ \n");
}
*/
import "C"

func main() {
    //调用 C 语言的 HelloCGO 函数
    C.HelloCGO()
}
```

在文件所在命令行终端输入命令，返回如下结果。

```
$ go run hello-cgo.go
hellocgo ~
```

注意：import "C" 与//#include < stdio. h > 不能直接换行

其中

//#include < stdio. h >

import "C

等价于：

/ *

#include < stdio. h >

*/

import "C

提示：要使用 CGO 特性，需要安装 C/C ++ 构建工具链。在 macOS 和 Linux 环境下要安装 GCC，在 Windows 环境下需要安装 MinGW 工具。同时需要保证环境变量 CGO_ENABLED 被设置为 1，这表示 CGO 是被启用的状态。在本地构建时，CGO_ENABLED 默认是启用的；当交叉构建时，CGO 默认是禁止的。比如，要交叉构建 ARM 环境运行 Go 程序，则需要手动设置好 C/C ++ 交叉构建的工具链，同时开启 CGO_ENABLED 环境变量，然后通过 import "C" 语句启用 CGO 特性。

▶▶ 2.4.2 CGO 使用的问题和挑战

CGO 是 Go 语言中相当重要的部分，能够实现 Go 与 C 语言的相互调用，但其在实际使用中会遇到一些问题和挑战，具体如下。

- 内存管理变得复杂，C 语言是没有垃圾收集的，而 Go 语言有，两者的内存管理机制不同，可能会带来内存泄漏。
- Cgoroutines ! = Goroutines，如果使用 goroutine 调用 C 程序，会发现性能不会很高。
- Go 语言官方默认不支持 CGO 的交叉编译。
- 调试代码更加困难。

① CGO 的性能不如 Go 语言和 C 语言

最核心的就是性能问题了，CGO 性能到底开销有多大呢？实际上在使用 CGO 的时候不太可能进行空调用，一般来说会把性能影响较大、计算耗时较长的计算放在 CGO 中。这样每次调用花费几十纳秒的额外耗时应该是可以接受的。为了测试这种情况，下面的示例设计了更全面的一种测试，示例如下。

代码路径：chapter2/cgo/cgo2.go。

```go
package main

import (
    "fmt"
    "time"
)

/*

void calSum(int c) {
    int sum = 0;
    for(int i = 0; i <= c; i++ ){
        sum = sum + i;
    }
}

*/
// #cgo LDFLAGS:
import "C"

//计算和
func calSum(c int) {
    sum := 0
    for i := 0; i <= c; i++ {
        sum += i
    }
}

func main() {
    cycles := []int{500000, 1000000}
    counts := []int{10, 50, 100, 500}
    for _, count := range counts {
        for _, cycle := range cycles {
            startCGO := time.Now()
            for i := 0; i < cycle; i = i + 1 {
                C.calSum(C.int(count))
            }
            costCGO := time.Now().Sub(startCGO)

    startGo := time.Now()
            for i := 0; i < cycle; i = i + 1 {
                calSum(count)
            }
            costGo := time.Now().Sub(startGo)

            fmt.Printf("count: % d, cycle: % d, cgo: % s, go: % s, cgo/cycle: % s, go/cy-
cle: % s cgo/go: % .4f \n",
```

```
                count, cycle,costCGO, costGo, costCGO/time.Duration(cycle), costGo/
time.Duration(cycle), float64(costCGO)/float64(costGo))
            }
        }
    }
```

执行结果如下。

```
$ go runcgo2.go
count: 10, cycle: 500000,cgo: 32.267757ms, go: 3.130366ms, cgo/cycle: 64ns, go/cycle:
6ns cgo/go: 10.3080
count: 10, cycle: 1000000,cgo: 76.240817ms, go: 5.980844ms, cgo/cycle: 76ns, go/cycle:
5ns cgo/go: 12.7475
```

可以看出,随着 count 数量的增加(即实际计算量的增加),CGO 的性能优势逐渐体现,
这时候 CGO 的性能开销变得可以忽略不计了(这里 GCC 默认有编译优化,当关闭编译优化
时,还是能看出 cgo/go 的性能有显著的下降趋势)。

❷ Cgoroutines 不等于 goroutines

Cgoroutines 不等于 goroutines,这可能是一个严重的问题,它们的性能差距是十分巨大的。
下面通过示例来测试一下,示例中开启了 1000 个 goroutine,代码如下。

```
func main(){
    for i:= 0; i <1000; i ++ {
        go func(){
            time.Sleep( time.Second)
        }()
    }
    time.Sleep(2 *time.Second)
}
```

以上程序开启了 1000 个 goroutine,分配给它们每个的"堆栈"只有几千字节。如果导入
CGO 会怎么样?下面的代码是 bench 包中示例的简化版本。

```
//#include <unistd.h >
import" C"
func main(){
    for i:= 0; i <1000; i ++ {
        go func(){
            C.sleep(1 / / * 秒* /)
        }()
    }
    time.Sleep(2 *time.Second)
}
```

以上两种写法的程序，表现截然不同。阻塞的 CGO 调用占用系统线程，Cgoroutine 语言运行时无法像 goroutine 一样对它们进行调度，并且作为真正堆栈的大小大约为兆字节。

同样，如果使用适当限制的并发来调用 CGO 也是可以的。但是，如果开发者正在编写 Go程序，则很可能习惯于不过多考虑 goroutine 的多少。在关键请求路径中阻塞 CGO 调用可能会留下数百个线程，这很可能导致一些问题，比如系统资源被快速耗尽等。过多使用 CGO 违反了 Go 语言承诺的轻量级并发。

❸ CGO 交叉编译

Go 语言官方目前没有完整的交叉编译方案，但可以通过辅助编译器来实现交叉编译。在没有 CGO 调用的情况下，交叉编译只需带上 3 个参数便可以实现，命令如下。

```
$ CGO_ENABLED = 0 GOOS = linux GOARCH = amd64 go build
```

或者加上可选参数，命令如下。

```
$ CGO_ENABLED = 0 GOOS = linux GOARCH = amd64 go build -ldflags '-s -w --extldflags "-static -
fpic"' main.go
```

以上命令行中，CGO_ENABLED 这个参数默认为 1，表示开启 CGO。需要指定为 0 来关闭，因为 CGO 不支持交叉编译。GOOS 和 GOARCH 用来指定要构建的平台为 Linux。可选参数 -ldflags 是编译选项，其参数意义如下。

- -s -w 表示去掉调试信息，可以减小构建后文件的体积。

- --extldflags "-static -fpic" 表示完全静态编译（集成可执行文件需要调用的对应库到可执行文件内部，使得文件执行不需要其他任何依赖），这样编译生成的文件就可以放到任意指定平台下运行，而不需要配置运行环境。

例如，如果读者是在 macOS X 系统中开发，可以用 github. com/FiloSottile/homebrew-musl-cross 包直接通过 brew 安装就可以，命令如下。

```
$ brew install FiloSottile/musl-cross/musl-cross
```

安装成功后，有多种编译器可以实现交叉编译，使用时只需在编译对应参数下指定就可以了，示例如下。

```
$ CGO_ENABLED = 1 GOOS = linux GOARCH = amd64 CC = x86_64-linux-musl-gcc CGO_LDFLAGS = "-
static" go build -a -v
```

通过 CC = x86_64-linux-musl-gcc 来指定 GCC 编译器，而 CGO_LDFLAGS = "-static" 表示指定 CGO 部分的编译为静态编译，这样就可以实现带 CGO 的交叉编译了。如果读者使用的是其他平台，则也可以通过跨平台编译的工具，如 musl（https：//musl. cc/），下载对应平台工具，这里有支持多平台实现工具。下载解压，将解压好的目录下的 bin 文件路径放到 PATH 环境变量中就可以进行 CGO 的交叉编译了。限于篇幅，这里不做详细阐述。

④ CGO 调试代码

使用 CGO 后，调试代码将更加困难。通过 Go 语言的工具不太容易访问 C 语言中的部分。PProf（一种用于数据可视化和数据分析的工具）、运行时统计信息、行号、堆栈跟踪都将变得更加困难。为了调试，需要在 Go 和 CGO 的源代码中的很多地方加上断点标识符，这些标识符会将翻译推迟到 CGO 生成的代码之后。这样往往会出现工具运行良好，但性能和开发调试的效率却大大降低。因此，可以用 GDB 等 C/C++ 的调试工具进行 CGO 调试。

GDB 是 GNU 项目调试器，它可以让开发者查看另一个程序在执行时"内部"发生了什么（或者说另一个程序在它崩溃时正在做什么）。GDB 可以做以下 4 种主要的事情来帮助开发者在 CGO 调试中捕获错误。

- 启动程序，指定可能影响其行为的任何内容。
- 使程序在指定条件下停止。
- 当程序停止时，检查发生了什么。
- 更改程序中的内容，以便让开发者可以尝试纠正一个错误的影响并继续了解另一个错误。

这些程序可能与 GDB 在同一台机器上、另一台机器（远程）或模拟器上执行。GDB 可以在 UNIX 和 Microsoft Windows 的变体上运行，也可以在 macOS X 上运行。

Go 语言内部已经内置支持了 GDB，所以可以通过 GDB 来进行调试。通过下面这个示例来演示如何通过 GDB 来调试 Go 程序，示例如下。

代码路径：chapter2/2.4.2-gdb.go。

```go
package main

import (
    "fmt"
    "time"
)

func Count(c chan <- int) {
    for i := 0; i < 6; i ++ {
        time.Sleep(2 *time.Second)
        c <- i
    }
    close(c)
}

func main() {
    msg := "开启 main()函数"
    fmt.Println(msg)
```

```
        ch : = make(chan int)
        go Count(ch)
        for count : = range ch {
            fmt.Println("count:", count)
        }
    }
```

编译文件，生成可执行文件 gdbfile，命令如下。

```
$ go build -gcflags "-N -l" 2.4.2-gdb.go
```

在 Linux 系统中，通过 gdb 命令启动调试（请确保已经安装了 gdb），命令如下。

```
$ sudo gdb 2.4.2-gdb
```

启动之后，首先看这个程序能否运行起来，只要输入 run 命令并按〈Enter〉键后程序就开始运行，如果程序正常，可以看到如下输出，和在命令行直接执行程序的输出是一样的。

```
(gdb) run
Starting program: /Users/mac/go/src/gitee.com/shirdonl/goAdvanced/chapter2/2.4.2-gdb
[New Thread 0x1803 of process 28145]
[New Thread 0x1903 of process 28145]
[New Thread 0x2303 of process 28145]
//开启 main()函数
count: 0
count: 1
count: 2
count: 3
[New Thread 0x181f of process 28145]
[New Thread 0x1a03 of process 28145]
[New Thread 0x1b03 of process 28145]
[New Thread 0x2203 of process 28145]
count: 4
count: 5
--Type <RET> for more, q to quit, c to continue without paging--
```

当程序运行起来后，接下来通过 break 命令给代码设置断点。

```
(gdb) break 2.4.2-gdb:19
Make breakpoint pending on future shared library load? (y or [n]) y
Breakpoint 1 (2.4.2-gdb:19) pending.
(gdb) run
Starting program: /Users/mac/go/src/gitee.com/shirdonl/goAdvanced/chapter2/2.4.2-gdb
[New Thread 0x1903 of process 29736]
[New Thread 0x2303 of process 29736]
//开启 main()函数
```

```
count: 0
count: 1
count: 2
count: 3
count: 4
count: 5
[ Inferior 1 (process 29736) exited normally]
```

上面例子中 break 2.4.2-gdb:19 表示在第 19 行设置了断点，之后输入 run 开始运行程序。程序在设置断点的地方停住了，如果需要查看断点相应上下文的源码，输入 list 就可以看到断点处前 5 行的源码，命令如下。

```
(gdb) list
```

以前的程序环境中已经保留了一些有用的调试信息，现只需打印出相应的变量，查看相应变量的类型及值即可，命令如下。

```
(gdb) info locals
```

接下来让程序继续往下执行，可以继续使用 c 命令，命令如下。

```
(gdb) c
```

每次输入 c 之后都会执行一次代码，又跳到下一次 for 循环，继续打印出来相应的信息。加入需要改变上下文相关变量的信息，跳过一些过程，并继续执行下一步，得出修改后想要的结果，则可以使用如下命令。

```
(gdb) info locals
```

最后思考一下，前面整个程序运行的过程中到底创建了多少个 goroutine，每个 goroutine 都在做什么，查看命令如下。

```
(gdb) info goroutines
```

通过查看 goroutine 的命令可以清楚地了解 goruntine 内部是怎么执行的，每个函数的调用顺序会清楚地显示出来。

2.5 错误和异常处理技巧

▶▶2.5.1 错误和异常简介

错误和异常是两个不同的概念，非常容易混淆。很多程序员习惯将一切非正常情况都看作是错误，而不区分错误和异常，即使程序中可能有异常抛出，也将异常及时捕获并转换成错误。从表面上看，一切皆错误的思路更简单，而异常的引入仅仅增加了额外的复杂度。

但事实并非如此。众所周知，Go 语言遵循"少即是多"的设计哲学，程序设计追求简洁优雅，也就是说，如果异常价值不大，就不会将异常加入到语言特性中。

（1）错误处理

错误指的是可能出现问题的地方出现了问题，比如打开一个文件时失败，这种情况在人们的意料之中；而异常指的是不应该出现问题的地方出现了问题，比如引用了空指针，这种情况在人们的意料之外。可见，错误是业务过程的一部分，而异常不是。

Go 语言引入 error 接口类型作为错误处理的标准模式，如果函数要返回错误，则返回值类型列表中肯定包含 error。error 处理过程类似于 C 语言中的错误码，可逐层返回，直到被处理。

（2）异常处理

Go 语言引入两个内置函数 panic( ) 和 recover( ) 来触发和终止异常处理流程，同时引入关键字 defer 来延迟执行 defer 后面的函数。一直等到包含 defer 语句的函数执行完毕时，延迟函数（defer 后的函数）才会被执行，而不管包含 defer 语句的函数是通过 return 的正常结束，还是由于 panic( ) 导致的异常结束。可以在一个函数中执行多条 defer 语句，它们的执行顺序与声明顺序相反。

当程序运行时，如果遇到引用空指针、下标越界或显式调用 panic( ) 函数等情况，则先触发 panic( ) 函数的执行，然后调用延迟函数。调用者继续传递 panic( )，因此该过程一直在调用栈中重复发生：函数停止执行，调用延迟函数等。如果延迟函数中没有 recover( ) 函数的调用，则会到达该 goroutine 的起点。该 goroutine 结束后终止其他所有 goroutine，包括主 goroutine（类似于 C 语言中的主线程，该 goroutineID 为 1）。

Go 错误和异常是可以互相转换的，具体如下。

1）错误转异常。如程序逻辑上尝试请求某个 URL，最多尝试 3 次，尝试 3 次的过程中请求失败是错误，尝试完第 3 次还不成功的话，失败就被提升为异常了。

2）异常转错误。如 panic( ) 触发的异常被 recover( ) 恢复后，将返回值中 error 类型的变量进行赋值，以便其上层函数继续走错误处理流程。

那么什么情况下用错误表达，什么情况下用异常表达？这就需要有一套规则，否则很容易出现一切皆错误或一切皆异常的情况。因此，一般给出异常处理的作用域（场景）如下。

- 空指针引用。
- 下标越界。
- 除数为 0。
- 不应该出现的分支，比如 default。

- 输入不正确的数据类型引起函数的错误。

其他场景使用错误处理，这使得程序的函数接口很精炼。对于异常，可以选择在一个合适的上游去调用 recover( )，并打印堆栈信息，使得部署后的程序不会终止。

说明：Go 错误处理方式一直是很多人诟病的地方，有些人说一半的代码都是" if err ！= nil ｛//打印 && 错误处理｝"，严重影响正常的处理逻辑。但当区分了错误和异常，根据规则设计函数，就会大大提高可读性和可维护性。

▶▶2.5.2 错误处理的技巧

通过大量的实战开发，本书总结了如下的一些错误处理方法和技巧。

❶ 当函数调用失败的原因只有一个时，尽量不使用 error

先看下面这个示例，该示例用于检测用户类型，通过 switch…case 语句，但都返回了 nil。

代码路径：chapter2/2. 5. 2-error. go。

```
type User struct {
    UserName string
}

//检测用户类型
func (user *User) CheckUserType(userType string) error {
    switch userType {
    case "normal":
        return nil
    case "vip":
        return nil
    }
    return errors.New("CheckUserType Error:" + userType)
}
```

可以看出，该函数调用失败的原因只有一个，所以返回值的类型应该为 bool，而不是 error，重构一下代码。

```
type User struct {
    UserName string
}
//检测用户类型
func (user *User) CheckUserType(userType string) bool {
    return userType == "normal" ||userType == "vip"
}
```

当然，大多数情况，导致失败的原因不止一个，尤其是对 I/O 操作而言，用户需要了解更多的错误信息，这时的返回值类型不再是简单的 bool，而是 error。

②当调用没有失败时，尽量不使用 error

error 在 Go 语言中容易被错误地使用，有很多时候没有失败原因也会被开发者使用。比如错误为空时，也返回 error，示例代码如下。

```
func (user *User) setUserName() error {
    user.UserName = "Shirdon"
    return nil
}
```

对于上面的函数设计，通常就会有下面的调用代码。

```
user := User{}
err := user.setUserName()
if err != nil {
    // 返回错误
    return errors.New("error")
}
```

以上的代码中，setUserName( )方法返回了一个 nil，下面的调用代码又要重新判断一次 err != nil，其实完全没有必要，对以上代码重构一下。

```
func (user *User) setUserName()  {
    user.UserName = "Shirdon"
}
```

于是调用代码变为：

```
user := User{}
user.setUserName()
```

③错误尽量放在返回值类型列表的最后

在实战开发中，为了统一规范，避免出错，如果多个返回值类型中有 error 类型，则通常放在最后一个。

```
url := "https://www.baidu.com"
resp, err := http.Get(url)
if err != nil {
    return resp, err
}
```

④错误值尽量统一定义

很多初学 Go 语言的程序员在写代码时，很容易随意使用 return errors. New（value）语句，比如"数据不存在"的错误 value 可能为：

```
return errors.New("data is not existed.")
return errors.New("nodata")
return errors.New("data is not exist!")
```

这样容易造成不同地方的 value 语句值不统一。当上层函数要对特定错误 value 进行统一修改时，需要改动很多地方，从而严重阻碍了错误 value 的重构，不利于软件后期的开发和维护。可以参考 C/C++ 的错误码定义文件，在 Go 的每个包中增加一个错误对象定义文件，如下所示。

```
var ERROR_NO_RECORD = errors.New("no record")
var ERROR_UNEXPECTED_EOF = errors.New("unexpected EOF")
```

当然，以上形式不是固定的，"全大写 + 下画线分割"的命名方式相对来说有更好的可阅读性，读者可以根据自身团队的命名规范或个人喜好制定相应的命名规范。

⑤ 错误处尽量加日志

根据笔者经验，错误处尽量加日志以便后期故障精确定位。在生产环境中，往往数据量比较大，并且有很多错误很难复现，想仅通过测试来发现故障，目前很多团队还很难做到。如果没有日志，则往往不容易排除故障，所以错误处尽量加日志，方便后期故障的精确排除。

⑥ 错误处理尽量使用 defer

在函数中，程序员经常需要创建资源（如数据库连接、文件句柄、锁等）。为了在函数执行完毕后及时地释放资源，Go 语言的设计者提供了 defer 延迟语句。当程序出现宕机，或者遇到 panic( ) 错误时，recover( ) 函数可以恢复执行，而且也不会报告宕机错误。之前说过 defer 不但可以在 return 返回前调用，也可以在程序宕机报 panic( ) 错误时，在挂掉之前被执行，以此来恢复程序，示例代码如下。

```
f, err := os.Create("test.csv")
if err != nil {
    panic(err)
}
defer f.Close()
```

⑦ 当尝试几次可以避免调用失败时，尽量不要立即返回错误

假如错误的发生是偶然性的，或由不可预知的问题导致，明智的选择是重新尝试失败的操作，有时第 2 次或第 3 次尝试时会成功。在重试时，需要限制重试的时间间隔或重试的次数，防止无限制地进行重试。

例如，在上网时，人们会尝试请求某个 URL，有时第 1 次没有响应，当再次刷新时，则有了正常的响应。

⑧ 当上层函数不关心错误时，则建议尽量不返回错误

对于一些资源清理相关的函数，例如 destroy( )、delete( )、clear( ) 等，如果子函数出错，则打印日志即可，无须将错误进一步反馈到上层函数。因为一般情况下，上层函数是不关心执

行结果的，或者即使关心也无能为力，于是建议将相关函数设计为不返回错误。

❾ 当发生错误时，尽量不忽略有用的返回值

通常，当函数返回非空的错误时，其他的返回值是未定义的（undefined），这些未定义的返回值应该被忽略。然而，有少部分函数在发生错误时，仍然会返回一些有用的返回值。比如，当读取文件发生错误时，Read( )函数会返回可以读取的字节数以及错误信息。对于这种情况，应该将读取到的字符串和错误信息一起打印出来。

注意：在编写函数时，对函数的返回值要有清晰的说明，以便其他人使用。

▶▶ 2.5.3 异常处理的技巧

❶ 在程序部署后，应恢复异常避免程序终止

在 Go 语言中，goroutine 如果报 panic( )异常了，并且没有调用 recover( )函数恢复，那么整个 goroutine 就会异常退出。所以，一旦 Go 程序部署后，在任何情况下发生的异常都不应该导致程序异常退出。常用的方法是在上层函数中加一个延迟执行的 recover( )函数来达到这个目的，并且是否进行恢复需要根据环境变量或配置文件来定，默认需要恢复。

这一点类似于 C 语言中的断言，但还是有区别：一般在 Release 版本中，断言被定义为空而失效，但需要有 if 校验存在进行异常保护（尽管契约式设计中不建议这样做）。在 Go 语言中，recover( )函数完全可以终止异常展开过程，省时省力。在调用 recover( )函数中以较合理的方式响应该异常。

- 打印堆栈的异常调用信息和关键的业务信息，以便这些问题保留可见。
- 将异常转换为错误，以便调用者让程序恢复到健康状态并继续安全运行。

下面看一个简单的例子。

代码路径：chapter2/2.5.2-error. go。

```
func funcOne() error {
    defer func() {
        if p := recover(); p != nil {
            fmt.Printf("异常恢复 p: % v", p)
            debug.PrintStack()
        }
    }()
    return funcTwo()
}
func funcTwo() error {
    // 模拟
    panic("模拟异常")
    return errors.New("success")
```

```
    }
func testPanic() {
    err := funcOne()
    if err == nil {
        fmt.Printf("error is nil \n")
    } else {
        fmt.Printf("error is % v \n", err)
    }
}

//error is nil
```

在以上代码，我们期望 testPanic( )函数的输出如下结果。

erroris 模拟异常

实际上 test 函数的输出如下所示。

error is nil

原因是 Go 语言的 panic( )异常处理机制不会自动将错误信息传递给返回值 error，所以要在 funcOne( )函数中进行显式传递，代码如下所示。

```
func funcOne() (err error) {
    defer func() {
        if p := recover(); p != nil {
            fmt.Println("异常恢复! p:", p)
            str, ok := p.(string)
            if ok {
                err = errors.New(str)
                } else {
                    err = errors.New("success")
                }
                    debug.PrintStack()
        }
    }()
    return funcTwo()
}
//error is 模拟异常
```

❷ 对于不应该出现的分支，尽量使用异常处理

在进行实战开发时，当某些不应该出现的场景出现时，就应该调用 panic( )函数来触发异常。当程序到达了某条逻辑上不可能到达的路径时，就应该尽量使用异常处理。例如，Go 语言的类型检测包中的 recordBuiltinType( )方法示例如下。

代码路径：src/go/types/check. go。

```
func (check *Checker) recordBuiltinType(f ast.Expr, sig *Signature) {
    for {
        check.recordTypeAndValue(f, builtin, sig, nil)
        switch p := f.(type) {
        case *ast.Ident:
            return // 完成
        case *ast.ParenExpr:
            f = p.X
        default:
            unreachable()//逻辑上不会到达这里,如果进入,则直接抛异常
        }
    }
}
func unreachable() {
    panic("unreachable")
}
```

❸ 针对单一场景使用的函数，尽量使用 panic( ) 函数处理异常

针对单一场景使用的函数，尽量使用 panic( ) 函数处理异常。例如，在处理用户字符串输入的场景中，Go 语言定义了 MustCompile( ) 函数，该函数的实现代码如下。

代码路径：src/regexp/regexp. go。

```
func MustCompile(str string) *Regexp {
    regexp, err := Compile(str)
    if err != nil {
        panic(`regexp: Compile(` + quote(str) + `): ` + err.Error())
    }
    return regexp
}
```

在以上代码中，可以直接使用 panic( ) 函数，这样返回值类型列表中就不会有错误 error，这使得函数的调用处理非常方便，从而避免了乏味的"if err ! = nil {/ 打印 && 错误处理 /}"代码块。

2.6　密码学算法技巧

▶▶ 2.6.1　Hash 算法

❶ Hash 算法简介

Hash 算法（又称散列算法、散列函数、哈希算法）是把任意长度的输入通过散列算法变

换成固定长度的输出，且不可逆的单向密码机制。Hash 算法是密码学的重要分支，在数字签名和消息完整性检测等方面有广泛的应用。

（1）Hash 算法的特点

- 正向快速：给定明文和 Hash 算法，在有限时间和有限资源内能计算出 Hash 值。

- 逆向困难：给定（若干）Hash 值（散列值），在有限时间内很难（基本不可能）逆推出明文。

- 输入敏感：原始输入信息修改一点信息，产生的 Hash 值会有很大不同。

- 冲突避免：很难找到两段内容不同的明文，使得它们的 Hash 值一致（发生冲突）。即对于任意两个不同的数据块，其 Hash 值相同的可能性极小；对于一个给定的数据块，找到和它 Hash 值相同的数据块也极为困难。

（2）主要应用场景

- 文件校验。

- 数字签名。

- 鉴权协议。

（3）常用的 Hash 算法

常用的 Hash 算法有 MD5、SHA-1、RIPEMD-160、SHA-256、SHA-512 等，见表 2-1。

- MD5（Message-Digest Algorithm，MD5，消息摘要算法），一种被广泛使用的密码散列函数，可以产生出一个 128 位（16 字节）的散列值（Hash Value），用于确保信息传输完整一致。

表 2-1

算法	输出长度/位	输出长度/字节
MD5	128	16
SHA-1	160	20
RIPEMD-160	160	20
SHA-256	256	32
SHA-512	512	64

- SHA-1（Secure Hash Algorithm 1，安全散列算法 1）是一种密码散列函数，由美国国家安全局设计，并由美国国家标准技术研究所（NIST）发布为联邦资料处理标准（FIPS）。SHA-1 可以生成一个被称为消息摘要的 160 位（20 字节）散列值。散列值通常的呈现形式为 40 个十六进制数。

- SHA-2（Secure Hash Algorithm 2，安全散列算法 2），一种密码散列函数算法标准，由美国国家安全局研发，由美国国家标准与技术研究院在 2001 年发布，属于 SHA 算法之一，是 SHA-1 的后继者。其下又可再分为 6 个不同的算法标准，包括 SHA-224、SHA-256、SHA-384、

SHA-512、SHA-512/224 和 SHA-512/256。

● RIPEMD（Race Integrity Primitives Evaluation Messoge Digest，种族完整性原语评估消息摘要）是一种加密散列函数，由 Hans Dobbertin，Antoon Bosselaers 和 Bart Prenee 组成的 COSIC 研究小组于 1996 年发布。RIPEMD 是以 MD4 为基础原则设计的，而且其表现与更有名的 SHA-1 类似。RIPEMD-160 是以原始版 RIPEMD 所改进的 160 位版本，而且是 RIPEMD 系列中最常见的版本之一。

❷ Go 语言 Hash 算法实战

Go 语言 crypto 包含有一些常用的散列函数，例如 MD5、SHA-1、SHA256、SHA512 等。以 SHA-1 算法为例，了解下 Go 语言如何生成散列值，示例如下。

代码路径：chapter2/2.6.1-hash.go。

```go
package main
import (
    "crypto/hmac"
    "crypto/md5"
    "crypto/sha256"
    "crypto/sha512"
    "encoding/base64"
    "fmt"
    "io"
)

func main() {
    input := "hello,hash"
    md5_n := md5.New()
    sha_256 := sha256.New()
    sha_512 := sha512.New()
    io.WriteString(md5_n, input)
    sha_256.Write([]byte(input))
    sha_512.Write([]byte(input))
    sha_512_256 := sha512.Sum512_256([]byte(input))
    hmac512 := hmac.New(sha512.New, []byte("secret"))
    hmac512.Write([]byte(input))

    fmt.Printf("md5:\t\t% x\n", md5.Sum(nil))

    fmt.Printf("sha256:\t% x\n", sha_256.Sum(nil))

    fmt.Printf("sha512:\t% x\n", sha_512.Sum(nil))

    fmt.Printf("sha512_256:\t% x\n", sha_512_256)

    fmt.Printf("hmac512:\t% s\n", base64.StdEncoding.EncodeToString(hmac512.Sum
(nil)))
```

```
}
//md5:d41d8cd98f00b204e9800998ecf8427e
//sha256:7c33e6cd386705d95beaa40fe640ab6f4f7afebc342260b22173da1109a756a8
//sha512:
8df17978cf133f32b9417750e992f709ad900ab518a90fa3d7beb3d6354e591c2b0b8120733724
51a12476c14269d125f62ce949a4a5351407146595f901ebd1
//sha512_256:b0061e26a77b3c117e35d44ad3878b5b50781cd27f0f5136e222779596a892d3
//hmac512:VwlyNJrHLjRIg6EYg9mXhdZSx9y3BYbaJkmcCGMSZfsARrucLzFU4Oi38sMBP/ACO3/QO/tH-
bccmjKVvFu93Qw==
```

▶▶ 2.6.2　对称与非对称加密算法

① 对称加密

对称加密（也叫私钥加密）是指加密和解密使用相同密钥的加密算法。有时又叫传统密码算法，就是加密密钥能够从解密密钥中推算出来，同时解密密钥也可以从加密密钥中推算出来。

对称加密算法的特点是算法公开、计算量小、加密速度快、加密效率高。不足之处是，交易双方都使用同样钥匙，安全性得不到保证。

对称加密算法是应用较早的加密算法，又称共享密钥加密算法。在对称加密算法中，使用的密钥只有一个，发送和接收双方都使用这个密钥对数据进行加密和解密。这就要求加密和解密方事先都必须知道加密的密钥，如图 2-4 所示。

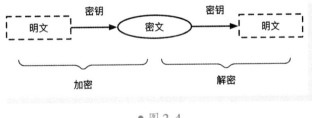

● 图 2-4

- 数据加密过程：数据发送方将明文（原始数据）和加密密钥一起经过特殊加密处理，生成复杂的加密密文进行发送。

- 数据解密过程：数据接收方收到密文后，若想读取原数据，则需要使用同样的密钥及相同算法的逆算法对密文进行解密，才能使其恢复成可读明文。

常见的对称加密算法主要有 DES、3DES 和 AES 等。

（1）DES 算法

DES（Data Encryption Standard，数据加密标准）是美国国家标准局 1973 年开始研究除国防部外的其他部门的计算机系统的数据加密标准，于 1973 年 5 月 15 日和 1974 年 8 月 27 日先后两次向公众发出了征求加密算法的公告。加密算法要达到的目的（通常称为 DES 密码算法要求）主要为以下 4 点。

- 提供高质量的数据保护，防止数据未经授权的泄露和未被察觉的修改。
- 具有相当高的复杂性，使得破译的开销超过可能获得的利益，同时又要便于理解和掌握。
- DES 密码体制的安全性应该不依赖于算法的保密，其安全性仅以加密密钥的保密为基础。
- 实现经济、运行有效，并且适用于多种完全不同的应用。

1977 年 1 月，美国政府宣布采纳 IBM 公司设计的方案作为非机密数据的正式数据加密标准（DES）。

DES 算法的入口参数有 3 个：Key、Data 和 Mode。

- Key 为 8 个字节共 64 位，是 DES 算法的工作密钥。
- Data 也为 8 个字节 64 位，是要被加密或被解密的数据。
- Mode 为 DES 的工作方式，有加密或解密两种。

如图 2-5 所示，为了网络上信息传输的安全（防止第三方窃取信息看到明文），发送发和接收方分别进行加密和解密，这样信息在网络上传输的时候就是相对安全的。

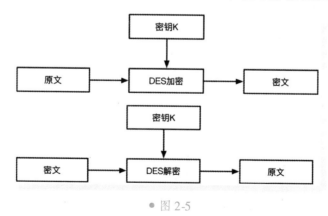

● 图 2-5

DES 算法的 Go 语言代码示例如下。

代码路径：chapter2/2.6.2-DES. go。

```go
package main

import (
    "crypto/des"
    "fmt"
```

```
)
func main() {
    key: = []byte{0x01,0x01,0x01,0x01,0x01,0x01,0x01,0x01}
    cipherBlock,err: = des.NewCipher(key)
    if err! = nil{
        fmt.Println(err)
    }
    src: = []byte{0x01,0x02,0x03,0x04,0x05,0x06,0x07,0x08}
    encrptDst : = make([]byte,len(src))
    cipherBlock.Encrypt(encrptDst,src)
    fmt.Println(encrptDst)
    plainDst: = make([]byte,len(encrptDst))
    36cipherBlock.Decrypt(plainDst, encrptDst)
    fmt.Println(plainDst)
}
//[206 173 55 61 184 14 171 248]
//[1 2 3 4 5 6 7 8]
```

（2）3DES 算法

3DES（或称 Triple DES）是三重数据加密算法（Triple Data Encryption Algorithm，TDEA）块密码的通称。它相当于是对每个数据块应用 3 次 DES 加密算法。

由于计算机运算能力的增强，原版 DES 密码的密钥长度变得容易被暴力破解。3DES 是设计一种相对简单的方法，即通过增加 DES 的密钥长度来避免类似的攻击，而不是设计一种全新的块密码算法。3DES 算法的加解密过程分别是对明文/密文数据进行 3 次 DES 加密或解密，得到相应的密文或明文，如图 2-6 和图 2-7 所示。

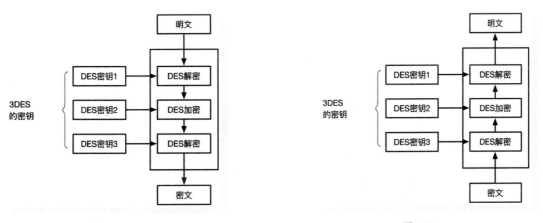

● 图 2-6　　　　　　　　　　　　　　　　● 图 2-7

3DES 算法的 Go 代码示例如下。

代码路径：chapter2/2.6.2-3DES.go。

```go
package main

import (
    "crypto/des"
    "fmt"
)

func main() {
    key : = [ ]byte{0x01, 0x01, 0x01, 0x01, 0x01, 0x01, 0x01, 0x01, 0x01, 0x01,
0x01, 0x01, 0x01,
        500x01, 0x01, 0x01, 0x01, 0x01, 0x01, 0x01, 0x01, 0x01}
cipherBlock, err : = des.NewTripleDESCipher(key)
if err != nil {
        fmt.Println(err)
    }
    src : = []byte{0x01, 0x02, 0x03, 0x04, 0x05, 0x06, 0x07, 0x08}
    56encrptDst : = make([ ]byte, len(src))
    cipherBlock.Encrypt(encrptDst, src)
    fmt.Println(encrptDst)
    plainDst : = make([ ]byte, len(encrptDst))
    cipherBlock.Decrypt(plainDst, encrptDst)
    fmt.Println(plainDst)
}

//[206 173 55 61 184 14 171 248]
//[1 2 3 4 5 6 7 8]
```

（3）AES 算法

AES（Advanced Encryption Standard）加密算法是美国联邦政府采用的一种区块加密标准。这个标准用来替代原先的 DES。具体的加密流程如图 2-8 所示。

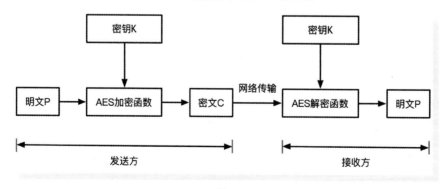

● 图 2-8

AES 算法的 Go 语言代码示例如下。

代码路径：chapter2/2.6.2-AES.go。

```
package main

import (
    "crypto/aes"
    "fmt"
)

func main() {
    key := []byte{0x01, 0x01, 0x01, 0x01, 0x01, 0x01, 0x01, 0x01, 0x01, 0x01, 0x01,
0x01, 0x01, 0x01, 0x01, 0x01}
    cipherBlock, err := aes.NewCipher(key)
    if err != nil {
        fmt.Println(err)
    }
    src := []byte{0x01, 0x02, 0x03, 0x04, 0x05, 0x06, 0x07, 0x08, 0x01, 0x02, 0x03,
0x04, 0x05, 0x06, 0x07, 0x08}
    encrptDst := make([]byte, len(src))
    cipherBlock.Encrypt(encrptDst, src)
    fmt.Println(encrptDst)
    plainDst := make([]byte, len(encrptDst))
    cipherBlock.Decrypt(plainDst, encrptDst)
    fmt.Println(plainDst)
}
//[19 7 34 196 163 153 225 186 223 245 40 131 80 80 70 203]
//[1 2 3 4 5 6 7 8 1 2 3 4 5 6 7 8]
```

（4）迭代模式

以上讨论的 3 种加密算法都是分组密码，每次只能处理特定长度的一块数据，例如 DES 和 3DES 能处理的数据长度为 8 字节，AES 的为 16 字节。而日常需要加密的明文基本上都是大于这个长度，这就需要将明文的内容进行分组并迭代加密，这个迭代加密的方式就是迭代模式。

1）电子密码本模式

电子密码本模式（Electronic CodeBook，ECB），最简单的模式之一，将明文分组直接作为加密算法的输入，加密算法的输出直接作为密文分组。

2）密文分组链接模式

密文分组链接模式（Cipher Block Chaining，CBC），密文之间是链状的，明文分组跟上个密文分组或之后作为加密算法的输入，加密算法的输出作为密文分组。第一个明文分组加密时需要一个初始化向量。

3）密文反馈模式

密文反馈模式（Cipher FeedBack，CFB），上一个密文分组作为下一个加密算法的输入，加密算法的输出与明文分组或结果作为密文分组。第一个明文分组加密时同样需要一个初始化向量。

4）输出反馈模式

输出反馈模式（OutPut FeedBack，OFB），上一个加密算法的输出作为下一个加密算法的输入，明文与加密算法的输出或作为密文分组。第一个明文分组加密时同样需要一个初始化向量。

5）计数器模式

计数器模式（Counter，CTR），将计数器作为加密算法的输入，加密算法的输出与明文分组或作为密文分组，计数器是累加的。第一个明文分组加密时需要一个初始的计数器值。

密文分组链接模式的 Go 代码示例如下。

代码路径：chapter2/2.6.2-CBC.go。

```
package main

import (
    "crypto/aes"
    "crypto/cipher"
    "fmt"
)

func main() {
    key:=[]byte{0x01,0x01,0x01,0x01,0x01,0x01,0x01,0x01,0x01,0x01,0x01,0x01,0x01,
    0x01,0x01,0x01}
    cipherBlock,err:=aes.NewCipher(key)
    if err!=nil{
    fmt.Println(err)
    }
    src:=[]byte{0x01,0x02,0x03,0x04,0x05,0x06,0x07,0x08,0x01,0x02,0x03,0x04,0x05,
    0x06,0x07,0x08,0x01,0x02,0x03,0x04,0x05,0x06,0x07,0x08,0x01,0x02,0x03,0x04,
    0x05,0x06,0x07,0x08}
    inv:=[]byte{0x01,0x02,0x03,0x04,0x05,0x06,0x07,0x08,0x01,0x02,0x03,0x04,0x05,
    0x06,0x07,0x08}
    cbcEncrypter:=cipher.NewCBCEncrypter(cipherBlock,inv)
    encrptDst :=make([]byte,len(src))
    cbcEncrypter.CryptBlocks(encrptDst,src)
    fmt.Println(encrptDst)
    plainDst := make([]byte, len(encrptDst))
    cipherBlock.Decrypt(plainDst, encrptDst)
```

```
    fmt.Println(plainDst)
}
//[182 174 175 250 117 45 192 139 81 99 151 49 118 26 237 0 98 117 59 208 145 166 116 62 43 199 115
70 250 251 56 226]
//[0 0 0 0 0 0 0 0 0 0 0 0 0 0 0 0 0 0 0 0 0 0 0 0 0 0 0 0 0 0 0 0]
```

② 非对称加密算法

非对称加密算法是一种密钥的保密方法。它需要两个密钥：一个是公开密钥（公钥），另一个是私有密钥（私钥）。公钥用作加密，私钥则用作解密。使用公钥把明文加密后所得的密文，只能用相对应的私钥才能解密并得到原本的明文，最初用来加密的公钥不能用作解密。

非对称加密算法主要有 RSA、Elgamal、背包算法、Rabin、D-H、ECC（椭圆曲线加密算法）等。非对称加密执行的步骤顺序如下。

1）先获取密钥对（KeyPair）对象。

2）获取字符串的公钥/私钥。

3）将字符串的公钥/私钥转换成为公钥/私钥类对象。

4）使用类对象的公钥进行数据加密。

5）使用类对象的私钥进行解密。

（1）RSA 算法简介

目前最常用的非对称加密算法之一就是 RSA 算法，是 Rivest、Shamir 和 Adleman 于 1978 年发明的，他们那时都在麻省理工学院。RSA 非对称加密需要一对密钥：一个公钥，一个私钥。公钥加密之后私钥才能解密，私钥加密之后公钥才能解密，其最广泛的应用莫过于 HTTPS、SSH。它们安全性高，但是速度相对较慢。

生成一对密钥的方法有很多种，可以用工具生成，比如在 Linux 环境下可以使用 openssl 命令生成，步骤如下。

首先运行如下命令生成私钥。

```
$ openssl genrsa -out private.pem 2048
```

然后运行如下命令生成公钥。

```
$ openssl rsa -in private.pem -outform PEM -pubout -out public.pem
```

也可以使用一些工具生成，保存起来。值得一提的是，这个密钥的格式还有很多说法，这里暂不展开说，如果遇到问题了，读者不妨留意一下。

Go 语言的 crypto 库提供了一些方法来进行 RSA 的加密和解密操作。不过同样还得自己组装起来，先看一下加密，代码如下。

代码路径：chapter2/2.6.2-RSA.go。

```go
func RsaEncrypt(plainText []byte, keyPath string) []byte {
    //读取公钥
    file, _ := os.Open(keyPath)
fileInfo, _ := file.Stat()
    data := make([]byte,fileInfo.Size())
    _, _ = file.Read(data)
    // pem解码
    block, _ := pem.Decode(data)
publicKey, err := x509.ParsePKIXPublicKey(block.Bytes)
    if err != nil {
        panic(err)
    }
    cipherText, err := rsa.EncryptPKCS1v15(rand.Reader, publicKey.(*rsa.PublicKey),
plainText)
    if err != nil {
        panic(err)
    }
    return cipherText
}
```

然后是解密，代码如下。

```go
func RsaDecrypt(cipherText []byte, keyPath string) []byte {
    //读取私钥
    file, _ := os.Open(keyPath)
fileInfo, _ := file.Stat()
    data := make([]byte,fileInfo.Size())
    _, _ = file.Read(data)

    // pem解码
    block, _ := pem.Decode(data)
privateKey, err := x509.ParsePKCS1PrivateKey(block.Bytes)
    if err != nil {
        panic(err)
    }
    plainText, err := rsa.DecryptPKCS1v15(rand.Reader, privateKey, cipherText)
    if err != nil {
        panic(err)
    }
    return plainText
}
```

main()函数示例如下。

```go
func main() {
var src = "1234567890"
```

```
cipherText := RsaEncrypt([]byte(src), "./public.pem")

// base64 编码输出
fmt.Printf("% s\n", base64.StdEncoding.EncodeToString(cipherText))

// 解密
plainText := RsaDecrypt(cipherText, "./private.pem")
fmt.Printf("% s\n", plainText)
}
```

以上代码的输出结果如下。

dJkrijY6FuXc8CsSyG4ujhrWvCGxyNnDxeX5HAMmGhu0ecuErlroxHCYUvKuB8DqeVeOjGyZiZVx mlof +
63HAxmk5SxssvPGPGKjVksumYyqC18qrQpDc5HWCdX46oAYbBD3aT4gpn6cz1Dr8D9cok80X8 ZHYv
WR54iNtyp85 + GrRHZTdw07uSTyLyULz5dRT1VUEWfObeIJSOFwzc + g3ACHfU1uvfC6MxLtzO0 kSqXVs
2zbkAY3nXufdBQHX7NrISTU/ +mtH4gWxDjaAP +l3f + it6uoEpPEYRINOInkYSVajdqD n7DuMlWH5ZD0y
8E5EsnEhMH +w13USNjEiMs46Q ==

hello,rsa!

RSA 加密算法每次的结果都不一样，安全性虽高，但是也有缺点，即速度慢，而且加密的
内容不能太大，最大不能超过密钥的长度。比如说上述例子里面密钥是 2048 位（256 字节），
如果超过了可能就需要特殊处理了，比如分割成多段依次加密。

总之，在 Go 语言里面使用加密的话需要根据实际情况调整，不同加密方式的实现细节有
很多不一样的地方，好在标准库大部分都实现了，只需要花点时间研究一下怎么去使用即可。

▶▶ 2.6.3　椭圆曲线加密算法

椭圆曲线密码学（Elliptic Curve Cryptography，ECC）是一种基于数学椭圆曲线的公开密钥
加密算法。椭圆曲线在密码学中的使用是在 1985 年由 NealKoblitz 和 Victor Miller 分别独立提出
来的。

ECC 的主要优势是在某些情况下它比其他的算法（如 RSA 加密算法）使用更小的密钥并
提供相当或更高等级的安全。ECC 的另一个优势是可以定义群之间的双线性映射，基于 Weil
对或是 Tate 对。双线性映射已经在密码学中有大量的应用，例如基于身份的加密。不过它的缺
点是加密和解密操作的实现比其他机制花费的时间长。

ECC 算法的 Go 语言代码示例如下。

代码路径：chapter2/2.6.3-ECC.go。

```
package main

import (
    "crypto/rand"
    "encoding/base64"
    "fmt"
```

```
            "Go.org/x/crypto/curve25519"
            "io"
            "os"
        )

        func main() {
            var privateA, publicA [32]byte
            //产生随机数
            if _, err := io.ReadFull(rand.Reader, privateA[:]); err != nil {
                os.Exit(0)
            }
            curve25519.ScalarBaseMult(&publicA, &privateA)
            fmt.Println("A 私钥", base64.StdEncoding.EncodeToString(privateA[:]))
            fmt.Println("A 公钥", base64.StdEncoding.EncodeToString(publicA[:])) //作为椭圆
起点

            var privateB, publicB [32]byte
            //产生随机数
            if _, err := io.ReadFull(rand.Reader, privateB[:]); err != nil {
                os.Exit(0)
            }
            curve25519.ScalarBaseMult(&publicB, &privateB)
            fmt.Println("B 私钥", base64.StdEncoding.EncodeToString(privateB[:]))
            fmt.Println("B 公钥", base64.StdEncoding.EncodeToString(publicB[:])) //作为椭圆
起点

            var Akey, Bkey [32]byte
            //A 的私钥加上 B 的公钥计算 A 的 key
            curve25519.ScalarMult(&Akey, &privateA, &publicB)
            //B 的私钥加上 A 的公钥计算 B 的 key
            curve25519.ScalarMult(&Bkey, &privateB, &publicA)
            fmt.Println("A 交互的 KEY", base64.StdEncoding.EncodeToString(Akey[:]))
            fmt.Println("B 交互的 KEY", base64.StdEncoding.EncodeToString(Bkey[:]))
        }
        //A 私钥 cg6KG87lVhZ+FNz40XnLkf3jK5va3uuS2zAhR8QQ+DM=
        //A 公钥 5lPG80+hdzBEGkwwlkzODmKxt+VUbgWGU81yHL11SkI=
        //B 私钥 AscQuQtzP3Mh08pCnBaKvrmpmcuvguFaWAZxiE1WeyU=
        //B 公钥 QEFBOOe6h8qUVQ6Yk5vPpQOq9rMkSn8JlUwdAdR8TRo=
        //A 交互的 KEY yUBn2Nkn+FM7kBbxCA08zDwLkGlQRJ4tI1HDfAGNgA4=
        //B 交互的 KEY yUBn2Nkn+FM7kBbxCA08zDwLkGlQRJ4tI1HDfAGNgA4=
```

▶▶ 2.6.4 字符串编码与解码

字符串编码与解码的常用方法有 Base64 和 Base58 等。

❶ Base64

Base64 是一种基于 64 个可打印字符来表示二进制数据的表示方法。在 Base64 中的可打印

字符包括字母 A~Z、a~z、数字 0~9，共有 62 个字符，剩下的两个可打印符号在不同的系统
中而不同。Base64 的字符集包含如下。

ABCDEFGHIJKLMNOPQRSTUVWXYZabcdefghijklmnopqrstuvwxyz0123456789+/

Base64 通常用于处理文本数据的场合，表示、传输、存储一些二进制数据，包括 MIME 的
电子邮件及 XML 的一些复杂数据。

Base64 的编码步骤如下。

1）把每个字符转换为整数，也就是字符在 ASCII 中的位置。

2）将整数转换为二进制表示。

3）每 6 位一组，转为整数，并在 Base64 字符集中找到该整数所在位置的字符。

4）将得到的字符连接起来，得到最终的结果。

Go 语言提供对 Base64 编码/解码的内置支持。Go 语言支持标准和 URL 兼容的 Base64。以
下是使用标准编码器进行编码的方法。编码器需要一个 [ ] byte，所以将字符串转换为该类型。
Go 语言 Base64 编码/解码的使用示例如下。

代码路径：chapter2/2.6.4-base64.go。

```go
package main

import (
    b64 "encoding/base64"
    "fmt"
)

func main() {
    //待编码的字符串
    data := "Hello,Base64"

    // Go 语言支持标准和 URL 兼容的 Base64

    sEnc := b64.StdEncoding.EncodeToString([]byte(data))
    fmt.Println(sEnc)

    // DecodeString 方法返回由 Base64 字符串表示的字节
    sDec, _ := b64.StdEncoding.DecodeString(sEnc)
    fmt.Println(string(sDec))
    fmt.Println()

    // 使用与 URL 兼容的 Base64 进行编码/解码
    uEnc := b64.URLEncoding.EncodeToString([]byte(data))
    fmt.Println(uEnc)
    uDec, _ := b64.URLEncoding.DecodeString(uEnc)
    fmt.Println(string(uDec))
}
//SGVsbG8sQmFzZTY0
```

```
//Hello,Base64
//
//SGVsbG8sQmFzZTY0
//Hello,Base64
```

❷ Base58

Base58 是比特币（Bitcoin）中使用的一种独特的编码方式，主要用于产生比特币的钱包地址。相比 Base64，Base58 不使用数字 0，字母大写 O，字母大写 I 和字母小写 l，以及 + 和/符号。

设计 Base58 的主要目的如下。

- 避免混淆。在某些字体下，数字 0 和字母大写 O，以及字母大写 I 和字母小写 l 会非常相似。
- 不使用 + 和/的原因是非字母或数字的字符串作为账号较难被接受。
- 没有标点符号，通常不会从中间分行。
- 大部分的软件支持双击选择整个字符串。

Base58 的 Go 语言示例如下。

代码路径：chapter2/2.6.4-base58.go。

```go
package main

import (
    "bytes"
    "fmt"
    "math/big"
)

//Base58 字母表
var b58Alphabet = []byte("123456789ABCDEFGHJKLMNPQRSTUVWXYZabcdefghijkmn opqrstu-vwxyz")

//编码字符串
func Base58Encode(input []byte) []byte {
    var result []byte

    x := big.NewInt(0).SetBytes(input)

    base := big.NewInt(int64(len(b58Alphabet)))
    zero := big.NewInt(0)

    mod := &big.Int{}
    for x.Cmp(zero) != 0 {
        x.DivMod(x, base, mod) // 对 x 取余数
        result = append(result, b58Alphabet[mod.Int64()])
```

```
    }
    ReverseBytes(result)
    for _, b := range input {
        if b == 0x00 {
            result = append([]byte{b58Alphabet[0]}, result...)
        } else {
            break
        }
    }
    return result
}

//解码字符串
func Base58Decode(input []byte) []byte {
    result := big.NewInt(0)
    zeroBytes := 0
    for _, b := range input {
        if b == '1' {
            zeroBytes ++
        } else {
            break
        }
    }

    payload := input[zeroBytes:]
    for _, b := range payload {
        charIndex := bytes.IndexByte(b58Alphabet, b) //反推出余数
        result.Mul(result, big.NewInt(58)) //之前的结果乘以58
        result.Add(result, big.NewInt(int64(charIndex))) //加上这个余数
    }

    decoded := result.Bytes()
    decoded = append(bytes.Repeat([]byte{0x00}, zeroBytes), decoded...)
    return decoded
}

//字节反转
func ReverseBytes(data []byte) {
    for i, j := 0, len(data)-1; i < j; i, j = i+1, j-1 {
        data[i], data[j] = data[j], data[i]
    }
}
func main() {
    org := []byte("Hello,Base58")
    fmt.Println(string(org))
```

```
      //反转字符串
      ReverseBytes(org)
      fmt.Printf("反转字符串后:% s \n",string(org))

      //打印 Base58 编码和解码
      fmt.Printf("Base58 编码后:% s \n", string(Base58Encode([]byte("Hello,Base58"))))
      fmt.Printf("Base58 解码后:% s",string(Base58Decode([]byte("2NEpo7TZsd8g5j
L87"))))
   }
//Hello,Base58
//反转字符串后:85esaB,olleH
//Base58 编码后:2NEpo7TZsd8g5jL87
//Base58 解码后:Hello,Base58s
```

2.7 性能剖析与事件追踪

▶▶ 2.7.1 pprof 性能剖析

❶ 什么是 pprof

在 Go 语言中，如果想要进行性能优化，则可以使用 Go 语言自带的性能分析工具——pprof。pprof 是一个强大的性能分析工具，可以捕捉到多维度的运行状态数据。它也是一个 CPU 分析器（Cpu Profiler），是 gperftools 工具的一个组件，由 Google 工程师为分析多线程的程序所开发。pprof 是 Go 语言性能分析的利器，其使用方式有如下两种。

- runtime/pprof：采集程序的运行数据进行分析。
- net/http/pprof：采集 HTTP 服务器的运行数据进行分析。

（1）pprof 能做什么

- CPU 分析（CPU Profiling）：按照一定的频率采集所监听的应用程序的 CPU 使用情况，可确定应用程序在主动消耗 CPU 周期时花费的时间。
- 内存分析（Memory Profiling）：在应用程序堆栈分配时记录跟踪，用于监视当前和历史内存使用情况，检查内存泄漏情况。
- 阻塞分析（Block Profiling）：记录 goroutine 阻塞等待同步的位置。
- 互斥锁分析（Mutex Profiling）：报告互斥锁的竞争情况。

（2）pprof 使用方式

一般情况下，获取 profile 数据主要有两种形式：Web 形式与 profile 文件生成形式。

1）Web 形式。导入 net/http/pprof 包，并在主函数中添加以下代码。

```
package main

import (
    "log"
    "net/http"
    _ "net/http/pprof"
)

func main() {
    //性能分析
    go func() {
        log.Println(http.ListenAndServe(":8802", nil))
    }()

    //实际业务代码
    for {
        Sum("This is a test")
    }
}

func Sum(str string) string {
    data := []byte(str)
    sData := string(data)
    var sum = 0
    for i := 0; i < 10000; i++ {
        sum += i
    }
    return sData
}
```

其中，net/http/pprof 包的 init 函数中注册了以下路由到 HTTP 服务中，用浏览器打开 http://localhost:8080/debug/pprof/，即可使用 pprof 提供的功能，相关功能的具体说明见表 2-2。

表 2-1

类　　型	描　　述	备　　注
allocs	内存分配情况的采样信息	可以用浏览器打开，但可读性不高
blocks	阻塞操作情况的采样信息	可以用浏览器打开，但可读性不高
cmdline	显示程序启动命令及参数	可以用浏览器打开，这里会显示 ./go-pprof-practice
goroutine	当前所有协程的堆栈信息	可以用浏览器打开，但可读性不高
heap	堆上内存使用情况的采样信息	可以用浏览器打开，但可读性不高
mutex	锁争用情况的采样信息	可以用浏览器打开，但可读性不高
profile	CPU 占用情况的采样信息	浏览器打开会下载文件
threadcreate	系统线程创建情况的采样信息	可以用浏览器打开，但可读性不高
trace	程序运行跟踪信息	浏览器打开会下载文件

2）profile 交互式终端文件形式。不管是工具型应用还是服务型应用，使用相应的 pprof 库获取数据之后，下一步都要对这些数据进行分析。可以使用 go tool pprof 命令行工具进行分析，命令如下。

```
$ go tool pprof [binary] [source]
```

以上命令中的关键字解释如下。

- lbinary：应用的二进制文件，用来解析各种符号。
- lsource：表示 profile 数据的来源，可以是本地的文件，也可以是 HTTP 地址。

注意：获取的 profile 数据是动态的，要想获得有效的数据，这里需让应用处于较大的负载（比如正在运行的服务，或者通过其他工具模拟访问压力）状态。否则如果应用处于空闲状态，得到的结果可能就没有任何意义。

通过生成 profile 文件的形式来获取数据，需要在代码中添加如下代码。

```
package main

import (
    "flag"
    "log"
    _ "net/http/pprof"
    "os"
    "runtime"
    "runtime/pprof"
)

var cpuprofile = flag.String("cpuprofile", "", "write cpu profile to `file`")
var memprofile = flag.String("memprofile", "", "write memory profile to `file`")

func main() {
    flag.Parse()
    if * cpuprofile ! = "" {
        f, err := os.Create(* cpuprofile)
        if err ! = nil {
            log.Fatal("could not create CPU profile: ", err)
        }
        if err := pprof.StartCPUProfile(f); err ! = nil {
            log.Fatal("could not start CPU profile: ", err)
        }
        defer pprof.StopCPUProfile()
    }

    // ...省略部分代码...

    if * memprofile ! = "" {
        f, err := os.Create(* memprofile)
```

```
        if err ! = nil {
            log.Fatal("could not create memory profile: ", err)
        }
        runtime.GC()
        if err := pprof.WriteHeapProfile(f); err ! = nil {
            log.Fatal("could not write memory profile: ", err)
        }
        f.Close()
    }
}
```

对以上代码进行 CPU 分析，执行如下命令。

```
$ go run main.go - - cpuprofile = cpu.prof
```

会在当前路径下生成 cpu. prof 文件，然后执行如下命令。

```
$ go tool pprof main.go cpu.prof
```

在控制台输入如下命令。

```
$ go tool pprof http://localhost:8801/debug/pprof/profile? seconds = 60
```

这个命令的作用是追踪上面代码 60s 内 CPU 的消耗情况，执行该命令后，需要等待 60s（这个时间可自己调整），60s 后默认进入 pprof 交互式命令行中，可输入 help 命令查看 pprof 的使用帮助。

topN 命令可以查询程序 CPU 消耗最大的调用，示例如下。

```
(pprof) top10
Showing nodes accounting for 20ms, 100%  of 20ms total
      flat  flat%   sum%        cum   cum%
      10ms 50.00% 50.00%      10ms 50.00%        runtime.kevent
      10ms 50.00%   100%      10ms 50.00%        runtime.nanotime1
         0    0%    100%      20ms   100%        runtime.findrunnable
         0    0%    100%      20ms   100%        runtime.mcall
         0    0%    100%      10ms 50.00%        runtime.nanotime (inline)
         0    0%    100%      10ms 50.00%        runtime.netpoll
         0    0%    100%      20ms   100%        runtime.park_m
         0    0%    100%      20ms   100%        runtime.schedule
```

- lflat：给定函数上的运行耗时。
- lflat%：给定函数上的 CPU 运行耗时占比。
- lsum%：给定函数累积使用 CPU 总比例。
- lcum：当前函数加上它之前的调用运行总耗时。
- cum%：当前函数加上它之前的调用 CPU 运行耗时占比。

top 命令可以查询程序 memory 消耗最大的调用，示例如下。

```
(pprof) top
11712.11kB of 14785.10kB total (79.22%)
Dropped 580 nodes (cum <= 73.92kB)
Showing top 10 nodes out of 146 (cum >= 512.31kB)
     flat  flat%   sum%        cum   cum%
2072.09kB 14.01% 14.01%  2072.09kB 14.01%   func1
2049.25kB 13.86% 27.87%  2049.25kB 13.86%   func2
...
```

还有其他很多的命令，如 list，使用"list 函数名"命令查看具体的函数分析。同样的，下面的命令行可以查看堆内存、阻塞、锁的使用情况，命令如下。

```
$ go tool pprof http://localhost:8801/debug/pprof/heap
$ go tool pprof http://localhost:8801/debug/pprof/block
$ go tool pprof http://localhost:8801/debug/pprof/mutex
```

pprof 是进行 Go 程序性能分析的有力工具。它通过采样、收集运行中的 Go 程序性能相关的数据生成 profile 文件。之后，提供 3 种不同的展现形式，让开发者能更直观地看到相关的性能数据。得到性能数据后，可以使用 top、web、list 等命令迅速定位到相应的代码处，并进行优化。

❷ pprof 可视化结果分析

在浏览器中打开 http：//localhost：8801/debug/pprof/heap 链接，在浏览器返回的 Web 界面中可以看到一行 profile 文字，单击这个文字可以下载一个 profile 文件。下载完成之后，在这个文件所在目录运行命令，有如下两种方式。

• "go tool pprof profile 文件名"，此时会进入一个交互式控制台，输入命令 web 会产生一个 svg 文件，程序会启动浏览器自动打开这个文件，即可进入可视化界面。也可以在 CPU 分析的控制台中以同样的方式进入可视化界面。

• "go tool pprof –http =：8080 profile 文件名"，此时浏览器会默认打开 localhost：8080 进行访问。建议使用这种方式，能获取更好体验。接下来有一个扩展操作，即图形化显示调用栈信息。但是需要事先在机器上安装 graphviz，大多数系统上可以轻松安装它，示例如下。

```
$ brew installgraphviz # for macos
$ apt install graphviz # for ubuntu
$ yum install graphviz # for centos
```

图 2-9 展示了 CPU 在各方法上的运行时间。关于图形的说明：每个方框代表一个函数，理论上方框越大表示占用的 CPU 资源越多。方框之间的线条代表函数之间的调用关系。线条上的数字表示 CPU 执行时间。方框中的第 1 行数字表示当前函数占用 CPU 的百分比，第 2 行数

字表示当前函数累积占用 CPU 的百分比。

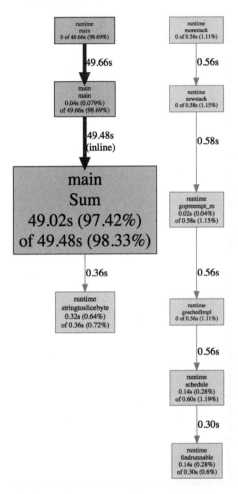

● 图 2-9

③ 火焰图分析

使用火焰图需要手动安装 pprof 原生工具，这是 Google 公司提供的一个工具，安装命令如下。

```
$ go get - u github.com/google/pprof
```

启动火焰图可视化工具命令如下。

```
$ pprof - http = :8080 profile 文件名
```

访问 Web 地址 localhost:8080，如果上面的命令不加 - http = :8080，则默认进入交互式控制台，输入命令 web，生成一个文件自动启动浏览器，如图 2-10 所示。火焰图明显比 Go 语言官方的可视化界面要精致许多。

如何观察火焰图呢？竖轴表示调用栈，每一层都是一个函数，调用栈越深火焰就越高，最底部是正在执行的函数，上面是它的父函数，横轴表示这个函数的抽样数，一个函数在横轴占得越宽，代表抽样数越高，执行 CPU 的时间越长。注意，横轴不代表时间，而是所有的调用栈合并后，按字母顺序排列的。

火焰图就是看顶层的哪个函数占据的宽度最大。只要有"平顶"（Plateaus）就表示该函数可能存在性能问题，如图 2-10 所示。

● 图 2-10

▶▶2.7.2　trace 事件追踪

Go 语言提供了一个工具，可以在运行时进行跟踪，并获得程序执行的详细视图。这个工具可以通过在测试中使用标记 – trace 来启用，通过 pprof 来进行实时跟踪，也可以通过 trace 包在代码中的任何位置启用。

做跟踪分析，首先需要获取 trace 数据。可以通过在代码中插入 trace，或者通过 pprof 下载。trace 事件追踪可以找出程序在一段时间内正在做什么。同时可以使用 go tool trace 通过 view trace 链接提供的其他可视化功能，对于诊断争用问题帮助极大。trace 事件追踪的步骤如下。

- 编译并运行既定好的数据文件。
- 执行 go tool trace myTrace. out 命令。

下面通过示例来加以说明。

首先，编写如下代码。

```
package main

import (
    "context"
    "fmt"
```

```
    "os"
    "runtime"
    "runtime/trace"
    "sync"
)

func main() {
    //使用 GOMAXPROCS() 函数来设置并发执行的 CPU 的最大数量
    runtime.GOMAXPROCS(1)

    f, _ := os.Create("myTrace.out")
    defer f.Close()

    //开始跟踪。在跟踪时,跟踪将被缓冲并写入一个指定的文件中
    _ = trace.Start(f)
    defer trace.Stop()
    //自定义一个任务
    ctx, task := trace.NewTask(context.Background(), "customerTask")
    defer task.End()

    var wg sync.WaitGroup
    wg.Add(10)
    for i := 0; i < 10; i++ {
        //启动 10 个协程,模拟做任务
        go func(num string) {
            defer wg.Done()

            //标记 num
            trace.WithRegion(ctx, num, func() {
                var sum, i int64
                //模拟执行任务
                for ; i < 5000; i++ {
                    sum += i
                }
                fmt.Println(num, sum)
            })
        }(fmt.Sprintf("num_% 02d", i))
    }
    wg.Wait()
}
```

然后, 运行 go tool trace myTrace. out 命令, 并输出如下结果。

```
go tool trace myTrace.out
2021/09/13 16:23:46 Parsing trace...
2021/09/13 16:23:46 Splitting trace...
2021/09/13 16:23:46 Opening browser. Trace viewer is listening on http://127.0.0.
1:52312
```

在浏览器中输入 http：//127.0.0.1：52312/，返回结果如图 2-11 所示。

● 图 2-11

对于图 2-11 所示返回值的说明见表 2-3。

表 2-3

标　　签	说　　明
View trace	查看可视化的跟踪情况
Goroutine analysis	协程分析
Network blocking profile （↓）	网络拥塞情况
Synchronization blocking profile （↓）	同步阻塞情况
Syscall blocking profile （↓）	系统调用阻塞情况
Scheduler latency profile （↓）	调度延迟情况
User-defined tasks	用户自定义的任务
User-defined regions	用户自定义的区域
Minimum mutator utilization	最低 Mutator 利用率

浏览器会弹出 trace 的 Web 页面，单击 View trace，返回结果如图 2-12 所示。

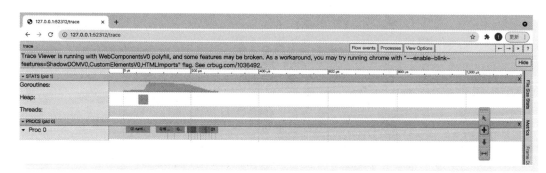

● 图 2-12

接下来进行协程分析（goroutine analysis）。通过这个功能查看整个运行过程中，每个函数块有多少个 goroutine 在运行，并且可观察每个 goroutine 的运行开销都花费在哪个阶段。同时也可以看到当前 goroutine 在整个调用耗时中的占比，以及 GC 清扫和 GC 暂停等待的一些开销。还可以把图表下载进行分析，这能够很好地帮助开发者对 goroutine 运行阶段做一个详细的剖析。可以得知哪一处执行慢，然后再决定下一步的排查方向。goroutine 分析的追踪信息如图 2-13 所示。

Goroutine Name: main.main.func1
Number of Goroutines: 10
Execution Time: 54.02% of total program execution time
Network Wait Time: graph(download)
Sync Block Time: graph(download)
Blocking Syscall Time: graph(download)
Scheduler Wait Time: graph(download)

Goroutine Total		Execution	Network wait	Sync block	Blocking syscall	Scheduler wait	GC sweeping	GC pause
15	194µs	13µs	0ns	0ns	0ns	181µs	0ns (0.0%)	0ns (0.0%)
14	182µs	8892ns	0ns	0ns	0ns	173µs	0ns (0.0%)	0ns (0.0%)
13	177µs	7901ns	0ns	0ns	0ns	169µs	0ns (0.0%)	0ns (0.0%)
12	170µs	7930ns	0ns	0ns	0ns	162µs	0ns (0.0%)	0ns (0.0%)
11	163µs	7988ns	0ns	0ns	0ns	155µs	0ns (0.0%)	0ns (0.0%)
10	156µs	7784ns	0ns	0ns	0ns	148µs	0ns (0.0%)	0ns (0.0%)
	9446ns		0ns	0ns	0ns	140µs	0ns (0.0%)	0ns (0.0%)	149µs

● 图 2-13

通过以上各种追踪的返回信息，可查看到对应的 goroutine 的总共耗时、网络拥塞、同步阻塞、系统调用阻塞、调度等待、垃圾回收扫描、垃圾回收暂停等相关参数信息。限于篇幅，其他步骤本章不再详细介绍，读者可以自行运行程序查看。

2.8 回顾和启示

通过本章的学习，读者基本掌握了"函数与指针技巧""反射应用技巧""Go 编译原理""CGO 编程技巧""错误和异常处理技巧""密码学算法技巧""性能剖析与事件追踪"等方面的知识，让读者可以系统学习 Go 语言高级编程技巧。第 3 章将更深入地学习 Go 语言设计模式的实战技巧。

第 3 章

Go Web编程

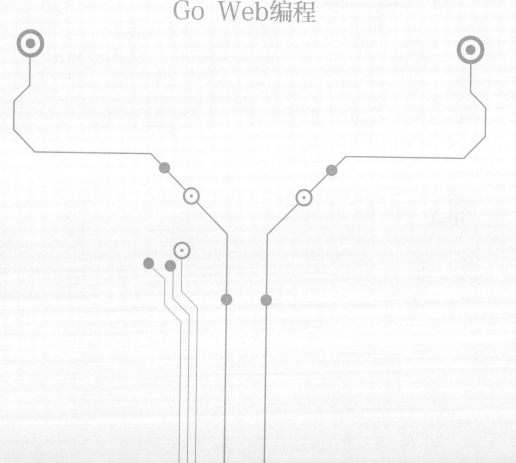

本章通过对 Go Web 编程的常见方法和技巧的讲解，让读者快速向 Go Web 编程高手迈进。

3.1 Go Web 基础

▶▶ 3.1.1 Go 语言接收 HTTP 请求

❶ 服务器创建

Go 语言通过 net/http 包来处理 HTTP 请求，并通过 HandleFunc（）和 http. ListenAndServe（"net address"，nil）两个函数即可轻松地构建一个简单的 Go 语言服务器，示例如下。

代码路径：chapter3/3.1.1-http-1.go。

```go
package main

import (
    "fmt"
    "log"
    "net/http"
)

func hiWorld(w http.ResponseWriter, r *http.Request) {
    fmt.Fprintf(w, "Hi,Web World!")
}

func main() {
    http.HandleFunc("/hi", hiWorld)
    if err := http.ListenAndServe(":8085", nil); err != nil {
        log.Fatal(err)
    }
}
```

在上面的代码中，main（）函数通过 http. ListenAndServe（"：8085"，nil）这一段代码来启动 8085 端口的服务器。如果这个函数传入的第 1 个参数（网络地址）为空，则服务端在启动后默认使用 http：//127.0.0.1：8085 地址进行访问；如果这个函数传入的第 2 个参数为 nil，则服务器端启动后将使用默认的多路复用器（DefaultServeMux）。

在项目所在目录打开命令行终端，输入如下启动命令。

```
$ go run 3.1.1-http-1.go
```

在浏览器中输入 http：//127.0.0.1：8085/hi，会默认显示"Hi，Web World！"字符串，这表明服务器创建成功。

用户可以通过 Server 结构体对服务器进行更详细的配置，包括为请求读取操作设置超时时间等。Go 服务器的请求和响应流程如图 3-1 所示。

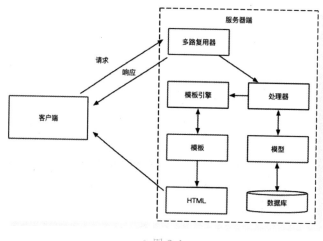

● 图 3-1

Go 服务器请求和响应的流程如下。

1）客户端发送请求。

2）服务器中的多路复用器收到请求。

3）多路复用器根据请求的 URL 找到注册的处理器，将请求交由处理器处理。

4）处理器执行程序逻辑，如果必要，则与数据库进行交互，得到处理结果。

5）处理器调用模板引擎将指定的模板和上一步得到的结果渲染成客户端可识别的数据格式（通常是 HTML 格式）。

6）服务端将数据通过 HTTP 响应返回给客户端。

7）客户端拿到数据，执行对应的操作（例如渲染出来呈现给用户）。

❷ 多路复用器

DefaultServeMux 是 net/http 包中默认提供的一个多路复用器，其实质是 ServeMux 的一个实例。多路复用器的任务是根据请求的 URL 将请求重定向到不同的处理器。当用户没有为 Server 对象指定处理器时，服务器默认使用 DefaultServeMux 作为 ServeMux 结构体的实例。

```
type ServeMux struct {
    mu sync.RWMutex
    m  map[string]muxEntry
    hosts bool
}
```

同时 ServeMux 也是一个处理器，可以在需要时对其实例实施处理器串联。默认的多路复用器 DefaultServeMux 位于库文件 src/net/http/server.go 里，其声明语句如下。

```
var DefaultServeMux = &defaultServeMux
var defaultServeMux ServeMux
```

HandleFunc( )函数用于为指定的 URL 注册一个处理器。处理器的 HandleFunc( )函数会在内部调用 DefaultServeMux 的对应方法，其内部实现如下。

```
func HandleFunc(pattern string, handler func(ResponseWriter, *Request)) {
    DefaultServeMux.HandleFunc(pattern, handler)
}
```

通过上面的方法可以看出，http. HandleFunc( )函数是将处理器注册到多路复用器中的。

③ 处理器和处理器函数

（1）处理器

服务器在收到请求后，会根据其 URL 将请求交给相应的多路复用器。然后，多路复用器将请求转发给处理器处理。处理器是实现 Handler 接口的结构，Handler 接口被定义在 net/http 包中，代码如下。

```
type Handler interface {
    func ServeHTTP(w Response.Writer, r *Request)
}
```

可以看到，Handler 接口中只有一个 ServeHTTP( )处理器函数。任何实现了 Handler 接口中 ServeHTTP( )函数的对象，都可以被注册到多路复用器中。可以定义一个结构体来实现该接口的方法，以注册这个结构类型的对象到多路复用器中。

下面介绍处理器函数 HandleFunc 的使用方法，以默认 HandleFunc 处理器函数进行讲解。

（2）处理器函数

1）注册一个处理器函数，代码如下。

```
http.HandleFunc("/", func_name)
```

这个处理器函数的第 1 个参数表示匹配的路由地址，第 2 个参数表示一个名为 func_name 的方法，用于处理具体业务逻辑。例如，注册一个处理器函数，并将处理器的路由匹配到 hello 方法，代码如下。

```
http.HandleFunc("/", hello)
```

2）定义一个名为 hello 的函数，用来打印一个字符串到浏览器，代码如下。

```
func hello(w http.ResponseWriter, r *http.Request) {
    fmt.Fprintf(w, "Hello Web!")
}
```

▶▶ 3.1.2　Go 语言处理 HTTP 请求

❶ 了解 Request 结构体

net/http 包中的 Request 结构体用于返回 HTTP 请求报文。结构体中除了基本的 HTTP 请求报文信息外，还有 Form 字段等信息的定义。

以下是 Request 结构体的定义。

```
type Request struct {
    Method string      //请求的方法
    URL *url.URL        //请求报文中的 URL 地址,是指针类型
    Proto       string      //形如:"HTTP/1.0"
    ProtoMajor int     // 1
    ProtoMinor int     // 0
    Header Header   //请求头部字段
    Body io.ReadCloser    // 请求主体
    GetBody func() (io.ReadCloser, error)
    ContentLength int64
    TransferEncoding []string
    Close bool
    Host string
    //请求报文中的一些参数,包括表单字段等
    Form url.Values
    PostForm url.Values
    MultipartForm *multipart.Form
    Trailer Header
    RemoteAddr string
    RequestURI string
    TLS *tls.ConnectionState
    Cancel <-chan struct{}
    Response *Response
    ctx context.Context
}
```

Request 结构体主要用于返回 HTTP 请求的响应，是 HTTP 处理请求中非常重要的一部分。只有正确地解析请求数据，才能给客户端返回响应。

❷ 请求 URL

一个 URL 是由如下几部分组成的。

```
scheme://[userinfo@ ]host/path[? query][#fragment]
```

在 Go 语言中，URL 结构体的定义如下。

```
type URL struct {
```

```
    Scheme      string     //方案
    Opaque      string     //编码后的不透明数据
    User        *Userinfo //基本验证方式中的 username 和 password 信息
    Host        string     //主机字段
    Path        string     //路径
    RawPath     string
    ForceQuery bool
    RawQuery    string     // 查询字段
    Fragment    string     //分片字段
}
```

该结构体主要用来存储 URL 各部分的值。net/url 包中的很多方法都是对 URL 结构体进行相关操作的，其中 Parse( )方法的定义如下。

```
func Parse(rawurl string) (*URL, error)
```

该方法的返回值是一个 URL 结构体。

③ 请求首部

请求和响应的首部都使用 Header 类型表示。Header 类型是一个映射（map）类型，表示 HTTP 首部中的多个键值对，其定义如下。

```
type Header map[string][]string
```

通过请求对象的 Header 属性可以访问请求头信息。Header 属性是映射结构，提供了 Get( )方法以获取 key 对应的第一个值。Get( )方法的定义如下。

```
func (h Header) Get(key string)
```

Header 结构体其他常用方法的定义如下。

```
func (h Header) Set(key, value string)// 设置头信息
func (h Header) Add(key, value string) //添加头信息
func (h Header) Del(key string) //删除头信息
func (h Header) Write(w io.Writer) error // 使用线模式(in wire format)写头信息
```

例如，要返回一个 JSON 格式的数据，则需要使用 Set( )方法设置 Content-Type 为 application/json 类型。

④ 请求主体

请求和响应的主体都由 Request 结构中的 Body 字段表示。Body 字段是一个 io. ReadCloser 接口。ReadCloser 接口的定义如下。

```
type ReadCloser interface {
    Reader
    Closer
}
```

Body 字段是 Reader 接口和 Closer 接口的结合。Reader 接口的定义如下。

```
type Reader interface {
    Read(p []byte) (n int, err error)
}
```

通过 Reader 接口可以看到,Read()方法实现了 ReadCloser 接口。所以,可以通过 Body.Read()方法来读取请求的主体信息。

⑤ ResponseWriter 接口原理

Go 语言对接口的实现,不需要显式的声明,只要实现了接口定义的方法,就实现了相应的接口。io.Writer 是一个接口类型,如果要使用 io.Writer 接口的 Write()方法,则需要实现 Write (p []byte) (n int, err error) 方法。

在 Go 语言中,客户端请求信息都被封装在 Request 对象中,但是发送给客户端的响应并不是 Response 对象,而是 ResponseWriter 接口。ResponseWriter 接口是处理器用来创建 HTTP 响应的接口。ResponseWriter 接口的定义如下。

```
type ResponseWriter interface {
    //用于设置/获取所有响应头信息
    Header() Header
    //用于写入数据到响应实体
    Write([]byte) (int, error)
    //用于设置响应状态码
    WriteHeader(statusCode int)
}
```

实际上,在底层支撑 ResponseWriter 接口的是 http.response 结构体。在调用处理器处理 HTTP 请求时,会调用 readRequest()方法。readRequest()方法会声明 response 结构体,并且其返回值是 response 指针。这也是为什么在处理器方法声明时,Request 是指针类型,而 ResponseWriter 不是指针类型的原因。

3.2 Go HTTP2 编程

▶▶ 3.2.1 HTTP 简介

① HTTP1.1 简介

HTTP1.1 自 1997 年发布以来,大家已经使用 HTTP1.x 相当长一段时间了。但是随着近十年互联网爆炸式的发展,从当初网页内容以文本为主,到现在以富媒体(如图片、声音、视频）为主，而且对页面内容实时性要求高的应用越来越多（如聊天、视频直播），于是当时协议规定的某些特性，已经无法满足现代网络的需求了。

2 HTTP1.1 的问题

1）高延迟使页面加载速度降低。

2）无状态特性使 HTTP 头部信息量变大。

3）明文传输的不安全性。

4）不支持服务器推送消息。

3 SPDY 协议与 HTTP2

上面提到，由于 HTTP1.x 的缺陷，可以通过拼合图、将小图内联、使用多个域名等方式来提高性能，不过这些优化都绕开了协议。直到 2009 年，谷歌公开了自行研发的 SPDY 协议，主要解决 HTTP1.1 效率不高的问题。降低延迟，压缩 header 等，SPDY 的实践证明了这些优化的效果，也最终带来 HTTP2 的诞生。HTTP2 的架构如图 3-2 所示。

HTTP1.1 有两个主要的缺点：安全性不足和性能不高。由于背负着 HTTP1.x 庞大的历史包袱，所以协议的修改，兼容性是首要考虑的目标，否则就会破坏互联网上无数现有的资产。如图 3-2 所示，SPDY 位于 HTTP 之下，位于 TCP 和 SSL 之上，这样可以轻松兼容老版本的 HTTP 协议（将 HTTP1.x 的内容封装成一种新的 frame 格式），同时可以使用已有的 SSL 功能。SPDY 协议在 Chrome 浏览器上证明可行以后，就被当作 HTTP2 的基础，主要特性都在 HTTP2 中得到了继承。

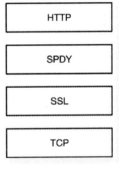

● 图 3-2

HTTP2 于 2015 年发布测试版本。HTTP2 是现行 HTTP 协议（HTTP1.x）的替代，但它不是重写，HTTP 方法、状态码、语义都与 HTTP1.x 一样。HTTP2 基于 SPDY，专注于性能，最大的目标是在用户和网站间只用一个连接。从目前的情况来看，国内外一些排名靠前的站点基本都实现了 HTTP2 的部署，使用 HTTP2 能带来 20% ~ 60% 的效率提升。

▶▶ 3.2.2 Go HTTP2 编程实例

HTTPS（Hypertext Transfer Protocol Secure）是基于 HTTP 的扩展，用于计算机网络的安全通信，已经在互联网得到广泛应用。在 HTTPS 中，原有的 HTTP 协议会得到 TLS（安全传输层协议）或其前辈 SSL（安全套接层）的加密。因此 HTTPS 也常指基于 TLS 的 HTTP 或基于 SSL 的 HTTP。在 Go 语言中使用 HTTPS 的方法很简单，net/http 包中提供了启动 HTTPS 服务的函数，其定义如下。

```
func (srv *Server) ListenAndServeTLS(certFile, keyFile string) error
```

通过方法可知，只需要两个参数就可以实现 HTTPS 了。这两个参数分别是证书文件的路径和私钥文件的路径。如果想要获取这两个文件通常需要从证书颁发机构获取。虽然有免费的，但还是比较麻烦，通常还需要购买域名及申请流程。为了简单起见，这里直接使用自己创建的签名证书。注意，这样的证书是不会被浏览器信任的。

Go 语言的 HTTP2 使用方法如下。

1）创建一个私钥和一个证书：在 Linux 系统中，打开终端输入下面的命令。

```
$ openssl req -newkey rsa:2048 -nodes -keyout server.key -x509 -days365 -out server.crt
```

该命令将生成两个文件：server. key 和 server. crt。

2）创建 Go 文件。

Go 语言的 net/http 包默认支持 HTTP2。Go 语言的 HTTP2 使用也非常简单，但是必须和 TLS 一起使用，其使用示例如下。

代码 chapter3/3. 2. 2-http2-1. go

```
package main

import (
    "golang.org/x/net/http2"
    "log"
    "net/http"
    "time"
)

const idleTimeout = 5 *time.Minute
const activeTimeout = 10 *time.Minute

func main() {
    var srv http.Server
    srv.Addr = ":8972"
    http.HandleFunc("/", func(w http.ResponseWriter, r *http.Request) {
        w.Write([]byte("hello http2"))
    })
    http2.ConfigureServer(&srv, &http2.Server{})
    go func() {
        log.Fatal(srv.ListenAndServeTLS("server.crt", "server.key"))
    }()
    select {}
}
```

启动服务器端，在浏览器输入 https：//127. 0. 0. 1：8972 后，会得到输出结果"hello http2"。

3.3　Go HTTP3 编程

▶▶3.3.1　HTTP3 简介

通过前文可知，HTTP2 相比于 HTTP1.1 大幅度提高了网页的性能，只需要升级到该协议就可以减少很多之前需要做的性能优化工作。虽然 HTTP2 提高了网页的性能，但并不代表它已经完美，HTTP3 就是为了解决 HTTP2 存在的一些问题而被推出的。

❶ HTTP3 简介

HTTP3 是即将到来的第 3 个主要版本的 HTTP 协议。与其前版 HTTP1.1 和 HTTP2 不同，在 HTTP3 中，将弃用 TCP 协议，改为基于 UDP 协议的 QUIC 协议实现。此变化主要为了解决 HTTP2 中存在的队头阻塞问题。由于 HTTP2 在单个 TCP 连接上使用了多路复用，受到 TCP 拥塞控制的影响，少量的丢包就可能导致整个 TCP 连接上的所有流被阻塞。

虽然 HTTP2 解决了很多之前旧版本的问题，但它还是存在一个巨大的问题，主要是由底层支撑的 TCP 协议造成的。HTTP2 使用了多路复用，一般来说同一域名下只需要使用一个 TCP 连接，但当这个连接中出现了丢包的情况，那就会导致 HTTP2 的表现情况反倒不如 HTTP1.1 了。因为在出现丢包的情况下，整个 TCP 都要开始等待重传，也就导致了后面的所有数据都会被阻塞。但是对于 HTTP1.1 来说，可以开启多个 TCP 连接，出现这种情况反而只会影响其中一个连接，其余的 TCP 连接还可以正常传输数据。那么可能就会有人考虑去修改 TCP 协议，其实这已经是一件几乎不可能完成的任务了。因为 TCP 存在的时间实在太长，已经布局在各种设备中，并且这个协议是由操作系统实现的，更新起来不大现实。基于这个原因，谷歌公司就另起炉灶设计了一个基于 UDP 协议的 QUIC（Quick UDP Internet Connections）协议，并且使用在了 HTTP3 上。HTTP3 之前名为 HTTP-over-QUIC，从这个名字中也可以发现，HTTP3 最大的改造就是使用了 QUIC。QUIC 虽然基于 UDP，但是在原本的基础上新增了很多功能，接下来将重点介绍 QUIC 的几个新功能。

❷ QUIC 新功能

（1）0-RTT

通过使用类似 TCP 的快速打开技术，缓存当前会话的上下文，在下次恢复会话的时候，只需要将之前的缓存传递给服务器端验证通过就可以进行传输了。0-RTT 建立连接可以说是 QUIC 相比 HTTP2 最大的性能优势。那什么是 0-RTT 建立连接呢？

这里面有如下两层含义。

1）传输层 0-RTT 就能建立连接。

2）加密层 0-RTT 就能建立加密连接。

HTTPS 及 QUIC 连接过程如图 3-3 所示。左边是 HTTPS 的一次完全握手的建立连接过程，需要 3 个 RTT，就算是会话复用也需要至少 2 个 RTT。

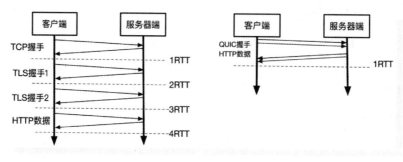

● 图 3-3

而 QUIC 呢？由于建立在 UDP 的基础上，同时又实现了 0-RTT 的安全握手，所以在大部分情况下，只需要 0 个 RTT 就能实现数据发送。在实现前向加密的基础上，0-RTT 的成功率相比 TLS 的会话成功率要高很多。

（2）多路复用

虽然 HTTP2 支持多路复用，但 TCP 协议终究是没有这个功能的。QUIC 原生就实现了这个功能，并且传输的单个数据流可以保证有序交付且不会影响其他的数据流，这样的技术就解决了之前 TCP 存在的问题。

和 HTTP2 一样，同一条 QUIC 连接上可以创建多个 stream 来发送多个 HTTP 请求，但 QUIC 是基于 UDP 的，一个连接上的多个 stream 之间没有依赖。图 3-4 所示，stream2 丢了一个 UDP 包，不会影响后面的 stream3 和 stream4，不存在 TCP 队头阻塞。虽然 stream2 的那个包需要重新传，但是 stream3、stream4 的包无须等待就可以发给用户。

另外 QUIC 在移动端的表现也会比 TCP 好。因为 TCP 是基于 IP 和端口去识别连接的，这种方式在多变的移动端网络环境下是很脆弱的，但 QUIC 是通过 ID 的方式去识别一个连接的，不管网络环境如何变化，只要 ID 不变，就能迅速重连上。

（3）加密认证的报文

TCP 协议头部没有经过任何加密和认证，所以在传输过程中很容易被中间网络设备篡改、注入和窃听，比如修改序列号、滑动窗口等。这些行为有可能是出于性能优化，也有可能是主动攻击。但是 QUIC 的包可以说是武装到了牙齿，除了个别报文比如 PUBLIC_RESET 和 CHLO，所有报文头部都是经过认证的，报文主体（Body）都是经过加密。因此，只要对 QUIC 报文做任何修改，接收端都能够及时发现，有效地降低了安全风险。

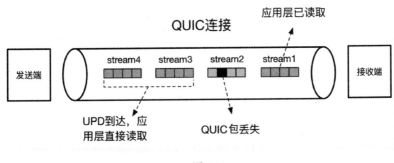

● 图 3-4

（4）向前纠错机制

QUIC 协议有一个非常独特的特性，即向前纠错（Forward Error Correction，FEC）。每个数据包除了它本身的内容之外，还包括了部分其他数据包的数据，因此少量的丢包可以通过其他包的冗余数据直接组装而无须重传。向前纠错牺牲了每个数据包可以发送数据的上限，但是减少了因为丢包导致的数据重传，因为数据重传将会消耗更多的时间（包括确认数据包丢失、请求重传、等待新数据包等步骤的时间消耗）。

假如要发送 3 个包，那么协议会算出这 3 个包的异或值并单独发出一个校验包，也就是总共发出了 4 个包。当出现其中的非校验包丢包的情况时，可以通过另外 3 个包计算出丢失的数据包的内容。当然这种技术只能使用在丢失一个包的情况下，如果出现丢失多个包就不能使用纠错机制了，只能使用重传的方式了。

HTTP2 是以 HTTP 为基础并改动了一些规则的产物，HTTP3 也是如此。SPDY 演变成为 HTTP2 后，谷歌开发团队认为它仍然不够快。因此，谷歌开发团队开始讨论 QUIC 这个项目。这是谷歌开发的第 2 项将成为 HTTP 协议的正式升级的技术。这个协议的特别之处是，其主要改进均在传输层上，传输层不会再有前面提到的那些繁重的 TCP 连接了。协议的这种更改将显著加快连接建立和数据传输的速度。然而，虽说 UDP 更快、更简单，但它不具备 TCP 的可靠性和错误处理能力。

TCP 必须进行多次往返，才能以快速且稳定的方式建立连接。UDP 则不用多次往返，而且 UDP 确实可以快速运行，代价是稳定性下降和丢包的风险。但是，UDP 能大大减少请求中的延迟，到同一服务器重复连接的延迟几乎为 0，因为不需要往返来建立连接，如图 3-5 所示。

HTTP3 是 HTTP2 的复用和压缩，协议从 TCP 更改为 UDP。然后，谷歌的工程师在协议中添加了他们做的层，以确保稳定性、数据包接收顺序及安全性。因此，HTTP3 在保持 QUIC 稳定性的同时使用 UDP 来实现高速，同时又不会牺牲 TLS 的安全性。在 QUIC 中就有 TLS1.3，可以用它发起优雅的 SSL。这些层的底层机制如图 3-6 所示。

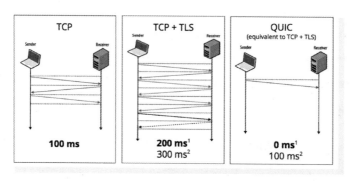

● 图 3-5

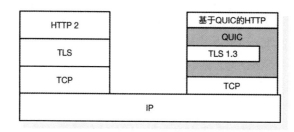

● 图 3-6

2018 年，QUIC 演变成为 HTTP3。互联网工程任务组（Internet Engineering Task Force）同意了这个提案。HTTP3 代表着充满魅力的未来，截至目前，大约有 4.6% 的互联网内容在使用 HTTP3，但这个数字在未来几年可能会快速增长。

▶▶ 3.3.2 Go HTTP3 编程实例

Go 语言官方目前还没有支持 HTTP3，但可以通过 github. com/lucas-clemente/quic-go 工具包实现。启动 QUIC 服务器与 Go 语言中的标准 net/http 库非常相似，该工具包服务器端使用示例如下。

```
http.Handle("/", http.FileServer(http.Dir(wwwDir)))
http3.ListenAndServeQUIC("localhost:8081",
"/path/to/cert/chain.pem", "/path/to/privkey.pem", nil)
```

使用 http3. RoundTripper 作为 Transport 一个 http. Client 结构体，其示例如下。

```
http.Client{
    Transport: &http3.RoundTripper{},
}
```

通过 http3. RoundTripper 建立一个中间件，之后将 roundTripper 传递给 http. Client 建立一个

HTTP 客户端，并以此来发起 HTTP 请求，示例如下。

```
roundTripper := &http3.RoundTripper{
    TLSClientConfig: &tls.Config{
        RootCAs:            pool,
        InsecureSkipVerify: *insecure,
        KeyLogWriter:       keyLog,
    },
    QuicConfig: &qconf,
}
defer roundTripper.Close()
hclient := &http.Client{
    Transport:roundTripper,
}
rsp, err := hclient.Get(addr)
```

http3. RoundTripper 实现了 net. RoundTripper 接口，使 HTTP 客户端将发起请求的过程交由该中间件来处理。该接口定义如下，只有一个 RoundTrip( ) 函数接收一个 HTTP 请求，返回 HTTP 响应。

```
type RoundTripper interface {
    RoundTrip(*Request) (*Response, error)
}
```

在 http3. RoundTripper 接口的实现中，将请求又交给了 RoundTripOpt( ) 方法来处理。该方法首先判断请求是否合法，如果合法，则会通过 getClient( ) 函数来获取 QUIC 客户端；如果不合法，则关闭请求。而在 getClient( ) 函数中，通过 Hash 表来获取 QUIC 客户端，如果不存在，则会通过 newClient( ) 函数建立新客户端。在获取到客户端之后，就会通过 client. RoundTrip( ) 方法发起请求。而在 client. RoundTrip( ) 方法中，在发起请求之前，会调用 authorityAddr( ) 函数来确保源地址不是伪造的。当第一次发送请求时会调用 dial( ) 函数进行握手，如果使用 0-RTT 请求，则立即发送请求，否则当握手完成后会通过 doRequest( ) 函数发出请求。

❶ 创建 HTTP3 服务器端

服务器端的核心代码示例如下。

代码路径：chapter3/3. 3. 2-http3-server. go。

```
package main

import (
    "fmt"
    "net/http"
    "strings"
    "sync"
```

```
    _ "net/http/pprof"

    "gitee.com/shirdonl/goAdvanced/chapter4/testdata"
    "github.com/lucas-clemente/quic-go"
    "github.com/lucas-clemente/quic-go/http3"
)

type binds []string

func (b binds) String() string {
    return strings.Join(b, ",")
}

func (b *binds) Set(v string) error {
    *b = strings.Split(v, ",")
    return nil
}

func setupHandler(www string) http.Handler {
    mux := http.NewServeMux()
    mux.HandleFunc("/", func(w http.ResponseWriter, r *http.Request) {
        fmt.Fprintf(w,"this is http3 root")
    })
    mux.HandleFunc("/hi", func(w http.ResponseWriter, r *http.Request) {
        fmt.Fprintf(w,"hi,http3")
    })

    return mux
}


func main() {
    //绑定 https://localhost:8088
    bs := binds{"localhost:8088"}
    //配置 QUIC
    quicConf := &quic.Config{}
    //设置处理器
    handler := setupHandler("")

    var wg sync.WaitGroup
    wg.Add(len(bs))
    for _, b := range bs {
        bCap := b
        go func() {
            var err error
            //配置 HTTP3
            server := http3.Server{
                Server:    &http.Server{Handler: handler, Addr: bCap},
```

```
            QuicConfig: quicConf,
        }
        err = server.ListenAndServeTLS(testdata.GetCertificatePaths())
        if err != nil {
            fmt.Println(err)
        }
        wg.Done()
    }()
}
wg.Wait()
}
```

2 创建 HTTP3 客户端

创建 HTTP3 客户端，代码如下。

代码路径：chapter3/3.3.2-http3-client.go.

```
package main

import (
    "bytes"
    "crypto/tls"
    "crypto/x509"
    "flag"
    "fmt"
    "gitee.com/shirdonl/goAdvanced/chapter4/testdata"
    "github.com/lucas-clemente/quic-go"
    "io"
    "log"
    "net/http"
    "sync"

    "github.com/lucas-clemente/quic-go/http3"
)

func main() {
    //解析命令行参数
    flag.Parse()
    urls := flag.Args()

    //HTTP3 密钥配置
    pool, err := x509.SystemCertPool()
    if err != nil {
        log.Fatal(err)
    }
    testdata.AddRootCA(pool)
```

```
var qconf quic.Config
//HTTP3 配置
roundTripper : = &http3.RoundTripper{
    TLSClientConfig: &tls.Config{
        RootCAs:              pool,
    },
    QuicConfig: &qconf,
}
defer roundTripper.Close()
httpClient : = &http.Client{
    Transport:roundTripper,
}

var wg sync.WaitGroup
wg.Add(len(urls))
for _,addr : = range urls {
    fmt.Printf("GET % s", addr)
    go func(addr string) {
        rsp, err : = httpClient.Get(addr)
    if err != nil {
        log.Fatal(err)
    }
    fmt.Printf("Got response for % s: % #v", addr, rsp)

    body : = &bytes.Buffer{}
        _, err = io.Copy(body,rsp.Body)
        if err != nil {
            log.Fatal(err)
        }
        fmt.Printf("Request Body:")
        fmt.Printf("% s", body.Bytes())
        wg.Done()
    }(addr)
    }
    wg.Wait()
}
```

❸ 测试 HTTP3

首先启动服务器端，在文件所在目录打开命令行，输入如下命令。

```
$ go run 3.3.2-http3-server.go -bind localhost:8088
```

启动服务器端后，为了方便测试，直接通过代码来模拟 HTTP3 客户端。在文件所在目录打开命令行，输入如下命令。

```
$ go run 3.3.2-http3-client.go  https://localhost:8088/ https://localhost:8088/hi
```

执行命令后，输出结果如下。

```
   GET https://localhost:8088/GET https://localhost:8088/hiGot response for https://lo-
calhost:8088/hi: &http.Response{Status:"200 OK", StatusCode:200, Proto:"HTTP/3", ProtoMa-
jor:3, ProtoMinor:0, Header:http.Header{}, Body:(*http3.body)(0xc000425830), ContentLe-
ngth:-1, TransferEncoding:[]string(nil), Close:false, Uncompressed:false, Trailer:http.
Header(nil), Request:(*http.Request)(nil), TLS:(*tls.ConnectionState)(0xc000454210)}Request
Body:hi,http3Got response for https://localhost:8088/: &http.Response{Status:"200 OK", Status-
Code:200, Proto:"HTTP/3", ProtoMajor:3, ProtoMinor:0, Header:http.Header{}, Body:(*http3.
body)(0xc00050a030), ContentLength:-1, TransferEncoding:[]string(nil), Close:false, Un-
compressed:false, Trailer:http.Header(nil), Request:(*http.Request)(nil), TLS:(*tls.Con-
nectionState)(0xc00
```

3.4　Go Socket 编程

▶▶ 3.4.1　什么是 Socket

❶ Socket 简介

Socket 是计算机网络中用于在节点内发送或接收数据的内部端点。具体来说，它是网络软件（协议栈）中端点的一种表示，包含通信协议、目标地址、状态等，是系统资源的一种形式。它在网络中所处的位置大致就是图 3-7 所示的 Socket API 层，位于应用层与传输层之间。其中的传输层就是 TCP/IP 所在的地方，而开发人员平时通过代码编写的应用程序大多属于应用层范畴。

图 3-7 所示，Socket API 起到的就是连接应用层与传输层的作用。Socket API 的诞生是为了应用程序能够更方便地将数据经由传输层来传输。所以它本质上是对 TCP/IP 的运用进行了一层封装，然后应用程序直接调用 Socket API 接口进行通信。

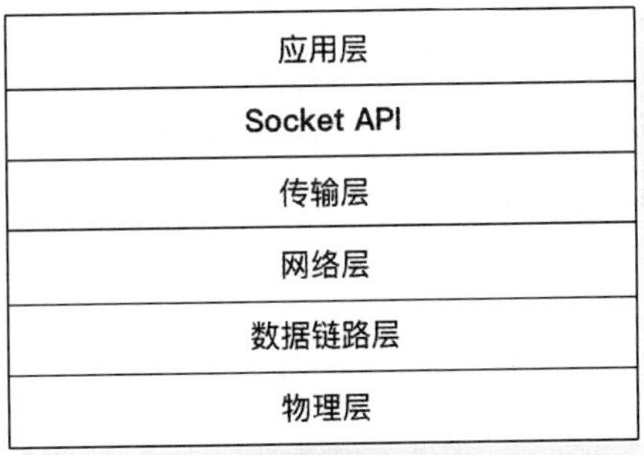

简单总结一下：Socket 是进程间数据传输的媒介；为了保证连接的可靠性，需要特别注意建立连接和关闭连接的过程。为了确保准确、完整地传输数据，客户端和服务器端会来回进行了多次网络通

应用层
Socket API
传输层
网络层
数据链路层
物理层

● 图 3-7

信才完成连接的创建和关闭，这也是在运用一个连接时所花费的额外成本。

▶▶ 3.4.2　TCP Socket

在 Go 语言中进行网络编程，相比传统的网络编程来说更加简洁。Go 语言提供了 net 包来处理 Socket。net 包对 Socket 连接过程进行了抽象和封装，无论使用什么协议建立什么形式的连接，都只需要调用 net.Dial( ) 函数即可，从而大大简化了代码的编写量。

在 Go 语言中，net 包的 Dial( ) 函数的定义如下。

```
func Dial(net, addr string) (Conn, error)
```

其中，net 参数是网络协议的名字，addr 参数是 IP 地址或域名，而端口号以 “:” 的形式跟随在地址或域名的后面，端口号可选。如果连接成功，则返回连接对象，否则返回 error。

除 Dial( ) 函数外，还有一个名为 DialTCP( ) 的函数用来建立 TCP 连接。

DialTCP( ) 函数和 Dial( ) 函数类似，该函数定义如下。

```
func DialTCP(network string, laddr, raddr *TCPAddr) (*TCPConn, error)
```

其中，network 参数可以是 tcp 或者 tcp4 或者 tcp6；laddr 为本地地址，通常为 nil；raddr 为目的地址，为 TCPAddr 类型的指针。该函数返回一个 *TCPConn 对象，可通过 Read( ) 和 Write( ) 方法传递数据。

Dial( ) 函数的几种常见协议的调用方式如下。

（1）TCP 连接

TCP 连接直接通过 net.Dial（"tcp"，"ip:port"）的形式调用，命令如下。

```
conn, err := net.Dial("tcp", "192.168.0.1:8087")
```

（2）UDP 连接

UDP 连接直接通过 net.Dial（"udp"，"ip:port"）的形式调用，命令如下。

```
conn, err := net.Dial("udp", "192.168.0.2:8088")
```

目前，Dial( ) 函数支持如下几种网络协议：tcp、tcp4（仅限 IPv4）、tcp6（仅限 IPv6）、udp、udp4（仅限 IPv4）、udp6（仅限 IPv6）、ip、ip4（仅限 IPv4）和 ip6（仅限 IPv6）。

在成功建立连接后，就可以进行数据的发送和接收了，使用 Write( ) 方法发送数据，使用 Read( ) 方法接收数据。

▶▶ 3.4.3　UDP Socket

在 3.3.2 节中是使用 TCP 协议来编写 Socket 的客户端与服务器端的，也可以使用 UDP 协议来编写 Socket 的客户端与服务器端。

由于 UDP 是无连接的，所以，服务器端只需要指定 IP 地址和端口号，然后监听该地址，等待客户端与之建立连接，即可通信。

在 Go 语言中创建 UDP Socket，可通过如下函数或者方法来实现。

（1）创建监听地址

创建监听地址使用 ResolveUDPAddr( ) 函数，其定义如下。

```
func ResolveUDPAddr(network, address string) (*UDPAddr, error)
```

（2）创建监听连接

创建监听连接使用 ListenUDP( )函数，其定义如下。

```
func ListenUDP(network string, laddr UDPAddr) (UDPConn, error)
```

（3）接收 UDP 数据

接收 UDP 数据使用 ReadFromUDP( )方法，其定义如下。

```
func (c *UDPConn) ReadFromUDP(b []byte) (int, *UDPAddr, error)
```

（4）写入数据到 UDP

写入数据到 UDP 使用 WriteToUDP( )方法，其定义如下：

```
func (c *UDPConn) WriteToUDP(b []byte, addr *UDPAddr) (int, error)
```

▶▶ 3.4.4 【实战】 用 Socket 开发简易聊天程序

服务器每收到一个连接，就让一个 goroutine 去通过 Socket 和客户端进行交流。goroutine 执行流程，先接收信息，再发送信息。客户端从终端获取输入，发送给指定 IP 地址和端口的服务器，接收服务器的信息。

虽然可以实现多客户端通信，但是两个客户端有两个终端，服务器只有一个终端。这时可由标准输入获取的信息发送给服务器端上一次接收信息的客户端（服务器端上一次接收完客户端信息之后的 goroutine 阻塞在从标准输入获取信息那里了）。

❶ TCP Socket 聊天程序

服务器端代码如下。

代码路径：chapter3/3.3.4 socket-server. go。

```
package main

import (
    "bufio"
    "fmt"
    "net"
    "os"
)

func Log(msg string, err error) {
    fmt.Println(msg, err)
    os.Exit(-1)
}

func Work(sock net.Conn) {
```

```
        for {
            var buf [1024]byte
            n, err := sock.Read(buf[:])
            if err != nil {
                Log("读数据出错:", err)
            }
            fmt.Printf("% v说:% v", sock.RemoteAddr().String(), string(buf[:n]))
            var str string
            reader := bufio.NewReader(os.Stdin)
            str, err = reader.ReadString('\n')
            if err != nil {
                fmt.Println("发送失败:", err)
                os.Exit(-1)
            }
            sock.Write([]byte(str))
        }
    }

func main() {
    listenSock, err := net.Listen("tcp", "127.0.0.1:8000")
    if err != nil {
        Log("监听失败:", err)
    }
    for {
        connectSock, err := listenSock.Accept()
        defer connectSock.Close()
        if err != nil {
            Log("接收请求失败:", err)
        }
        go Work(connectSock)
    }
}
```

客户端的代码如下。

代码路径：chapter3/3.3.4 socket-client.go。

```
package main

    import (
    "bufio"
    "fmt"
    "net"
    "os"
    )
```

```go
func main() {
    server, err := net.Dial("tcp", "127.0.0.1:8000")
    if err != nil {
        fmt.Println("拨号失败:", err)
        os.Exit(-1)
    }
    defer server.Close()
    for {
        var str string
        var buf [1024]byte
        reader := bufio.NewReader(os.Stdin)
        str, err = reader.ReadString('\n')
        if err != nil {
            fmt.Println("发送失败:", err)
            os.Exit(-1)
        }
        server.Write([]byte(str))
        var n int
        n, err = server.Read(buf[:])
        if err != nil {
            fmt.Println("读取失败:", err)
            os.Exit(-1)
        }
        fmt.Printf("% v说:% v", server.RemoteAddr().String(), string(buf[:n]))
    }
}
```

在文件所在目录打开文件，输入运行命令，并输入聊天字符，运行结果如图 3-8、3-9 所示。

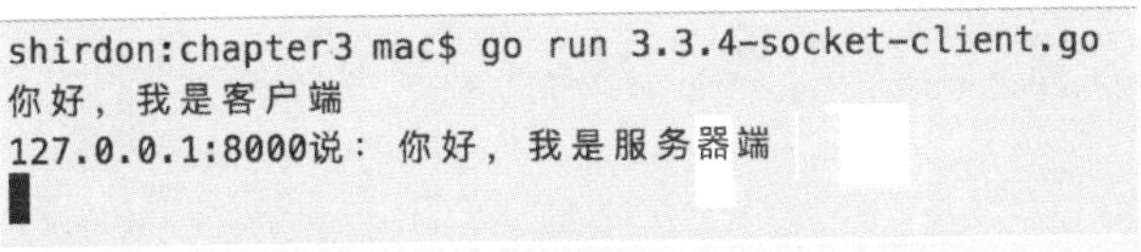

```
shirdon:chapter3 mac$ go run 3.3.4-socket-client.go
你好，我是客户端
127.0.0.1:8000说：你好，我是服务器端
```

● 图 3-8

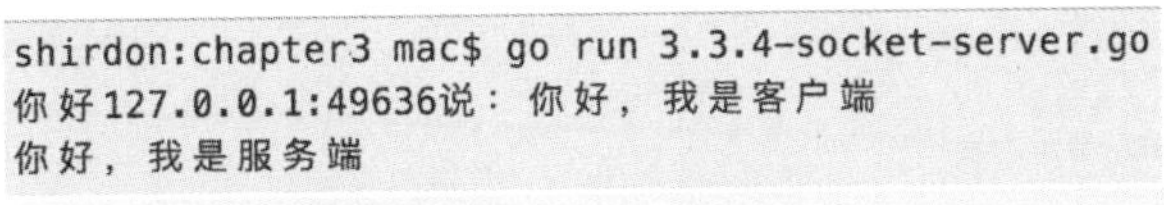

```
shirdon:chapter3 mac$ go run 3.3.4-socket-server.go
你好127.0.0.1:49636说：你好，我是客户端
你好，我是服务端
```

● 图 3-9

❷ **UDP Socket** 聊天程序

UDP 服务器无连接，接收到消息，将消息输出。在回复"收到"字样后，服务器处于死

循环中，只要客户端拨号的 IP 和端口是 UDP 服务器的 IP 和端口，该 UDP 服务器都可以接收，也不需要额外的 goroutine 来处理多个客户端的消息。

服务器端代码如下。

代码路径：chapter3/3.3.4 socket-server1. go。

```go
package main

import (
    "fmt"
    "net"
    "os"
)

func main() {
    conn, err := net.ListenUDP("udp", &net.UDPAddr{
        IP:    net.ParseIP("127.0.0.1"),
        Port: 8888,
    })
    if err != nil {
        fmt.Println("ListenUDP error:", err)
        os.Exit(-1)
    }
    defer conn.Close()
    for {
        dvar buf [1024]byte
        n, addr, err := conn.ReadFromUDP(buf[:])
        if err != nil {
            fmt.Println("接收消息出错:", err)
        }
        fmt.Println(addr.String(), string(buf[:n]))
        conn.WriteToUDP([]byte("收到~"), addr)
    }
}
```

客户端代码如下。

代码路径：chapter3/3.3.4 socket-client1. go。

```go
package main

import (
    "bufio"
    "fmt"
    "net"
    "os"
    "strings"
```

```
    )
    func main() {
        con, err := net.DialUDP("udp", nil, &net.UDPAddr{
            IP:   net.ParseIP("127.0.0.1"),
            Port: 8888,
        })
        if err != nil {
            fmt.Println("拨号失败:", err)
        }
        for {
            reader := bufio.NewReader(os.Stdin)
            str, _ := reader.ReadString('\n')
            str = strings.Trim(str, "\r\n")
            if strings.ToUpper(str) == "Q" {
                fmt.Println("退出聊天系统~")
                return
            }
            con.Write([]byte(str))

            var buf [1024]byte
            n, _, _ := con.ReadFromUDP(buf[:])
            fmt.Println(con.RemoteAddr().String(), string(buf[:n]))
        }
    }
```

在文件所在目录打开文件，输入运行命令，并输入聊天字符，运行结果如图 3-10、3-11 所示。

```
shirdon:chapter3 mac$ go run 3.3.4-socket-server1.go
127.0.0.1:50601 你好，我是客户端~
127.0.0.1:50601 再次发送~
```

● 图 3-10

```
shirdon:chapter3 mac$ go run 3.3.4-socket-client1.go
你好，我是客户端~
127.0.0.1:8888 收到~
再次发送~
127.0.0.1:8888 收到~
q
退出聊天系统
```

● 图 3-11

3.5 Go MySQL 使用技巧

▶▶ 3.5.1 Go 使用 MySQL

在 Go 语言中使用 MySQL 或类 SQL 数据库的惯用方法是通过 database/sql 包。它为面向行的数据库提供了轻量级的接口。

❶ 导入数据库驱动

如果要使用 database/sql 包，需要该程序包本身以及要使用的特定数据库的驱动程序（因为官方提供的包只是提供接口，没有指定任何具体数据库类型实现，所以需要手动导入驱动包 github. com/go-sql-driver/mysql。

通过 import 语句导入即可使用，示例如下。

```
import (
    "database/sql"
    _ "github.com/go-sql-driver/mysql"
)
```

注意，这里将匿名加载驱动程序，其限定符别名为 "_"（仅初始化包），因此代码中没有一个导出的名称可见。在引擎下，驱动程序将其自身注册为可用的 database/sql 包，但通常没有其他情况发生。

❷ 访问数据库

（1）连接数据库

导入包后，可以使用 sql. Open( )函数来连接数据库。该函数的定义如下。

```
func Open(driverName, dataSourceName string) (*DB, error)
```

sql. Open( )函数连接成功后会返回一个 *sql. DB 指针类型，示例如下。

```
db, err := sql.Open("mysql", "user:password@ tcp(127.0.0.1:3306)/hello")
if err != nil {
    fmt.Println(err)
}
defer db.Close()
```

sql. Open( )不建立与数据库的任何连接，也不会验证驱动程序连接参数。它只是准备数据库抽象以供以后使用。如果要立即检查数据库是否可用（例如，检查是否可以建立网络连接并登录），可以使用 db. Ping( )来执行此操作，并记住检查错误，示例如下。

```
err = db.Ping()
if err != nil {
    // 错误处理逻辑
}
```

（2）设置最大连接数

database/sql 包中的 SetMaxOpenConns( ) 方法用于设置最大连接数，其定义如下。

```
func (db *DB) SetMaxOpenConns(n int)
```

SetMaxOpenConns( ) 方法用于设置与数据库建立连接的最大数目，其参数 n 为整数类型。如果 n 大于 0 且小于最大闲置连接数，则最大连接数为 n。如果 n≤0，则不会限制最大开启连接数，默认为 0（无限制）。

（3）设置最大闲置连接数

database/sql 包中的 SetMaxIdleConns( ) 方法用于设置最大闲置连接数，其定义如下。

```
func (db *DB) SetMaxIdleConns(n int)
```

SetMaxIdleConns( ) 方法用于设置连接池中的最大闲置连接数，其参数 n 为整数类型。如果 n 大于最大开启连接数，则新的最大闲置连接数会以最大开启连接数为准。如果 n≤0，则将不会保留闲置连接。

❸ 数据库查询

Go 语言的 database/sql 包提供了 Query( ) 和 Exec( ) 函数来进行数据库的查询。

（1）从数据库获取数据

先来看一下如何查询数据库，并使用查询结果的例子。我们将向用户表查询 ID 为 6 的用户，并打印出用户的 ID 和名称，示例如下。

```
var (
    id     int
    phone string
)
//查询数据库
rows, err := db.Query("select id, phone from user where id = ?", 3)
if err != nil {
    log.Fatal(err)
}
//通过 defer 语句关闭数据库连接
defer rows.Close()
for rows.Next() {
    //通过 Scan 方法赋值
    err := rows.Scan(&id, &phone)
```

```
        if err != nil {
            log.Fatal(err)
        }
        log.Println(id, phone)
    }
    err = rows.Err()
    if err != nil {
        log.Fatal(err)
    }
```

以上代码发生了如下事件。

1）db. Query( )函数将查询发送到数据库。

2）defer rows. Close( )语句关闭数据库连接。

3）rows. Next( )迭代行。

4）rows. Scan( )读取每行中的列变量。

5）完成遍历行后，检查遍历中是否产生错误。

Scan( )函数会在后台执行数据类型转换。假设从使用字符串列定义的表中选择一些行，例如 VARCHAR（100）或类似的列。如果将指针指向一个字符串，则 Go 语言会将字节复制到该字符串中，可以使用 strconv. ParseInt( )函数或类似的方式将值转换为数字。

（2）预处理查询

在 MySQL 中，普通 SQL 执行过程如下。

1）在客户端准备 SQL 语句。

2）发送 SQL 语句到 MySQL 服务器。

3）在 MySQL 服务器执行该 SQL 语句。

4）服务器将执行结果返回给客户端。

预处理执行过程如下。

1）将 SQL 拆分为结构部分与数据部分。

2）在执行 SQL 语句的时候，首先将前面相同的命令和结构部分发送给 MySQL 服务器，让 MySQL 服务器事先进行一次预处理（此时并没有真正地执行 SQL 语句）。

3）为了保证 SQL 语句结构的完整性，在第一次发送 SQL 语句的时候将其中可变的数据部分都用一个数据占位符来表示。

4）然后把数据部分发送给 MySQL 服务器，MySQL 服务器对 SQL 语句进行占位符替换。

5）MySQL 服务器执行完整的 SQL 语句并将结果返回给客户端。

预处理优点如下。

1）预处理语句大大减少了分析时间，只做了一次查询（虽然语句多次执行）。

第 3 章
Go Web 编程

2）绑定参数减少了服务器带宽，只需发送查询的参数，而不是整个语句。

3）预处理语句针对 SQL 注入是非常有用的，因为参数值发送后使用不同的协议，保证了数据的合法性。

Go 语言预处理很简单，只需要 Prepare( ) 方法即可实现，示例如下。

```
stmt, err := db.Prepare("select id, name from users where id = ?")
if err != nil {
    log.Fatal(err)
}
defer stmt.Close()
rows, err := stmt.Query(1)
if err != nil {
    log.Fatal(err)
}
defer rows.Close()
for rows.Next() {
    // ...
}
if err = rows.Err(); err != nil {
    log.Fatal(err)
}
```

（3）单行查询

Go 语言单行查询可以通过 QueryRow( ) 方法实现，示例如下。

```
var name string
err = db.QueryRow("select name from user where id = ?", 1).Scan(&name)
if err != nil {
    log.Fatal(err)
}
fmt.Println(name)
```

也可以在预处理语句中调用 QueryRow( ) 函数，示例如下。

```
stmt, err := db.Prepare("select name from users where id = ?")
if err != nil {
    log.Fatal(err)
}
var name string
err = stmt.QueryRow(1).Scan(&name)
if err != nil {
    log.Fatal(err)
}
fmt.Println(name)
```

· 189

④ 修改、更新、删除行

在 Go 语言中，可以使用 Exec( ) 方法来修改、更新、删除行，最好用一个准备好的语句来完成 INSERT、UPDATE、DELETE 或者其他不返回行的语句。以下示例表示如何插入行并检查有关操作的元数据。

```
stmt, err := db.Prepare("INSERT INTO users(name) VALUES(?)")
if err != nil {
    log.Fatal(err)
}
res, err := stmt.Exec("Shirdon")
if err != nil {
    log.Fatal(err)
}
lastId, err := res.LastInsertId()
if err != nil {
    log.Fatal(err)
}
rowCnt, err := res.RowsAffected()
if err != nil {
    log.Fatal(err)
}
log.Printf("ID = % d, affected = % d\n",lastId, rowCnt)
```

执行该语句将生成一个 sql. Result 对象，它可以访问语句元数据，并返回最后插入的 ID 和受影响的行数。

虽然 Query( ) 方法也能执行 INSERT、UPDATE、DELETE 的语句，但并不提倡用 Query( ) 语句。Query( ) 函数将返回一个 sql. Rows 对象，它保留数据库连接，直到 sql. Rows 关闭。在上面的示例中，连接将永远不会被释放。垃圾收集器最终会关闭底层的 net. Conn，但这可能需要很长时间。此外，database/sql 包将继续跟踪池中的连接，希望在某个时候释放它，以便可以再次使用连接。因此，使用 Query( ) 查询容易导致连接数太多，甚至耗尽系统资源。

修改、更新、删除行的示例如下。

```
_, err := db.Exec("DELETE FROM users")   //提倡
_, err := db.Query("DELETE FROM users") //不提倡
```

⑤ 事务处理

事务是最小的不可再分的工作单元。通常一个事务对应一个完整的业务（例如银行转账业务，该业务就是一个最小的工作单元），同时这个完整的业务需要执行多次的 DML（INSERT、UPDATE、DELETE 等）语句共同联合完成。

在 Go 语言中，事务本质上是保留与数据存储连接的对象。它允许执行迄今为止所看到的

所有操作，并保证它们将在同一连接上执行。可以通过调用 db. Begin( )开始一个事务，并返回一个 Tx 对象。Tx 对象提供 Commit( )方法来提交事务，提供 Rollback( )方法来回滚事务。在事务中创建的准备语句仅限于该事务。Go 语言事务处理示例如下。

```go
var (
    id     int
    phone string
)
//通过 defer 语句回滚
defer tx.Rollback()
//查询数据库
rows, err := db.Query("select id, phone from user where id = ?", 3)
if err != nil {
    log.Fatal(err)
}
//通过 defer 语句关闭数据库连接
defer rows.Close()
for rows.Next() {
    //通过 Scan 方法赋值
    err := rows.Scan(&id, &phone)
    if err != nil {
        log.Fatal(err)
    }
    log.Println(id, phone)
}
err = tx.Commit()
if err != nil {
    log.Fatal(err)
}
```

⑥ MySQL 处理错误技巧

在 database/sql 包中，绝大多数的数据库操作都会返回一个错误作为最后一个值。读者应该注意检查这些错误，不要忽视它们。有几个典型的错误需要特别留意，具体如下。

（1）迭代结果的错误

示例代码如下。

```go
for rows.Next() {
    // ...
}
if err = rows.Err(); err != nil {
    //处理错误语句
}
```

来自 rows. Err( )的错误可能是 rows. Next( )循环中各种错误的结果。除了正常完成循环之外，循环也可能会退出，所以始终需要检查循环是否正常终止，异常终止自动调用 rows. Close( )语句来关闭。

（2）关闭结果的错误

如前所述，如果程序过早退出循环，则应该始终显式关闭 sql. Rows。如果循环正常退出或通过错误退出，则它会自动关闭，但可能会错误地执行 rows. Close( )语句，示例如下。

```
for rows.Next() {
    // ...
    break // 如果行没有关闭,则可能会导致内存泄漏
}
if err = rows.Close(); err != nil {
    log.Println(err)
}
```

如果 rows. Close( )返回错误，则需要记录错误消息或进行 panic 异常处理。如果不记录错误消息或不进行 panic 异常处理，则最好忽略该错误。

（3）QueryRow( )中的错误

可以用 QueryRow( )方法来获取数据表行数据，示例如下。

```
var name string
err = db.QueryRow("select name from user where id = ?", 6).Scan(&name)
if err != nil {
    log.Fatal(err)
}
fmt.Println(name)
```

在以上代码中，假如没有 id 为 6 的用户，则结果中不会有行数据。Go 语言定义了一个特殊的错误常数，称为 sql. ErrNoRows( )，当结果为空时，它将从 QueryRow( )返回。空的结果通常不被程序认为是错误的，如果不检查错误是否是这个特殊的常量，则可能会导致意想不到的应用程序代码错误。

来自查询的错误将延迟到调用 Scan( )，然后从中返回。上面的代码最好写成如下形式。

```
var name string
err = db.QueryRow("select name from user where id = ?", 6).Scan(&name)
if err != nil {
    if err == sql.ErrNoRows {
        //结果没有行,但没有发生错误
    } else {
        log.Fatal(err)
    }
```

```
    }
    fmt.Println(name)
```

读者可能会问为什么一个空的结果集会被认为是一个错误。原因是 QueryRow( )方法需要使用 sql. ErrNoRows( )才能让调用者区分 QueryRow( )方法是否实际上找到了一行。

（4）识别特定的数据库错误

初学者一般可能会编写出如下代码。

```
rows, err := db.Query("SELECTsomeval FROM sometable")
// err 包含如下错误
// ERROR 1045 (28000): Access denied for user 'foo'@ '::1' (using password: NO)
if strings.Contains(err.Error(), "Access denied") {
    //处理 permission-denied 错误
}
```

以上编码方式并不是一个好的办法。例如，字符串值可能会根据服务器用于发送错误消息的语言而有所不同。更好的方式是比较错误码以确定特定错误是什么。

然而，这样做的机制因驱动的开发者而异，因为这不是 database/sql 包本身的一部分。在本书重点介绍的 MySQL 驱动程序中，则可以采用以下代码。

```
if driverErr, ok := err.(\*mysql.MySQLError); ok { // 现在可以直接访问错误码
    if driverErr.Number == 1045 {
        //处理 permission-denied 错误
    }
}
```

MySQLError 类型由上述特定驱动程序提供，并且驱动程序之间的 ". Number" 字段可能不同。然而，错误码" Number"的值取自 MySQL 的错误消息，因此是数据库特定的，而不是驱动程序设置的。

以上这段代码仍然不是很好，因为 1045 代表什么不是很清晰。在协作开发中，其他程序员阅读起来也很吃力。我们将 1045 用 ER_ACCESS_DENIED_ERROR 代替，代码看起来更优雅，同时方便后期维护，示例如下。

```
if driverErr, ok := err.(\*mysql.MySQLError); ok {
    if driverErr.Number == mysqlerr.ER_ACCESS_DENIED_ERROR {
        //处理 permission-denied 错误
    }
}
```

7 使用 NULL

当返回的列有可为空的布尔值、字符串、整数和浮点数的类型时，可以用 sql. NullString 来

判断，示例如下。

```
for rows.Next() {
    var s sql.NullString
    err = rows.Scan(&s)
    // 检查错误
    if s.Valid {
    // 用 s.String 来获取值
    } else {
    // NULL 值
    }
}
```

在 Go 语言中，每个变量在初始化的时候都有默认空值。如果需要自定义类型来处理 NULL，则可以通过复制 sql. NullString 来实现。

如果不能避免在数据库中具有 NULL 值，还可以使用 COALESCE( ) 函数来处理。用 COA-LESCE( ) 函数来处理 NULL 值可以避免引入很多 sql. Null 空指针类型，示例如下。

```
rows, err := db.Query(`
    SELECT
        name,
        COALESCE(other_field, '') as other_field
    WHERE id = ?
`, 6)

for rows.Next() {
    err := rows.Scan(&name, &otherField)
    //处理逻辑
}
```

⑧ 使用未知列

Scan( ) 函数要求准确传递正确数目的目标变量。如果不知道查询将返回多少列，则可以使用 Columns( ) 来获取列的数量。通过检查此列表的长度以查看有多少列，并且可以将切片传递给具有正确数值的 Scan( ) 方法，示例如下。

```
cols, err := rows.Columns()
if err != nil {
    //处理错误 error
} else {
dest := []interface{}{ // 标准的 MySQL 行
        new(uint64), // id
        new(string), // host
        new(string), // user
        new(string), // db
```

```
        new(string), // command
        new(uint32), // time
        new(string), // state
        new(string), // info
    }
    if len(cols) == 11 {
        //...处理逻辑
    } else if len(cols) > 8 {
        // ...处理逻辑
    }
    err = rows.Scan(dest...)
    // ...处理逻辑
}
```

如果不知道这些列或者它们的类型，则可以使用 sql. RawBytes，示例如下。

```
cols, err := rows.Columns()
vals := make([]interface{}, len(cols))
for i, _ := range cols {
    vals[i] = new(sql.RawBytes)
}
for rows.Next() {
    err = rows.Scan(vals...)
    //......处理逻辑
}
```

⑨ 连接池

（1）连接池简介

在 database/sql 包中有一个基本的连接池。连接池意味着在单个数据库上执行两个连续的语句可能会打开两个连接并单独执行它们。对于初级程序员来说，容易写出错误的逻辑。例如，后面跟着 INSERT 的 LOCK TABLES 可能会被阻塞，因为 INSERT 位于不具有表锁定的连接上。

默认情况下，连接数量没有限制。如果尝试同时执行很多操作，则可以创建任意数量的连接。这可能会导致数据库返回错误，例如"连接太多"的错误。

（2）设置连接数量

在 Go 语言中，可以使用 db. SetMaxOpenConns( )方法来限制与数据库的总打开连接数，连接回收相当快。使用 db. SetMaxIdleConns( )方法设置大量空闲连接可以减少此流失，并有助于保持连接以重新使用。

（3）监控连接池状态

由于 MySQL 协议是同步的，因此，当客户端有大量的并发请求，且连接数要小于并发数的情况时，会有一部分请求被阻塞，需等待其他请求释放连接，在某些场景或使用不当的情况下，这里可能会成为瓶颈。不过库中并没有详细记录每一笔请求的连接等待时间，只提供了累积的等待时间，以及其他的监控指标，在定位问题时可以用作参考。

库提供了 db. Stats( )方法，会从 db 对象中获取所有的监控指标，并生成 DBStats 对象，示例如下。

```
go func(db * sql.DB) {
    mt : = time.NewTicker(10 * time.Second)
    for {
        select {
        case <-mt.C:
            stat : = db.Stats()
            fmt.Println(stat.MaxOpenConnections)
            fmt.Errorf("monitor db conn(% p): maxopen(% d), open(% d), use(% d), idle
(% d), " +
                "wait(% d),idleClose(% d), lifeClose(% d), totalWait(% v)",
                db,
                stat.MaxOpenConnections, stat.OpenConnections,
                stat.InUse, stat.Idle,
                stat.WaitCount, stat.MaxIdleClosed,
                stat.MaxLifetimeClosed, stat.WaitDuration)
        }
    }
} (db)
```

❿ 使用注意事项

（1）资源枯竭

如果不按预期使用 database/sql 包，可能会导致系统消耗一些资源或阻止它们有效地重用，具体如下。

1）开放和关闭数据库可能会导致资源耗尽。

2）没有读取所有行或使用 rows. Close( )保留来自池的连接。

3）对于不返回行的语句，使用 Query( )将从池中预留一个连接。

4）没有意识到准备好的语句可能导致大量额外的数据库活动。

（2）大 uint64 值

如果设置了高位，则不能将大的无符号整数作为参数传递给语句，示例如下。

```
_, err : = db.Exec("INSERT INTO users(id) VALUES", math.MaxUint64) // Error
```

这会引发错误。如果使用 uint64 值，开始因为它们可能很小可以无错误地工作，但它们会随着时间的推移而增加，并开始抛出错误。

（3）数据库特定语法

database/sql 包的 API 提供了面向行数据库的抽象，但具体的数据库和驱动程序可能会在行为或语法上有差异，例如准备好的语句占位符。

（4）多个结果集

Go 语言驱动程序不支持单个查询中的多个结果集，尽管有一个支持大容量操作（如批量复制）的功能，但返回多个结果集的存储过程将无法正常工作。

（5）调用存储过程

调用存储过程是特定于驱动程序的，但在 MySQL 驱动程序中，目前无法完成。通过执行下面的操作，可以调用一个简单的过程来返回一个单一的结果集。

```
err := db.QueryRow("CALL mydb.myprocedure").Scan(&result) //错误
```

其实以上语言将收到以下错误。

```
错误 1312:PROCEDURE mydb.myprocedure 无法返回给定上下文中的结果集。
```

这是因为 MySQL 期望将连接设置为多语句模式，即使是单个结果，但驱动程序当前并没有执行此操作（尽管看到此问题）。

（6）多重语句支持

database/sql 包没有显式地支持多个语句，如果想同时执行多个语句，可以通过 Exec( ) 方法来实现，示例如下。

```
_, err := db.Exec("DELETE FROMtbl1; DELETE FROM tbl2")
```

以上代码是允许的，以上代码可能会只执行第一个语句，或两者都执行。事务中的每个语句必须连续执行，并且结果中的资源（比如行）必须被扫描或关闭，以便该连接可供下一个语句使用。当不使用事务时，这与通常的执行方式不同。在这种情况下，完全可以执行查询，循环遍历行，并在循环内查询数据库（将在新的连接上发生），示例如下。

```
rows, err := db.Query("select *  fromtbl1") // 使用连接1
for rows.Next() {
    err = rows.Scan(&myVariable)
    //如下这行代码将不会使用连接1，会新建一个连接
    db.Query("select *  fromtbl2 where id = ?", myVariable)
}
```

但事务只能绑定一个连接，所以在事务中是不能同时建立多个连接的，示例如下。

```
tx, err := db.Begin()
rows, err := tx.Query("select *  fromtbl1") // 使用 tx 的连接
for rows.Next() {
```

```
    err = rows.Scan(&myvariable)
    //在事务中,下面这行代码会报错,因为连接已经在使用中
    tx.Query("select *  fromtbl2 where id = ?", myvariable)
}
```

但是,Go 语言不会阻止我们尝试。因此,如果尝试在第一个语句的连接释放并自行清理之前尝试执行另一个语句,则可能会遇到损坏的连接。这也意味着事务中的每个语句都会产生一组单独的网络往返数据库。

▶▶ 3.5.2 MySQL 常见 ORM

❶ ORM 定义

ORM(Object-Relation Mapping,对象关系映射),它的作用是在关系型数据库和对象之间作一个映射。这样,在操作具体的数据库时,就不需要再去和复杂的 SQL 语句打交道了,只要像平时操作对象一样操作它就可以了。ORM 相关的组成含义如下。

- O(Object,对象模型):实体对象,即在程序中根据数据库表结构建立的一个个实体(Entity)。
- R(Relation,关系型数据库的数据结构):即建立的数据库表。
- M(Mapping,映射):从 R(数据库表)到 O(对象模型)的映射,可通过 XML 文件映射。

图 3-12 所示,当表实体发送变化时,ORM 会帮助把实体的变化映射到数据库表中。

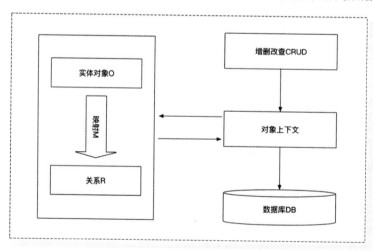

● 图 3-12

❷ 为什么要使用 ORM

想必有读者会想,既然 Go 语言本身就有 MySQL 等数据的访问包,为什么还要做持久化和

ORM 设计呢？那是因为在程序开发中，数据库保存的表、字段与程序中的实体类之间是没有关联的，在实现持久化时就比较不方便。那么，到底如何实现持久化呢？一种简单的方案是采用硬编码方式，为每一种可能的数据库访问操作提供单独的方法。这种方案存在以下不足。

1）持久化层缺乏弹性。一旦出现业务需求的变更，就必须修改持久化层的接口。

2）持久化层同时与域模型及关系数据库模型绑定，不管域模型还是关系数据库模型发生变化，都要修改持久化层的相关程序代码，增加了软件的维护难度。

ORM 提供了实现持久化层的另一种模式。它采用映射元数据来描述对象关系的映射，使得 ORM 中间件能在任何一个应用的业务逻辑层和数据库层之间充当桥梁。ORM 的方法论基于以下 3 个核心原则。

1）简单：以最基本的形式进行数据建模。

2）传达性：数据库结构被任何人都能理解的语言文档化。

3）精确性：基于数据模型创建正确标准化的结构。

在目前的企业应用系统设计中，MVC（Model-Voiew-Controller）为主要的系统架构模式。MVC 中的 Model 包含了复杂的业务逻辑和数据逻辑，以及数据存取机制（如数据库的连接、SQL 生成和 Statement 创建，还有 ResultSet 结果集的读取等）等。将这些复杂的业务逻辑和数据逻辑分离，以将系统的紧耦合关系转化为松耦合关系（即解耦合），是降低系统耦合度迫切要做的，也是持久化要做的工作。MVC 模式实现了架构上将表现层（即 View）和数据处理层（即 Model）分离的解耦合，而持久化的设计则实现了数据处理层内部的业务逻辑和数据逻辑分离的解耦合。

ORM 作为持久化设计中的最重要也最复杂的技术之一，也是目前业界热点技术。接下来一起探究一下 Go 语言中常见的 ORM 框架。

❸ Gorm 的安装及使用

Gorm 是 Go 语言中一款性能很好的 ORM 库，对开发人员也相对比较友好，能够显著提升开发效率。Gorm 的安装方法很简单，在 Linux 系统中直接打开命令行终端，输入如下命令即可。

```
$ go get -ugithub.com/jinzhu/gorm
```

Gorm 的使用方法如下。

1）数据库连接。Gorm 数据库连接和 database/sql 包的连接方式一样，直接用 gorm. Open（）方法传入数据库地址即可。还可以使用 db. DB（）对象的 SetMaxIdleConns（）和 SetMaxOpen-Conns（）方法设置连接池信息，命令如下。

```
db.DB().SetMaxIdleConns(10)
db.DB().SetMaxOpenConns(100)
```

其中，SetMaxIdleConns（）方法用于设置空闲连接池中的最大连接数，SetMaxOpenConns（）方法用于设置与数据库的最大打开连接数。

2）创建表。创建一个名为 gorm_users 的表，其 SQL 语句如下。

```
CREATE TABLE `gorm_users` (
  `id` int(10) unsigned NOT NULL AUTO_INCREMENT,
  `phone` varchar(255) DEFAULT NULL,
  `name` varchar(255) DEFAULT NULL,
  `password` varchar(255) DEFAULT NULL,
  PRIMARY KEY (`id`)
) ENGINE = InnoDB AUTO_INCREMENT = 39 DEFAULT CHARSET = utf8;
```

注意：这里创建的表也可以不用手动创建，定义好结构体后，调用 db.AutoMigrate（）方法即可按照结构体创建对应的数据表。

3）定义结构体，示例如下。

```
//数据表结构体类
type GormUser struct {
    ID       uint   `json:"id"`
    Phone    string `json:"phone"`
    Name     string `json:"name"`
    Password string `json:"password"`
}
```

4）插入数据。Gorm 中 db.Save（）和 db.Create（）方法均可插入数据，根据构造好的结构体对象，直接调用 db.Save（）方法就可以插入一条记录了，示例如下。

```
//创建用户
GormUser : = GormUser{
    Phone:    "18988888888",
    Name:     "Shirdon",
    Password: md5Password("666666"), //用户密码
}
db.Save(&GormUser) //保存到数据库
//db.Create(&GormUser) //Create()方法用于插入数据
```

5）删除数据。Gorm 中删除数据一般先用 db.Where（）方法构造查询条件，再调用 db.Delete（）方法进行删除，示例如下。

```
//删除用户
var GormUser = new(GormUser)
db.Where("phone = ?", "13888888888").Delete(&GormUser)
```

6）查询数据。Gorm 中查询数据先用 db.Where（）方法构造查询条件，再使用 db.Count（）方法计算数量。如果要获取对象，则可以使用 db.Find（&GormUser）来查询。如果只需要查一

条记录，则可以使用 db. First（&GormUser）来查询，示例如下。

```
var GormUser = new(GormUser)
db.Where("phone = ?", "18988888888").Find(&GormUser)
//db.First(&GormUser, "phone = ?", "18988888888")
fmt.Println(GormUser)
```

7）更新数据。Gorm 中更新数据使用 Update( ) 方法，示例如下。

```
var GormUser = new(GormUser)
db.Model(&GormUser).Where("phone = ?", "18988888888").
Update("phone", "13888888888")
```

8）错误处理。Gorm 中调用 db. Error( ) 方法就能获取到错误信息，示例如下。

```
var GormUser = new(GormUser)
err := db.Model(&GormUser).Where("phone = ?", "18988888888").
    Update("phone", "13888888888").Error
if err != nil {
    //...
}
```

9）事务处理。Gorm 中事务的处理也很简单，用 db. Begin( ) 方法声明开启事务，结束的时候调用 tx. Commit( )方法，异常的时候调用 tx. Rollback( ) 方法回滚。事务处理的示例如下。

```
//开启事务
tx := db.Begin()

GormUser := GormUser{
    Phone:    "18988888888",
    Name:     "Shirdon",
    Password: md5Password("666666"), //用户密码
}
if err := tx.Create(&GormUser).Error; err != nil {
    //事务回滚
    tx.Rollback()
    fmt.Println(err)
}
db.First(&GormUser, "phone = ?", "18988888888")
//事务提交
tx.Commit()
```

10）日志处理。Gorm 中还可以使用如下方式设置日志输出级别以及改变日志输出地方。

```
db.LogMode(true)
db.SetLogger(log.New(os.Stdout, "\r\n", 0))
```

④ **Beego ORM** 的使用

Beego ORM 是一个功能很强的 Go 语言 ORM 框架。它的灵感主要来自 Django ORM 和 SQ-

LAlchemy。它支持 Go 语言中所有的类型存储，允许直接使用原生的 SQL 语句，采用 CRUD 风格能够轻松上手，能进行关联表查询，并允许跨数据库兼容查询。在 Beego 中，数据库和 Go 语言对应的映射关系如下。

- 数据库的表（table）-- > 结构体（struct）。
- 记录（record，行数据）-- > 结构体实例对象（object）。
- 字段（field）-- > 对象的属性（attribute）。

Beego ORM 安装很简单，只需要在命令行终端输入如下命令。

```
$ go get github.com/astaxie/beego/orm
```

在使用 ORM 操作 MySQL 数据库之前，必须要导入 MySQL 数据库驱动。如果没有安装 MySQL 驱动，则应该先安装，安装命令如下。

```
$ go get github.com/go-sql-driver/mysql
```

下面通过一个具体的示例来熟悉 Beego ORM 的使用。

（1）定义表结构

创建一个名为 beego_user 的表，SQL 语句如下。

```
CREATE TABLE `beego_user` (
  `id` int(10) unsigned NOT NULL AUTO_INCREMENT COMMENT '自增 ID',
  `name` varchar(20) DEFAULT '' COMMENT '名字',
  `phone` varchar(20) DEFAULT '' COMMENT '电话',
  PRIMARY KEY (`id`)
) ENGINE = InnoDB DEFAULT CHARSET = utf8
```

（2）定义模型

定义一个名为 BeegoUser 的结构体模型，示例如下。

```
type BeegoUser struct {
    Id    int
    Name  string
    Phone string
}
```

（3）插入数据

插入数据只需要调用 Insert( ) 方法即可，示例如下。

```
type BeegoUser struct {
    Id    int
    Name  string
    Phone string
}

func main() {
```

```
        o : = orm.NewOrm()
        user : = new(BeegoUser)
        user.Name = "Shirdon"
        user.Phone = "18988888888"
        fmt.Println(o.Insert(user))
    }
```

（4）查询数据

查询数据方法很简单，直接用 Read( ) 方法即可，示例如下。

```
    user : =BeegoUser{}
    //先对主键 id 赋值, 查询数据的条件就是 where id = 6
    user.Id = 6

    //通过 Read()函数查询数据
    //等价 sql: select *  from beego_user where id = 6
    err : = o.Read(&user)

    if err ==orm.ErrNoRows {
        fmt.Println("查询不到")
    } else if err ==orm.ErrMissPK {
        fmt.Println("找不到主键")
    } else {
        fmt.Println(user.Id, user.Name)
    }
```

如果有数据，则会返回如下结果。

```
    6 Shirdon
```

（5）更新数据

如果要更新某行数据，则先要给模型赋值，然后调用 Update( )方法即可，示例如下。

```
    user : =BeegoUser{}
    //先对主键 id 赋值, 查询数据的条件就是 where id = 7
    user.Id = 6
    user.Name = "James"

    num, err : = o.Update(&user)
    if err != nil {
        fmt.Println("更新失败")
    } else {
        fmt.Println("更新数据影响的行数:", num)
    }
```

（6）删除数据

删除数据首先要制定主键 id，然后调用 Delete( ) 方法即可，示例如下。

```
user := BeegoUser{}
//先对主键 id 赋值，查询数据的条件就是 where id=7
user.Id = 7

if num, err := o.Delete(&user); err != nil {
    fmt.Println("删除失败")
} else {
    fmt.Println("删除数据影响的行数:", num)
}
```

（7）原生 SQL 查询

使用 SQL 语句直接操作 Raw() 函数，返回一个 RawSeter 对象，用于对设置的 SQL 语句和参数进行操作，示例如下。

```
o := orm.NewOrm()
var rorm.RawSeter
r = o.Raw("UPDATE user SET name = ? WHERE name = ?", "jack", "jim")
```

（8）事务处理

事务处理时，在 SQL 语句的开头调用 Begin() 方法，中间编写执行的 SQL 语句，最后判断如果有异常则执行 Rollback() 方法回滚，如果正常则执行 Commit() 方法提交，示例如下。

```
o.Begin()
user1 := BeegoUser{}
//赋值
user1.Id = 6
user1.Name = "James"

user2 := BeegoUser{}
//赋值
user2.Id = 12
user2.Name = "Wade"

_, err1 := o.Update(&user1)
_, err2 := o.Insert(&user2)
//检测事务执行状态
if err1 != nil ||err2 != nil {
    // 如果执行失败,则回滚事务
    o.Rollback()
} else {
    // 如果任务执行成功,则提交事务
    o.Commit()
}
```

（9）调试模式打印查询语句

简单地设置 Debug 为 true，打印查询语句。

```
orm.Debug = true
var w io.Writer
//设置为 io.Writer
orm.DebugLog = orm.NewLog(w)
```

3.6 Go Redis 使用技巧

▶▶ 3.6.1 Go Redis 常见处理技巧

Go 语言操作 Redis 的客户端包有很多，比如 redigo、go-redis 等。相对来说，redigo 包的使用方法很简单，所以本节采用 redigo 包为例来讲解。

首先，在命令行终端输入如下命令下载包。

```
$ go get github.com/garyburd/redigo/redis
```

然后通过 import 命令导入包，即可进行 Redis 相关的操作，命令如下。

```
import "github.com/garyburd/redigo/redis"
```

通过 Dial( ) 函数来连接 Redis，当任务完成时，应用程序必须调用 Close( ) 函数来完成操作，示例如下。

代码路径：chapter3/3.6-redis1.go。

```
package main

import (
    "fmt"
    "github.com/garyburd/redigo/redis"
)

func main() {
    conn, err := redis.Dial("tcp", "127.0.0.1:6379")
    if err != nil {
        fmt.Println("connect redis server:", err)
        return
    }
    fmt.Println(conn)
    defer conn.Close()
}
```

通过使用 Conn 接口中的 Do( ) 方法执行 Redis 命令。可以使用 Go 的类型断言或者 reply 辅助函数将返回的 interface{ } 转换为对应类型，示例如下。

代码路径：chapter3/3.6-redis2.go。

```
package main

import (
    "fmt"
    "github.com/garyburd/redigo/redis"
)

func main() {
    conn, err := redis.Dial("tcp", "127.0.0.1:6379")
    if err != nil {
        fmt.Println("connect redis error:", err)
        return
    }
    defer conn.Close()

    _, err = conn.Do("SET", "Shirdon", "18")
    if err != nil {
        fmt.Println("redis set error:", err)
    }
    name, err := redis.String(conn.Do("GET", "Shirdon"))
    if err != nil {
        fmt.Println("redis get error:", err)
    } else {
        fmt.Printf("Get name: % s \n", name)
    }
}
```

▶▶ 3.6.2　使用 Go Redis 实现排行榜功能

Redis 有序集合（Sorted Set）和集合一样也是 string 类型元素的集合，且属于不允许重复的成员，不同的是每个元素都会关联一个 double 类型的分数，这个分数主要用于集合元素排序。

排行榜功能是一个很普遍的需求。使用 Redis 有序集合的特性来实现排行榜是又好又快的选择。一般排行榜都是有实效性的，比如"用户积分榜"等。如果没有实效性一直按照总榜来排，则榜首可能总是那几个老用户，对于新用户来说，就没有积分的动力。

以"今日积分榜"为例，其排序规则是今日用户新增积分从多到少排序。每次用户增加积分时，Redis 都会操作一下记录当天积分增加的有序集合。假设在 2021 年 7 月 1 日，UID 为 1 的用户因为某个操作，增加了 5 个积分。Redis 命令如下。

```
>ZINCRBY rank:20210701 5 1
```

假设还有其他几个用户也增加了积分，命令如下。

```
> ZINCRBY rank:20210701 12ZINCRBY rank:20210701 103
```

现在查看有序集合 "rank:20210701" 中的数据（withscores 参数可以附带获取元素的 score），命令如下。

```
> ZRANGE rank:20210701 0 -1 withscores
```

按照分数从高到低，获取 Top10，命令如下。

```
> ZREVRANGE rank:20210701 0 9 withscores
```

那么查询上周积分榜 Top10 的信息就可以通过如下命令获取。

```
> ZREVRANGE rank:last_week  0 9 withscores
```

"月度榜""季度榜""年度榜"等以此类推。

Go Redis 通过集合实现排行榜的示例如下。

代码路径：chapter3/3.6.2-rank1.go。

```go
package main

import (
    "fmt"
    "github.com/garyburd/redigo/redis"
)

func main() {
    conn, err := redis.Dial("tcp", "127.0.0.1:6379")
    if err != nil {
        fmt.Println("connect redis error:", err)
        return
    }
    defer conn.Close()
    //集合中增加用户分数
    _, err = conn.Do("ZADD", "score", 99, "Jack")
    if err != nil {
        panic(err)
    }
    //集合中批量增加用户分数
    _, err = conn.Do("ZADD", "score", 97, "James", 85, "Shirdon")
    if err != nil {
        panic(err)
    }
    //获取成员个数
    result, err := conn.Do("ZCARD", "score")
    if err != nil {
```

```
        panic(err)
    }
    fmt.Println(result)

    //取出并升序排序
    scoreMap, err := redis.StringMap(conn.Do("ZREVRANGE", "score", 0, 2, "withscores"))
    for name := rangescoreMap {
        fmt.Println(name, scoreMap[name])
    }

    //取出并降序排序
    scoreMap, err = redis.StringMap(conn.Do("ZRANGE", "score", 0, 1, "withscores"))
    for name := rangescoreMap {
        fmt.Println(name, scoreMap[name])
    }

    //取出 Shirdon 的分数
    score, err := redis.Int(conn.Do("ZSCORE", "score", "Shirdon"))
    if err != nil {
        panic(err)
    }
    fmt.Println(score)

    //移除集合中的某一个或者多个成员
    result, err = conn.Do("ZREM", "score", "Shirdon")
    if err != nil {
        panic(err)
    }
    fmt.Println(result)
}
```

3.7 Go gRPC 使用

▶▶ 3.7.1 什么是 gRPC

　　gRPC 是谷歌开源的一款跨平台、高性能的 RPC 框架，可以在任何环境下运行。在实际开发过程中，主要使用它来进行后端微服务的开发。

　　在 gRPC 中，客户端应用程序可以像本地对象那样直接调用另一台计算机的服务器应用程序上的方法，从而更容易创建分布式应用程序和服务。与许多 RPC 系统一样，gRPC 基于定义服务的思想，可以通过设置参数和返回类型来远程调用方法。在服务器端，实现这个接口并运行 gRPC 服务器来处理客户端调用。客户端提供的方法与服务器端的方法相同。

　　图 3-13 所示，gRPC 客户端和服务器端可以在各种环境中运行和相互通信，并且可以用

gRPC 支持的任何语言编写。因此，可以用 Go 语言创建一个 gRPC 服务器，同时供 PHP 客户端
和 Android 客户端等多个客户端调用，从而突破开发语言的限制。

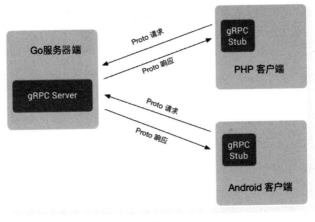

● 图 3-13

▶▶ 3.7.2 Go gRPC 的使用

本节详细介绍如何使用 gRPC 框架搭建一个基础的 RPC 项目。

（1）安装 protobuf

如果要使用 gRPC，必须先安装 protobuf。protobuf 的安装方法很简单，进入官方网址，选
择对应系统的版本进行下载即可，如图 3-14 所示。

● 图 3-14

下载完成后，解压该文件，在文件夹的根目录依次输入设置编译目录和 make 编译命令即可。

1）设置编译目录。

```
$ ./configure --prefix = /usr/local/protobuf
```

2）make 编译安装。先执行 make 编译，在编译成功后再运行 install 命令，如下所示。

```
$ make
$ make install
```

3）配置环境变量。如果 make 安装完成，则可打开 . bash_profile 文件并编辑，执行如下命令。

```
$ cd ~
$ vim .bash_profile
```

然后在打开的 bash_profile 文件末尾添加如下配置。

```
export PROTOBUF = /usr/local/protobuf
export PATH = $ PROTOBUF/bin: $ PATH
```

编辑完成后，通过如下 source 命令使文件生效。

```
$ source .bash_profile
```

编辑完成后，在命令行终端输入如下命令，即可返回版本信息。

```
$ protoc --version
libprotoc 3.13.0
```

（2）安装 Go 语言 protobuf 包

安装 protobuf 后，还要安装 Go 语言 protobuf 包。方法很简单，在命令行终端输入如下命令。

```
$ go get -u github.com/golang/protobuf/proto
$ go get -u github.com/golang/protobuf/protoc-gen-go
```

go get 命令执行完后，进入刚才下载的目录 src/github. com/golang/protobuf 中，复制 protoc-gen-go 文件夹到/usr/local/bin/目录中。

```
$ cp -r protoc-gen-go  /usr/local/bin/
```

配置好环境变量后，Go 语言 protobuf 开发环境就搭建完成了。

（3）定义 protobuf 文件

接下来定义 protobuf 文件。首先，新建一个名为 student. proto 的文件，代码如下。

代码路径：chapter3/protobuf/student. proto。

```
syntax = "proto3";   //指定语法格式
package  proto;      //指定生成的 student.pb.go 的包名
```

```
//定义开放调用的服务
service StudentService {
//定义服务内的 GetStudentInfo 远程调用
  rpc  GetStudentInfo (Request) returns (Response) {
  }
}

message  Request {
  string   name = 1;
}

//定义服务端响应的数据格式
message  Response {
  int32 uid = 1;
  string  username = 2;
  string  grade = 3;
  repeated  stringgoodAt = 4;
}
```

然后通过 protoc 命令编译 proto 文件，在 student. proto 文件所在目录生成对应的 go 文件，运行命令如下。

```
$ protoc --go_out = plugins = grpc:.. /student.proto
```

如果运行成功，则会在同一个目录生成一个名为 programmer. pb. go 的文件。

（4）服务器端代码编写

代码编写的步骤如下。

1）实现 GetProgrammerInfo 接口。

2）使用 gRPC 建立服务，监听端口。

3）将实现的服务注册到 gRPC 中去。

服务器端示例代码如下。

代码路径：chapter3/3. 7-grpc-server. go。

```
package main

import (
    "fmt"
    pb "gitee.com/shirdonl/goAdvanced/chapter3/protobuf"
    "golang.org/x/net/context"
    "google.golang.org/grpc"
    "log"
    "net"
)

//定义服务结构体
```

```go
type StudentServiceServer struct{}

func (p *StudentServiceServer) GetStudentInfo(ctx context.Context, req *pb.Request)
(resp *pb.Response, err error) {
    name := req.Name
    if name == "barry" {
        resp = &pb.Response{
            Uid:      8,
            Username: name,
            Grade:    "6",
            GoodAt:   []string{"语文", "英语", "数学", "计算机"},
        }

    }
    err = nil
    return
}

func main() {
    port := ":8078"
    l, err := net.Listen("tcp", port)
    if err != nil {
        log.Fatalf("listen error: % v \n", err)
    }
    fmt.Printf("listen % s \n", port)
    s := grpc.NewServer()
    // 将 StudentService 注册到 gRPC
    // 注意第 2 个参数 StudentServiceServer 是接口类型的变量
    pb.RegisterStudentServiceServer(s, &StudentServiceServer{})
    s.Serve(l)
}
```

写好服务器端代码后，在文件所在目录打开命令行终端，输入如下命令启动服务器端。

```
$ go run 3.7-grpc-server.go
```

（5）客户端代码编写

服务器端启动后，就实现了一个利用 **gRPC** 创建的 **RPC** 服务了。但无法直接调用它，还需要实现一个调用服务器端的客户端，代码如下。

代码路径：chapter3/3. 7-grpc-client. go。

```go
package main

import (
    "fmt"
    pb "gitee.com/shirdonl/goAdvanced/chapter3/protobuf"
```

```
        "golang.org/x/net/context"
        "google.golang.org/grpc"
        "log"
    )

    func main() {
        conn, err := grpc.Dial(":8068", grpc.WithInsecure())
        if err != nil {
            log.Fatalf("dial error: % v\n", err)
        }

        defer conn.Close()

        // 实例化
        client := pb.NewStudentServiceClient(conn)

        // 调用服务
        req := new(pb.Request)
        req.Name = "barry"
        resp, err := client.GetStudentInfo(context.Background(), req)
        if err != nil {
            log.Fatalf("resp error: % v\n", err)
        }

        fmt.Printf("Recevied: % v\n", resp)
    }
```

写好客户端代码后，在文件所在目录打开命令行终端，输入如下命令启动客户端。

```
    $ go run 3.7-grpc-client.go
    Recevied: uid:8  username:"barry"  grade:"6"  goodAt:"语文"  goodAt:"英语"  goodAt:"
数学"  goodAt:"计算机"
```

至此，已经介绍了使用 gRPC 进行简单微服务开发的方法。通过 gRPC，可以很方便地开发分布式的 Go Web 应用程序。

3.8 【实战】使用 gRPC 开发一个简易分布式爬虫系统

一般来说，设计一个简单爬虫系统的步骤如下。

1）明确目标：要知道在哪个范围或者网站去搜索。

2）爬：将网站所有的内容全部爬下来。

3）取：去掉没用的数据。

4）处理数据：按照需要的方式存储和使用。

下面通过实战开发一个并发的 Web 爬虫来加深对并发版爬虫的理解。该爬虫通过 RPC 来实现分布式服务。首先，Master RPC 服务器会分配任务到若干个 Worker 服务器，每一个 Worker 服务器会通过 RPC 调用爬虫的对应方法（例如 crawler. Do( )方法）来爬取对应的网页，工作流程如图 3-15 所示。

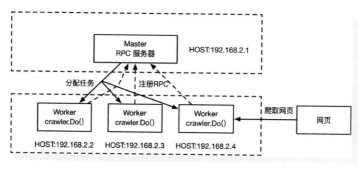

● 图 3-15

① 分析目标网站的规律

示例目标是爬取 GitHub 的 Go 语言热门项目的页面数据。首先，进入 GitHub 首页，搜索关键字 go，会得到链接地址，然后分析 URL 地址规律，根据 URL 地址规律进行爬虫系统的编写。

1）进入 GitHub 首页，搜索关键字 go，得到的 URL 如下。

https://github. com/search? q = go&type = Repositories&p = 1

2）单击 "下一页"，得到的地址如下。

https://github. com/search? p = 2&q = go&type = Repositories

通过对比分析可以看到，GitHub 的分页参数是 p，所以通过改变参数 p 可以快速获取其他页面的数据，进而实现一个简单快速的爬取方法。

② 编写爬虫代码

1）编写一个函数来获取某个 URL 页面的内容。这里定义一个名为 Get( )的函数，其代码如下。

```go
func Get(url string) (result string, err error) {
    resp, err1 := http.Get(url)
    if err != nil {
        err = err1
        return
    }
    defer resp.Body.Close()
    //爬取网页的内容
    buf := make([]byte, 4* 1024)
    for true {
```

```
            n, err : = resp.Body.Read(buf)
            if err != nil {
                if err == io.EOF {
                    fmt.Println("文件读取完毕")
                    break
                } else {
                    fmt.Println("resp.Body.Read err = ", err)
                    break
                }
            }
            result + = string(buf[:n])
        }
        return
    }
```

2）定义一个名为 SpiderPage( )的函数来循环不同的页面，并将获取的每个页面的内容分别保存到对应的文件中，代码如下。

```
//将所有的网页内容爬取下来
func SpiderPage(url string) {
    fmt.Printf("正在爬取% s \n", url)
    result, err : = Get(url)
    if err != nil {
        fmt.Println("http.Get err = ", err)
        return
    }
    //把内容写入文件
    filename : = "page" + url + ".html"
    f, err1 : = os.Create(filename)
    if err1 != nil {
        fmt.Println("os.Create err = ", err1)
        return
    }
    //写内容
    f.WriteString(result)
    //关闭文件
    f.Close()
}
```

3）使用 go 关键字让每个页面都单独运行一个 goroutine。单独定义一个名为 Do( )的函数，该函数有两个参数，可以设置开始页数和结束页数，代码如下。

```
func Do(urls []string) {
    //因为很有可能爬虫程序还没有结束,下面的循环就已经结束了,所以这里需要用到通道
    for _,url : = range urls {
```

```
        //var url string
        //将 page 阻塞
        go SpiderPage(url)
    }
}
```

③ 编写分布式算法

（1）定义 RPC 参数和调用方法

代码路径：chapter3/distribute/rpcCall. go。

```
package distribute

import (
    "fmt"
    "net/rpc"
)
//定义 RPC 参数
type DoJobArgs struct {
    JobType string
    Urls    []string
}

//定义 RPC 调用返回结果
type DoJobReply struct {
    OK bool
}

//定义 RPC 注册参数
type RegisterArgs struct {
    Worker string
}

//定义 RPC 注册返回参数
type RegisterReply struct {
    OK bool
}

//定义 RPC 调用方法
func call(srv string, rpcName string,
    args interface{}, reply interface{}) bool {
    c, err := rpc.DialHTTP("tcp", srv)
    if err != nil {
        return false
    }
    defer c.Close()

    err = c.Call(rpcName, args, reply)
```

```
    if err == nil {
        return true
    }
    fmt.Println(err)
    return false
}
```

（2）定义主任务及其相关方法

1）定义主任务结构体和子任务信息结构体并初始化，代码如下。

```
//定义主任务结构体
type Master struct {
    addr string
    regChan        chan string
    workDownChan   chan string
    jobChan        chan string
    workers        map[*WorkInfo]bool
}

//定义子任务信息结构体
type WorkInfo struct {
    workAddr string
}

//初始化
func initMaster(addr string) (m *Master, err error) {
    m = &Master{}
    m.addr = addr
    m.regChan = make(chan string)
    m.jobChan = make(chan string, 2)
    m.workers = make(map[*WorkInfo]bool)
    return m, err
}
```

2）获取 URL，代码如下。

```
//获取 URL
func getUrls(jobChan chan string)  {
    for i : = 0; i <= 10; i ++ {
        url : = "https://github.com/search? q = go&type = Repositories&p = 1" + strconv.
Itoa((i-1) * 50)
        jobChan <- url
    }

}
```

3）运行主服务器，启动 RPC 主任务并分配子任务。

```go
//运行主服务器
func RunMaster(addr string) {
    m, err := initMaster(addr)
    if err != nil {
        fmt.Println("注册主任务错误:" + err.Error())
        return
    }

    //启动 RPC 主任务
    go startRpcMaster(m)
    getUrls(m.jobChan)

    //定义子任务地址
    workAddr := "127.0.0.1:8082"
    work := &WorkInfo{workAddr: workAddr}
    m.workers[work] = true
    fmt.Println("注册子任务:", work.workAddr)

    //分配子任务
    dispatchJob(work, m)

    fmt.Println(" == == == =主任务运行结束 == == == =")
    for {
        select {
        //当通道获取子任务发送过来的地址时
        caseworkAddr := <-m.regChan:
            work := &WorkInfo{workAddr: workAddr}
            m.workers[work] = true
            fmt.Println("注册子任务: ", work.workAddr)

            dispatchJob(work, m)
        }
    }
}

//分发任务
func dispatchJob(workInfo *WorkInfo, m *Master) {
    //组装 RPC 参数
    //urls := []string{"www.baidu.com"}

    var urls []string
    for i := 0;i < 10;i ++ {
        url := <- m.jobChan // 从通道中获取 URL
        urls = append(urls, url)
    }
    args := &DoJobArgs{}

    args.JobType = "Crawler"
```

```
    args.Urls = urls
    //定义任务回复结构体
    var replyDoJobReply
    //RPC 调用子任务
    err := call(workInfo.workAddr, "Worker.DoJob", args, &reply)
    if err == true {
        m.workers[workInfo] = false;
        fmt.Println("分配任务成功到地址: " + workInfo.workAddr)
    }
}

//注册 RPC 子任务
func (m *Master) Register(args *RegisterArgs, res *RegisterReply) error {
    m.regChan <- args.Worker
    return nil
}

func startRpcMaster(m *Master) {
    rpc.Register(m)
    rpc.HandleHTTP()
    err := http.ListenAndServe(m.addr, nil)
    if err != nil {
        fmt.Println("注册服务器错误:接收错误:", err)
    }
    rpcServer := rpc.NewServer()
    rpcServer.Register(m)
    _, e := net.Listen("tcp", m.addr)
    if e != nil {
        fmt.Println("运行子任务:", m.addr, " 错误: ", e)
    }
    fmt.Println("开启 RPC 主任务成功!")
}
```

(3) 定义子任务及其相关方法

1) 定义子任务结构体并初始化。

```
//子任务结构体
type Worker struct {
    addr            string
    addUrlChannel chan bool
}

//初始化子任务
func initWorker(addr string) *Worker {
    w := &Worker{}
    w.addr = addr
```

```
    w.addUrlChannel = make(chan bool)
    return w
}
```

2）注册 RPC 后，定义 RPC 处理函数，并运行子任务。

```
//运行子任务
func RunWorker(mAddr, wAddr string) {
    fmt.Println("== == == =子任务开始== == == =")
    w := initWorker(wAddr)
    //开启 RPC 任务
    go startRpcWorker(w)
    register(mAddr, w.addr)
    fmt.Println("== == == =子任务结束== == == =")
    for {
        select {
        case <- w.addUrlChannel:
            fmt.Println("添加 URL 到通道成功")
        }
    }
}

//注册 RPC
func register(mAddr, wAddr string) {
    args := &RegisterArgs{}
    args.Worker = wAddr
    var reply RegisterReply
    call(mAddr, "Master.Register", args, &reply)
}

//执行 RPC 子任务
func (w *Worker) DoJob(args *DoJobArgs, res *DoJobReply) error {
    switch args.JobType {
    case "Crawler":
        //执行爬虫
        crawler.Do(args.Urls)
        //添加 URL 到通道成功
        w.addUrlChannel <- true
    }
    return nil
}

//开启 RPC 任务
func startRpcWorker(w *Worker) {
    //注册 RPC
    rpc.Register(w)
    //处理 HTTP
    rpc.HandleHTTP()
    err := http.ListenAndServe(w.addr, nil)
```

```
    fmt.Println("注册 RPC 错误:", err)
    rpcServer := rpc.NewServer()
    rpcServer.Register(w)
    _, e := net.Listen("tcp", w.addr)
    if e != nil {
        fmt.Println("运行子任务:", w.addr, " 错误: ", e)
    }
}
```

（4）定义 main（）函数与运行爬虫

```
func main() {
    if len(os.Args) < 2 {
        sz := 100
        p := make([]int, sz)
        p[2] = 5
        fmt.Printf("% s: 使用日志请查看文件: % d\n", os.Args[0], * (*int)(unsafe.Pointer(uintptr(unsafe.Pointer(&p[0])) + 2*unsafe.Sizeof(p[0]))))
        return
    }
    switch os.Args[1] {
    case "master":
        if len(os.Args) == 3 {
            distribute.RunMaster(os.Args[2])
        }
    case "worker":
        if len(os.Args) == 4 {
            distribute.RunWorker(os.Args[2], os.Args[3])
        }
    }
}
```

分别打开两个命令行终端，分别输入如下命令，即可开启分布式爬虫服务。如果正常运行，则可爬取相应的 GitHub 页面数据，并将文件保存在当前目录中。

```
$ go run 3.8-distribute-crawer.go master 127.0.0.1:8806
$ go run main.go 3.8-distribute-crawer.go 127.0.0.1:8806 127.0.0.1:8808 &
```

本小节完整代码详见 chapter3/3. 8-distribute-crawer. go。

3.9 回顾和启示

本章通过对"Go Web 基础""Go HTTP2 编程""Go HTTP3 编程""Go Socket 编程""Go MySQL 使用技巧""Go Redis 使用技巧""Go gRPC 使用""【实战】使用 gRPC 开发一个简易分布式爬虫系统" 8 个小节的讲解，帮助读者深入学习 Go Web 高级应用的方法和技巧，逐步向更高水平迈进。

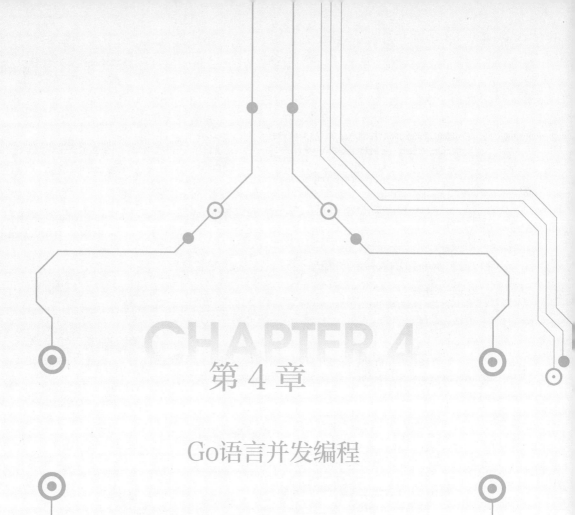

第 4 章

Go语言并发编程

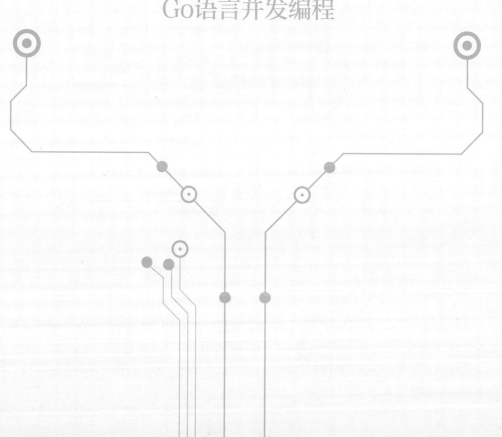

本章通过对微服务的深入剖析，让读者可以更快地掌握 Go 微服务的原理，并进行实战开发。

4.1 并发编程基础

① 什么是并发

并发（Concurrent）是指在 CPU 中同一时刻只能有一条指令执行，多个进程指令被快速地轮换执行。从宏观上看，是多个进程同时执行。但从微观上看，这些进程并不是同时执行的，只是把时间分成若干段，多个进程快速交替地执行。

在操作系统中进程的并发是：CPU 把一个时间段划分成几个时间片段（时间区间），进程在这几个时间片段之间来回切换处理的过程。由于 CPU 处理的速度非常快，只要时间间隔处理得当，就可让用户感觉是多个进程同时在进行，如图 4-1 所示。

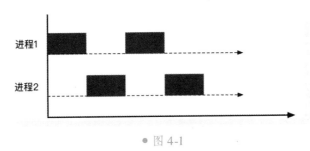

● 图 4-1

② 什么是并行

并行（Parallel）是指在同一时刻有多条指令在多个处理器上同时执行。如果系统有一个以上 CPU，当一个 CPU 在执行一个进程时，另一个 CPU 可以执行另一个进程，两个进程互不抢占 CPU 资源，可以同时进行。

其实决定进程并行的因素不是 CPU 的数量，而是 CPU 核心的数量。比如一个 CPU 多个核也可以并行，如图 4-2 所示。

● 图 4-2

严格意义上来说，并行的多个任务是真实的同时执行。而并发只是交替地执行，一会儿运行任务 1，一会儿又运行任务 2，系统会不停地在两者间切换。但对于外部观察者来说，即使多个任务是串行并发的，也会有并行执行的错觉。

并发和并行是既相似又有区别的两个概念，并行是指两个或者多个事件在同一时刻发生；而并发是指两个或多个事件在同一时间间隔内发生。在多道程序环境下，并发性是指在一段时间内宏观上有多个程序在同时运行，但在单处理机系统中，每一时刻却仅能有一道程序执行，故微观上这些程序只能是分时地交替执行。倘若在计算机系统中有多个处理机，则这些并发执行的程序便可被分配到多个处理机上，实现并行执行，即利用每个处理机来处理一个可并发执行的程序。

4.2 计算机常见并发模型

计算机常见并发模型有"线程和锁""演员模型""通信顺序进程"等，下面简单介绍一下。

▶▶ 4.2.1 线程和锁

线程有时被称为轻量级进程（Lightweight Process，LWP），是程序执行流的最小单元。一个标准的线程由线程 ID、当前指令指针（PC）、寄存器集合和堆栈组成。另外，线程是进程中的一个实体，是被系统独立调度和分派的基本单位。线程自己不拥有系统资源，只拥有一点在运行中必不可少的资源，但它可与同属一个进程的其他线程共享进程所拥有的全部资源。

所谓的锁，可以理解为内存中的一个整型数，拥有两种状态：空闲状态和上锁状态。加锁时，判断锁是否空闲，如果空闲，修改为上锁状态，返回成功。如果已经上锁，则返回失败。解锁时，则把锁状态修改为空闲状态。

通过锁机制，能够保证在多核多线程环境中，在某一个时间点上，只能有一个线程进入临界区代码，从而保证临界区中操作数据的一致性。

为什么需要锁？锁是 sync 包中的核心，它主要有两个方法，分别是加锁（Lock）和解锁（Unlock）。在并发的情况下，多个线程或协程同时去修改一个变量，使用锁能保证在某一时间内，只有一个协程或线程修改这一变量。不使用锁时，在并发的情况下可能无法得到想要的结果，示例如下。

代码 chapter4/sync1.go。

```
package main

import (
```

```
        "fmt"
        "time"
    )

    func main() {
        var b = 0
        for i := 0; i < 10; i ++ {
            go func(idx int) {
                b += 1
                fmt.Println(b)
            }(i)
        }
        time.Sleep(time.Second)
    }
```

从理论上来说，上面的程序会将 b 的值依次递增输出，然而实际结果却是下面这样。

```
3
4
5
1
7
6
9
2
8
10
```

通过运行结果可以看出 b 的值并不是按顺序递增输出的，这是为什么呢? 主要是因为没有加锁。

协程的执行顺序如下。

1) 从寄存器读取 b 的值。

2) 然后做加法运算。

3) 最后写到寄存器。

按照上面的顺序，假如有一个 goroutine 取得 b 的值为 3，然后执行加法运算，此时又有一个 goroutine 对 b 进行取值，得到的值同样是 3，最终两个 goroutine 的返回结果是相同的。

而锁的概念就是，当一个 goroutine 正在处理 b 时将 b 锁定，其他 goroutine 需要等待该 goroutine 处理完成并将 b 解锁后才能进行操作，也就是说处理 b 的 goroutine 只能有一个，从而避免上面示例中的情况出现。

针对上面的问题，可以通过 sync 的锁机制来得到正确的结果，示例如下。

代码路径: chapter4/sync2. go。

```
package main

import (
    "fmt"
    "sync"
    "time"
)

func main() {
    var mutex sync.Mutex
    wait := sync.WaitGroup{}
    var b = 0
    for i := 0; i < 10; i++ {
        wait.Add(1)
        go func(idx int) {
            mutex.Lock()
            b += 1
            fmt.Println(b)
            mutex.Unlock()
            defer wait.Done()
        }(i)
    }
    time.Sleep(time.Second)
    wait.Wait()
}
```

▶▶ 4.2.2 演员模型

演员模型（Actor Model）是一种并发运算上的模型。"演员"是一种程序上的抽象概念，被视为并发运算的基本单元。当一个演员接收到一则消息，它可以做出一些决策、创建更多的演员、发送更多的消息，并决定要如何回答接下来的消息。演员可以修改它们自己的私有状态，但是只能通过消息间接地相互影响（避免了基于锁的同步）。

演员模型由 Carl Hewitt、Peter Bishop 及 Richard Steiger 在 1973 年发表的论文中提出。它已经被用作并发计算的理论框架和并发系统的实现基础。演员模型由 Erlang 的开源电信平台（Open Telecom Platform，OTP）推广。

开源电信平台，又译为开放电信平台，以 Erlang 写成的应用程序服务器，用于开发分布式的、高容错性的 Erlang 应用程序，其消息传递更加符合面向对象的原始意图。

演员模型推崇的哲学是"一切皆是演员"，这与面向对象编程的"一切皆是对象"类似。

演员是一个运算实体，响应接收到的消息，相互间是并发的，其特点如下。

1）发送有限数量的消息给其他演员。

2）创建有限数量的新演员。

3）指定接收到下一个消息时要用到的行为。

以上动作不含有顺序执行的假设，因此可以并行进行。发送者与已发送通信的解耦，是演员模型的根本优势，演员模型启用了异步通信并将控制结构当作消息传递的模式。消息接收者是通过地址区分的，有时也被称作"邮件地址"。因此演员只能和拥有地址的演员通信。它可以通过接收到的信息获取地址，或者获取它创建的演员的地址。演员模型的特征是：演员内部或相互之间的计算本质上是并发性的；演员可以动态创建；演员地址包含在消息中；交互只有通过直接的异步消息传递通信；不限制消息到达的顺序。

▶▶ 4.2.3 通信顺序进程

通信顺序进程（Communicating Sequential Processes，CSP）最早出现于东尼·霍尔在 1978 年发表的论文中，用于描述两个独立的并发实体通过共享通道（channel）进行通信的并发模型。Go 语言就是借用 CSP 并发模型的一些概念为之实现并发的，但是 Go 语言并没有完全实现 CSP 并发模型的所有理论，仅仅是实现了"协程"和"通道"这两个概念。"协程"类似于 Go 语言中的 goroutine，goroutine 之间是通过 channel 通信来实现数据共享的。

Go 实现了以下两种并发形式。

1）多线程共享内存。其实就是 Java 或者 C++等语言中的多线程开发。常见访问共享变量、线程安全的数据结构等。

2）CSP（communicating sequential processes）并发模型。

关于多线程共享内存形式，最核心的是用锁来同步，关于同步的常用技巧，会在 4.6 节中进行讲解。

与演员模型类似，CSP 模型也是由独立的、并发执行的实体组成，实体之间也是通过发送消息进行通信。但两种模型的重要差别是：CSP 模型不关注发送消息的实体，而是关注发送消息时使用的通道（channel）。通道是第一类对象，它不像进程那样与信箱是紧耦合的，而是可以单独创建和读写，并在进程之间传递。

4.3 Go 语言并发模型

Go 语言最大的特色就是从语言层面支持并发 goroutine，goroutine 是 Go 语言中最基本的执行单元。事实上每一个 Go 程序至少有一个 goroutine：主 goroutine。当程序启动时，它会自动创建。为了更好地理解 goroutine，下面讲一下线程和协程的概念。

线程（thread）：前文已有介绍，这里不再赘述。需要补充的是，线程拥有自己独立的栈和共享的堆，共享堆，不共享栈，线程的切换一般也由操作系统调度。

协程（coroutine）：又称微线程与子例程（或称为函数），协程（coroutine）也是一种程序组件。相对子例程而言，协程更为灵活，但在实践中没有子例程那样使用广泛。和线程类似，共享堆，不共享栈，协程的切换一般由程序员在代码中显式控制。它避免了上下文切换的额外耗费，兼顾了多线程的优点，简化了高并发程序的复杂。

goroutine 和其他语言的协程（coroutine）在使用方式上类似，但从字面意义上来看不同（一个是 goroutine、一个是 coroutine）。再就是协程是一种协作任务控制机制，在最简单的意义上，协程不是并发的，而 goroutine 支持并发。因此 goroutine 可以理解为一种 Go 语言的协程。同时它可以运行在一个或多个线程上。

Go 语言只需要在函数名之前加上 go 关键字即可启动一个 goroutine，示例如下。

```
func loop() {
    for i : = 0; i < ; i ++ {
        fmt.Printf("% d ", i)
    }
}

func main() {
    go loop() //启动一个goroutine
    loop()
}
```

通过上面的示例可以看到，利用 go 关键字很方便就实现了并发编程。多个 goroutine 运行在同一个进程里面，共享内存数据。Go 语言遵循"不要通过共享来通信，而要通过通信来共享"的原则。

Go 语言的线程模型就是一种特殊的两级线程模型，称之为 GMP 模型。

• M 是 Machine 的缩写，一个 M 直接关联了一个内核线程。

• P 是 Processor 的缩写，代表了 M 所需的上下文环境，也是处理用户级代码逻辑的处理器。

• G 是 Goroutine 的缩写，其实本质也是一种轻量级的线程或者协程。

如图 4-3 所示，一个 M 会对应一个内核线程，一个 M 也会连接 一个上下文 P，一个上下文 P 相当于一个"处理器"，一个上下文连接一个或者多个 goroutine。P 的数量是

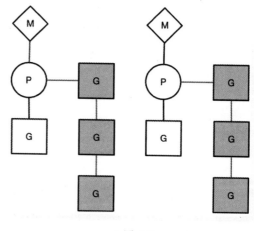

• 图 4-3

在启动时被设置为环境变量 GOMAXPROCS 的值，或者通过运行时调用函数 runt-ime. GOMAXPROCS( )进行设置。Processor 数量固定意味着任意时刻只有固定数量的线程在运行 Go 代码。goroutine 中就是要执行并发的代码。图 4-3 中白色的 G 表示正在执行的 goroutine；处于待执行状态的 goroutine 为灰色的，灰色的 goroutine 形成了一个队列。Go 语言线程实现模型如图 4-4 所示。

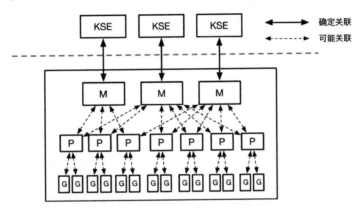

● 图 4-4

上下文 P 存在的意义是，当 M 上的 goroutine 进行系统调用被阻塞时，可以将 P 交由其他的 M 继续进行 goroutine 的执行，即不阻塞业务代码。

上下文 P 会定期地检查全局 goroutine 队列中的 goroutine，以便自己在消费掉自身 goroutine 队列的时候有事可做。假如全局 goroutine 队列中的 goroutine 也没了，就从其他 P 的运行队列里面取。

每个 P 中的 goroutine 不同导致它们运行的效率和时间也不同，在一个有很多 P 和 M 的环境中，不能让一个 P 运行完自身的 goroutine 就没事可做了，因为或许其他的 P 有很长的 goroutine 队列要运行，得需要均衡。

限于篇幅，本书不做进一步深入讲解，感兴趣的读者可以自行去 Go 语言官网查阅相关资料。

4.4 Go 语言常见并发设计模式

通道是一个重要的概念，下面几种模式的设计都依赖于通道。

▶▶ 4.4.1 屏障模式

屏障模式（Barrier Mode）顾名思义就是一种屏障，用来阻塞 goroutine 直到聚合所有 goroutine 返回结果，可以使用通道来实现。该模式在并发应用中非常常见。例如：有一个微服务应用中的某个服务需要通过归并组合另外 3 个微服务返回的结果作为当前这个服务的结果。

屏障模式通过同步阻塞来实现屏障操作，直到组成该返回结果所依赖的其他一个或多个不同协程或者线程（微服务）的结果都被得到。在 Go 语言中，虽然标准库中提供了一些同步源语，如锁机制等，但是更惯用的方法是通过通道来实现的。屏障模式使用场景如下。

1）多个网络请求并发，聚合结果。

2）粗粒度任务拆分并发执行，聚合结果。

同步屏障模式的目标如下。

1）组合来自一个或多个协程的同类型结果。

2）控制来自多个不同协程的数据传输通道，保证没有不一致的数据被返回。我们不希望因为数据通道中，数据返回了一个错误导致收集到的数据不完整。

下面通过实现一个 HTTP 的 GET 请求返回结果的收集器来熟悉该模式。如图 4-5 所示，其中实线表示一个请求函数 doRequest( )，虚线表示返回结果通道 chan BarrierResponse。

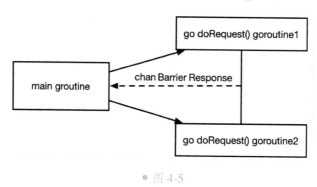

● 图 4-5

图4-5 中，主协程 main goroutine 开启两个子协程 goroutine1 与 goroutine2 处理请求，并通过一个公共通道返回处理结果，示例代码如下。

代码路径：chapter4/4.4.1-goroutine1.go。

```go
package main

import (
    "fmt"
    "io/ioutil"
    "net/http"
    "time"
)

//屏障模式响应结构体
type BarrierResponse struct {
```

```
        Err     error
        Resp    string
        Status int
}

//构造请求
func doRequest(out chan <- BarrierResponse, url string) {
    res := BarrierResponse{}

    //设置 HTTP 客户端
    client := http.Client{
        Timeout: time.Duration(20 *time.Second),
    }

    //执行 GET 请求
    resp, err := client.Get(url)
    if resp != nil {
        res.Status = resp.StatusCode
    }
    if err != nil {
        res.Err = err
        out <- res
        return
    }

    byt, err := ioutil.ReadAll(resp.Body)
    defer resp.Body.Close()
    if err != nil {
        res.Err = err
        out <- res
        return
    }

    res.Resp = string(byt)
    //将获取的结果数据放入通道
    out <- res
}

//合并结果
func Barrier(urls ...string) {
    requestNumber := len(urls)

    in := make(chan BarrierResponse, requestNumber)
    response := make([]BarrierResponse, requestNumber)

    defer close(in)

    for _, urls := range urls {
```

```
            go doRequest(in, urls)
        }

        var hasError bool
        for i := 0; i < requestNumber; i++ {
            resp := <-in
            if resp.Err != nil {
                fmt.Println("ERROR: ", resp.Err, resp.Status)
                hasError = true
            }
            response[i] = resp
        }
        if ! hasError {
            for _, resp := range response {
                fmt.Println(resp.Status)
            }
        }
    }

func main() {
    //执行请求
    Barrier([]string{"https://www.baidu.com/",
        "https://www.weibo.com",
        "https://www.shirdon.com/"}...)
}
```

▶▶ 4.4.2　未来模式

未来模式（Future Mode）也称为承诺模式（Promise Mode），常用在异步处理方面。未来模式采用的是一种"fire-and-forget"方式，意思是主进程不等子进程执行完就直接返回，然后等到未来执行完的时候再去取结果。在 Go 语言中由于 goroutine 的存在，实现这种模式比较容易。

未来模式中主 goroutine 不用等待子 goroutine 返回的结果，可以先去做其他事情，等未来需要子 goroutine 结果的时候再来取。如果子 goroutine 还没有返回结果，则一直等待。

举个例子，比如我们打算沏茶，那么就需要放茶叶、烧水。放茶叶、烧水这两个步骤相互之间没有依赖关系，是独立的，那么就可以同时做。但是最后做沏茶这个步骤就需要放好茶叶、烧好水之后才能进行。这个沏茶的场景就适用未来模式。以上过程的示例代码如下。

```
//放茶叶
func putInTea() <-chan string {
    vegetables := make(chan string)
    go func() {
```

```
        time.Sleep(5 *time.Second)
        vegetables <- "茶叶已经放入茶杯~"
    }()
    return vegetables
}

//烧水
func boilingWater() <-chan string {
    water := make(chan string)
    go func() {
        time.Sleep(5 *time.Second)
        water <- "水已经烧开~"
    }()
    return water
}
```

放茶叶和烧水这两个相互独立的任务可以一起做，所以示例中通过开启 goroutine 的方式，实现同时做的功能。当任务完成后，结果会通过通道（channel）返回。

提示：示例中的等待 5s 用来描述放茶叶和烧水的耗时。

在启动两个子 goroutine 同时去放茶叶和烧水的时候，主 goroutine 就可以去干点其他事情（示例中是休息 2s）。等休息好了，要沏茶的时候，就需要放好茶叶到杯子中和烧好的水，最后将烧好的水倒入杯子就可以完成泡茶的整个流程。以上过程的示例代码如下。

```
func main() {
    teaCh := putInTea()        //放茶叶
    waterCh := boilingWater() //烧水
    fmt.Println("已经安排放茶叶和烧水,休息2s~")
    time.Sleep(2 *time.Second)

    fmt.Println("沏茶了,看看茶叶和水好了吗?")
    tea := <-teaCh
    water := <-waterCh
    fmt.Println("准备好了,可以沏茶了:", tea, water)
}
//已经安排放茶叶和烧水,休息2s~
//沏茶了,看看茶叶和水好了吗?
//准备好了,可以沏茶了: 茶叶已经放入茶杯~ 水已经烧开~
```

未来模式下的 goroutine 和普通模式下的 goroutine 最大的区别是可以返回结果，而这个结果会在未来的某个时间点使用。所以在未来获取这个结果的操作必须是一个阻塞的操作，要一直等到获取结果为止。

如果大任务可以拆解为多个独立并发执行的小任务，并且通过这些小任务的结果可以得出最终大任务的结果，则可以使用未来模式。

▶▶ 4.4.3 管道模式

管道模式（Pipeline Mode）也称为流水线模式，其模拟的就是现实世界中的生产流水线。以计算机组装为例，整条生产流水线可能有成百上千道工序，每道工序只负责自己的事情，最终经过一道道工序组装，就完成了一台计算机的生产。

从技术上看，每一道工序的输出，就是下一道工序的输入，在工序之间传递的东西就是数据，而传递的数据称为数据流。

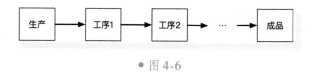

● 图 4-6

如图 4-6 所示，从最开始的生产，经过工序 1、2、3、4、…到最终成品，这就是一条比较形象的流水线。

现在以组装计算机为例，讲解流水线模式的使用。假设一条组装计算机的流水线有 3 道工序，分别是配件采购、配件组装、打包成品，如图 4-7 所示。

如图 4-7 所示，采购的配件通过通道（channel）传递给工序 2 进行组装，然后再通过通道传递给工序 3 打包成品。相对工序 2 来说，工序 1 是生产者，工序 3 是消费者；相对工序 1 来说，工序 2 是消费者；相对工序 3 来说，工序 2 是生产者。

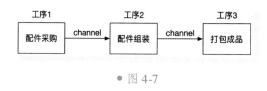

● 图 4-7

```go
//工序1采购
func Buy(n int) <-chan string {
    out := make(chan string)
    go func() {
        defer close(out)
        for i := 1; i <= n; i ++ {
            out <- fmt.Sprint("配件", i)
        }
    }()
    return out
}
```

首先定义一个采购函数 Buy()，它有一个参数 n，可以设置要采购多少套配件。采购代码的实现逻辑是通过 for 循环产生配件，然后放到通道类型的变量 out 里，最后返回这个 out，调用者就可以从 out 中获得配件。

有了采购好的配件，就可以开始组装了，示例代码如下。

```
//工序 2 组装
func Build(in <-chan string) <-chan string {
    out := make(chan string)
    go func() {
        defer close(out)
        for c := range in {
            out <- "组装(" + c + ")"
        }
    }()
    return out
}
```

组装函数 Build( ) 有一个通道类型的参数 in，用于接收配件进行组装。组装后的计算机放到通道类型的变量 out 中返回。

有了组装好的计算机，就可以放在精美的包装盒中售卖了。而包装的操作是工序 3 完成的，对应的函数是 Pack( )，示例代码如下。

```
//工序 3 打包
func Pack(in <-chan string) <-chan string {
    out := make(chan string)
    go func() {
        defer close(out)
        for c := range in {
            out <- "打包(" + c + ")"
        }
    }()
    return out
}
```

函数 Pack( ) 的代码实现和组装函数 Build( ) 基本相同，这里不再赘述。

流水线上的三道工序都完成后，就可以通过一个组织者把三道工序组织在一起，形成一条完整的计算机组装流水线。这个组织者可以是常用的 main( ) 函数，示例代码如下。

```
func main() {
    //采购 6 套配件
    accessories := Buy(6)
    //组装 6 台计算机
    computers := Build(accessories)
    //打包它们以便售卖
```

```
        packs : = Pack(computers)
        //输出测试
        for p : = range packs {
            fmt.Println(p)
        }
    }
//打包(组装(配件1))
//打包(组装(配件2))
//打包(组装(配件3))
//打包(组装(配件4))
//打包(组装(配件5))
//打包(组装(配件6))
```

从上述例子可以看出，一个流水线模式的构成如下。

1）流水线由一道道工序构成，每道工序通过通道把数据传递到下一个工序。

2）每道工序一般会对应一个函数，函数里有协程和通道，协程一般用于处理数据并把它放入通道中，每道工序会返回这个通道以供下一道工序使用。

3）最终要有一个组织者（示例中的 main( ) 函数）把这些工序串起来，这样就形成了一个完整的流水线，对于数据来说就是数据流。

在图 4-8 中的 3 个 goroutine 是同时执行的，通过缓冲通道（Buffer Channel）将三者串起来。只要前一个工序的 goroutine 处理完一部分数据，就往下传递，达到并行的目的。

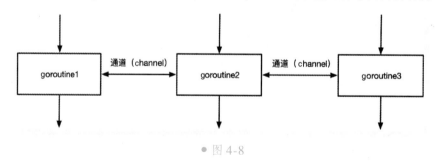

● 图 4-8

为了加深理解，用 Go 语言的流水线模式实现一个功能：给定一个切片，然后求它子项的平方和。例如，如果给定的切片为 [1，2，3，4，5]，则它子项的平方和为：$1^2 + 2^2 + 3^2 + 4^2 + 5^2 = 55$。

按照正常的逻辑，需要先遍历切片，然后求平方的累加和。如果使用管道模式，则可以把求和与求平方拆分出来并行计算，示例代码如下。

代码路径：chapter4/4.4.3-goroutine1. go。

```
package main

import (
```

```go
    "fmt"
)

//工序1:数组生成器,生成一个数组
func Generator(max int) <-chan int {
    out : = make(chan int, 100)
    go func() {
        for i : = 1; i <= max; i ++ {
            out <- i
        }
        close(out)
    }()
    return out
}

//工序2:求一个整数的平方
func Square(in <-chan int) <-chan int {
    out : = make(chan int, 100)
    go func() {
        for v : = range in {
            out <- v * v
        }
        close(out)
    }()
    return out
}

//工序3:求和
func Sum(in <-chan int) <-chan int {
    out : = make(chan int, 100)
    go func() {
        var Sum int
        for v : = range in {
            Sum + = v
        }
        out <- Sum
        close(out)
    }()
    return out
}

func main() {
    // [1, 2, 3, 4, 5]
    //工序1:生成数组
    arr : = Generator(5)
    //工序2:求数组每一个元素的平方
```

```
        squ := Square(arr)
        //工序3:求所有元素的和
        sum := <-Sum(squ)
        //打印
        fmt.Println(sum)
    }
    //55
```

▶▶ 4.4.4 扇出和扇入模式

扇出（Fan-out）是指多个函数可以从同一个通道读取数据，直到该通道关闭。扇入（Fan-in）是指一个函数可以从多个输入中读取数据并继续进行，直到所有输入都关闭。扇出和扇入模式的方法是将输入通道多路复用到一个通道上，当所有输入都关闭时，该通道才关闭。

4.4.3 小节的流水线模式经过一段时间的运转，组织者发现产能提不上去，经过调研分析，发现瓶颈在工序 2 配件组装上。由于工序 2 过慢，导致了上游工序 1 配件采购速度不得不降下来，同时下游工序 3 没太多事情做，不得不闲下来，这就是整条流水线产能低下的原因。

为了提升产能，组织者决定对工序 2 增加两班人手。人手增加后，整条流水线的示意图如图 4-9 所示。

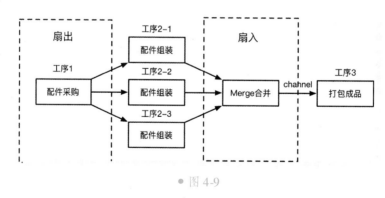

● 图 4-9

从改造后的流水线示意图可以看到，工序 2 共有工序 2-1、工序 2-2、工序 2-3 三班人手，工序 1 采购的配件会被工序 2 的三班人手同时组装，这三班人手组装好的计算机会同时传给 Merge 组件汇聚，然后再传给工序 3 打包成品。在这个流程中，会产生两种模式：扇出和扇入。

图 4-9 中左边虚线框中的部分是扇出，对于工序 1 来说，它同时为工序 2 的三班人手传递数据（采购配件）。以工序 1 为端点，三条传递数据的线发散出去，就像一把打开的扇子一样，所以叫扇出。

图 4-8 中右边虚线框中的部分是扇入，对于 Merge 组件来说，它同时接收工序 2 三班人手传递的数据（组装的计算机）进行汇聚，然后传给工序 3。以 Merge 组件为端点，三条传递数

据的线汇聚到 Merge 组件，也像一把打开的扇子一样，所以叫扇入。

提示： 扇出和扇入都像一把打开的扇子，因为数据传递的方向不同，所以叫法也不一样。扇出的数据流向是发散传递出去，是输出流；扇入的数据流向是汇聚进来，是输入流。

已经理解了扇出、扇入的原理，就可以开始改造流水线了。这次改造中，三道工序的实现函数 Buy( )、Build( )、Pack( ) 都保持不变，只需要增加一个 Merge( ) 函数即可，示例代码如下。

```go
//扇入函数(组件),把多个通道中的数据发送到一个通道中
func Merge(ins ...<-chan string) <-chan string {
    var wg sync.WaitGroup
    out := make(chan string)
    //把一个通道中的数据发送到 out 中
    p := func(in <-chan string) {
        defer wg.Done()
        for c := range in {
            out <- c
        }
    }
    wg.Add(len(ins))
    //扇入,需要启动多个 goroutine 用于处理多个通道中的数据
    for _, cs := range ins {
        go p(cs)
    }
    //等待所有输入的数据 ins 处理完,再关闭输出 out
    go func() {
        wg.Wait()
        close(out)
    }()
    return out
}
```

新增的 Merge( ) 函数的核心逻辑就是对输入的每个通道使用单独的 goroutine 处理，并将每个 goroutine 处理的结果都发送到变量 out 中，达到扇入的目的。总结起来就是通过多个 goroutine 并发处理，把多个通道合成一个。

在整条计算机组装流水线中，Merge( ) 函数非常小，而且和业务无关，不能当作一道工序，可以称为组件。该 Merge 组件是可以复用的，流水线中的任何工序需要扇入的时候，都可以调用 Merge 组件。

提示： 这次的改造新增了 Merge( ) 函数，其他函数保持不变，符合开闭原则。开闭原则规定 "软件中的对象（类、模块、函数等）应该对于扩展是开放的，但是对于修改是封闭的"。

有了可以复用的 Merge 组件，现在来看流水线的组织者 main( ) 函数是如何使用扇出和扇

入并发模式的，示例代码如下。

```go
func main() {
    //采购12套配件
    accessories := Buy(12)
    //组装12台计算机
    computers1 := Build(accessories)
    computers2 := Build(accessories)
    computers3 := Build(accessories)
    //汇聚三个通道成一个
    computers := Merge(computers1, computers2, computers3)
    //打包它们以便售卖
    packs := Pack(computers)
    //输出测试
    for p := range packs {
        fmt.Println(p)
    }
}
```

这个示例采购了 12 套配件，也就是开始增加产能了。于是同时调用三次 Build( ) 函数，也就是为工序 2 增加人手，这里是三班人手同时组装配件。然后通过 Merge( )组件将三个通道汇聚为一个，最后传给 Pack( ) 函数打包。

这样通过扇出和扇入模式，整条流水线就被扩充好了，大大提升了生产效率。因为已经有了通用的扇入组件 Merge，所以整条流水线中任何需要扇出、扇入提高性能的工序，都可以复用 Merge 组件做扇入，并且不用做任何修改。

▶▶ 4.4.5　协程池模式

协程池模式是常见的并发设计模式。在 Go 语言中 goroutine 已经足够轻量了，甚至 net/http 的服务器的处理方式也是每一个请求一个 goroutine，所以对比其他语言来说可能场景稍微少一些。每个 goroutine 的初始内存消耗都较小，但当有大批量任务的时候，需要运行很多 goroutine 来处理，这会给系统带来很大的内存开销和垃圾回收（Garbage Collection，GC）的压力，这个时候就可以考虑一下协程池。

Go 语言协程池示例如下。

代码路径：chapter4/4.4.5-goroutine1.go。

```go
package main

import (
    "fmt"
    "sync"
```

```
    "sync/atomic"
)

//任务处理器
type TaskHandler func(interface{})

//定义任务结构体
type Task struct {
    Param   interface{}
    Handler TaskHandler
}

//协程池接口
type WorkerPoolImpl interface {
    AddWorker()      // 增加 worker
    SendTask(Task) // 发送任务
    Release()        // 释放
}

//协程池
type WorkerPool struct {
    wg   sync.WaitGroup
    inCh chan Task
}

//添加 worker
func (d *WorkerPool) AddWorker() {
    d.wg.Add(1)
    go func() {
        for task : = range d.inCh {
            task.Handler(task.Param)
        }
        d.wg.Done()
    }()
}

//释放
func (d *WorkerPool) Release() {
    close(d.inCh)
    d.wg.Wait()
}

//发送任务
func (d *WorkerPool) SendTask(t Task) {
    d.inCh <- t
}

//实例化
```

```
func NewWorkerPool(buffer int) WorkerPoolImpl {
    return &WorkerPool{
        inCh: make(chan Task, buffer),
    }
}

func main() {
    //设置缓冲大小
    bufferSize := 100
    var workerPool = NewWorkerPool(bufferSize)
    workers := 4
    for i := 0; i < workers; i ++ {
        workerPool.AddWorker()
    }

    var sum int32
    testFunc := func(i interface{}) {
        n := i.(int32)
        atomic.AddInt32(&sum, n)
    }
    var i, n int32
    n = 100
    for ; i < n; i ++ {
        task := Task{
            i,
            testFunc,
        }
        workerPool.SendTask(task)
    }
    workerPool.Release()
    fmt.Println(sum)
}
//4950
```

协程池使用了反射来获取执行的函数及参数。但是如果批量执行的函数是已知的，则可以优化成一种只执行指定函数的协程池，能够提升性能。

本小节完整代码见 chapter4/4.4.5-goroutine.go。

▶▶ 4.4.6 发布-订阅模式

在软件架构中，发布-订阅（Publish Subscribe）是一种基于消息通知的并发设计模式。发布-订阅模式也是一种消息通知模式，发布者发送消息，订阅者接收消息。消息的发送者（称为发布者）不会将消息直接发送给特定的接收者（称为订阅者），而是将发布的消息分为不同的类别，无须了解哪些订阅者（如果有的话）可能存在。同样的，订阅者可以表达对一个或

多个类别的兴趣，只接收感兴趣的消息，无须了解哪些发布者（如果有的话）存在，如图4-10
所示。

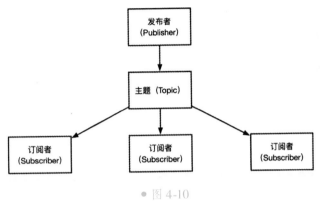

● 图 4-10

发布-订阅模式的 Go 语言代码实现如下。

首先，定义发布者结构体，代码如下。

```
//发布者结构体
type Publisher struct {
    // subscribers 是程序的核心,订阅者都会注册在这里,
    // publisher 发布消息的时候也会从这里开始
    subscribers map[Subscriber]TopicFunc
    buffer      int            //订阅者的缓冲区长度
    timeout     time.Duration // publisher 发送消息的超时时间
    // m 用来保护 subscribers
    //当修改 subscribers 的时候(即新加订阅者或删除订阅者)使用写锁
    //当向某个订阅者发送消息的时候(即向某个 Subscriber channel 中写入数据),使用读锁
    m sync.RWMutex
}
```

再定义主题和订阅者结构体，代码如下。

```
type (
    //订阅者通道
    Subscriber chan interface{}
    //主题函数
    TopicFunc func(v interface{}) bool
)
```

然后，编写相关方法，代码如下。

```
//发布者订阅方法
func (p *Publisher) Subscribe() Subscriber {
    return p.SubscribeTopic(nil)
```

```
    }

    //发布者订阅主题
    func (p *Publisher) SubscribeTopic(topic TopicFunc) Subscriber {
        ch := make(Subscriber, p.buffer)
        p.m.Lock()
        p.subscribers[ch] = topic
        p.m.Unlock()

        return ch
    }

    //Delete 删除某个订阅者
    func (p *Publisher) Delete(sub Subscriber) {
        p.m.Lock()
        defer p.m.Unlock()
        delete(p.subscribers, sub)
        close(sub)
    }

    //发布者发布消息
    func (p *Publisher) Publish(v interface{}) {
        p.m.RLock()
        defer p.m.RUnlock()

        var wg sync.WaitGroup
        //同时向所有订阅者写消息,订阅者利用 topic 过滤消息
        for sub, topic := range p.subscribers {
            wg.Add(1)
            go p.sendTopic(sub, topic, v, &wg)
        }

        wg.Wait()
    }

    //关闭 Publisher,删除所有订阅者
    func (p *Publisher) Close() {
        p.m.Lock()
        defer p.m.Unlock()

        for sub := range p.subscribers {
            delete(p.subscribers, sub)
            close(sub)
        }
    }

    //发送主题
    func (p *Publisher) sendTopic(sub Subscriber, topic TopicFunc, v interface{}, wg *sync.
WaitGroup) {
```

```
        defer wg.Done()

        if topic != nil && ! topic(v) {
            return
        }

        select {
        case sub <- v:
        case <-time.After(p.timeout):
        }
    }
```

最后，编写 main( )函数，代码如下。

```
func main() {
    //实例化
    p := NewPublisher(100*time.Millisecond, 10)
    defer p.Close()

    //订阅者订阅所有消息
    all := p.Subscribe()
    //订阅者仅订阅包含 golang 的消息
    golang := p.SubscribeTopic(func(v interface{}) bool {
        if s, ok := v.(string); ok {
            return strings.Contains(s, "golang")
        }
        return false
    })

    //发布消息
    p.Publish("hello, world!")
    p.Publish("hello,golang!")

    //加锁
    var wg sync.WaitGroup
    wg.Add(2)

    //开启 goroutine
    go func() {
        for msg := range all {
            _, ok := msg.(string)
            fmt.Println(ok)
        }
        wg.Done()
    }()

    //开启 goroutine
    go func() {
```

```
        for msg : = range golang {
            v, ok : = msg.(string)
            fmt.Println(v)
            fmt.Println(ok)
        }
        wg.Done()
    }()
    p.Close()
    wg.Wait()
}
//hello,golang!
//true
//true
//true
```

4.5 同步常用技巧

针对 goroutine 的并发问题，最好的解决办法就是通过同步包 sync 进行处理。本节将针对同步包 sync 的原理和技巧进行详细讲解。

▶▶ 4.5.1 竞态

Go 语言以容易构建高并发和性能优异而闻名。但是，伴随着并发的使用，可能发生可怕的数据争用竞态问题。而一旦遇到竞态问题，由于其不知道什么时候发生，这将是难以发现和调试的一种错误。

下面是一个发生数据竞态的示例，代码如下。

```
func main() {
    fmt.Println(getNum())
}

func getNum() int {
    var i int
    go func() {
        i =8
    }()

    return i
}
```

在上面的示例中，getNum() 函数先声明一个变量 i，之后在 goroutine 中单独对 i 进行设置。而这时程序也正在从函数中返回 i，由于不知道 goroutine 是否已完成对 i 值的修改，因此，将会有以下两种操作发生。

1）goroutine 先完成对 i 值的修改，最后返回的 i 值被设置为 8。

2）变量 i 的值直接从函数返回，结果为默认值 0。

现在，根据这两个操作中的哪一个先完成，输出的结果将是 0（默认整数值）或 8。这就是为什么将其称为数据竞态：从 getNum( ) 函数返回的值会根据 1）或 2）哪个操作先完成而确定。

为了避免竞态的问题，Go 提供了许多解决方案，比如通道阻塞、互斥锁等，这些内容会在接下来的几节中进行详细讲解。

▶▶ 4.5.2　互斥锁

（1）sync. Mutex 的定义

在 Go 语言中，sync. Mutex 是一个结构体对象，用于实现互斥锁，适用于读写不确定的场景，即读写次数没有明显的区别，并且只允许有一个读或者写的场景，所以该锁也叫作"全局锁"。

sync. Mutex 结构体由 state 和 sema 两个字段组成。其中，state 表示当前互斥锁的状态，而 sema 是用于控制锁状态的信号量。

Mutex 结构体的定义如下。

```
type Mutex struct {
    state int32
    sema uint32
}
```

（2）sync. Mutex 的方法

sync. Mutex 结构体对象有 Lock( )、Unlock( ) 两个方法。Lock( ) 方法用于加锁，Unlock( ) 方法用于解锁。使用 Lock( ) 方法加锁后，便不能再次对其进行加锁（如果再次加锁，则会造成死锁问题）。直到利用 Unlock( ) 方法对其解锁后，才能再次加锁。

Mutex 结构体的 Lock( ) 方法的定义如下。

```
func (m *Mutex) Lock()
```

Mutex 结构体的 Unlock( ) 方法的定义如下。

```
func (m *Mutex) Unlock()
```

用 Unlock( ) 方法解锁 Mutex，如果 Mutex 未加锁，则会导致运行时错误。

提示：Lock( ) 和 Unlock( ) 方法的使用注意事项如下。

1）在一个 goroutine 获得 Mutex 后，其他 goroutine 只能等这个 goroutine 释放该 Mutex。

2）在使用 Lock()方法加锁后，不能再继续对其加锁，直到利用 Unlock()方法解锁后才能再加锁。

3）在 Lock()方法之前使用 Unlock()方法会导致 panic 异常。

4）已经锁定的 Mutex 并不与特定的 goroutine 相关联，这样可以利用一个 goroutine 对其加锁，再利用其他 goroutine 对其解锁。

5）在同一个 goroutine 中的 Mutex，解锁之前再次进行加锁，会导致死锁。

6）适用于读写不确定，并且只有一个读或者写的场景。

▶▶ 4.5.3 读写互斥锁

（1）读写互斥锁的定义

在 Go 语言中，读写互斥锁（sync. RWMutex）是一个控制 goroutine 访问的读写锁。该锁可以加多个读锁或者一个写锁，其经常用于读次数远远多于写次数的场景。

RWMutex 结构体组合了 Mutex 结构体，其定义如下。

```
type RWMutex struct {
    w Mutex
    writerSem uint32
    readerSem uint32
    readerCount int32
    readerWait int32
}
```

（2）读写互斥锁的方法

写操作的 Lock()和 Unlock()方法的定义如下。

```
func (*RWMutex) Lock()
func (*RWMutex) Unlock()
```

对于写锁，如果在添加写锁之前已经有其他的读锁和写锁，则 Lock()方法就会阻塞，直到该写锁可用。为确保该写锁最终可用，已阻塞的 Lock()方法会调用从获得的写锁中排除新的读取器。即写锁权限高于读锁，有写锁时优先进行写锁。

读操作的 Rlock()和 RUnlock()的定义如下。

```
func (*RWMutex) Rlock()
func (*RWMutex) RUnlock()
```

如果已有写锁，则无法加载读锁。当只有读锁或者没有锁时，才可以加载读锁。读锁可以加载多个，所以适用于"读多写少"的场景。

读写互斥锁在读锁占用的情况下，会阻止写，但不阻止读。即多个 goroutine 可以同时获取读锁（读锁调用 RLock( )方法，而写锁调用 Lock( )方法），会阻止任何其他 goroutine（无论读和写）进来，整个锁相当于由该 goroutine 独占。

sync. RWMutex 适用于读锁和写锁分开的情况。

提示：使用注意事项如下。

1）RWMutex 是单写的读锁，该锁可以加载多个读锁或者一个写锁。

2）读锁占用的情况下会阻止写，不会阻止读，多个 goroutine 可以同时获取读锁。

3）写锁会阻止其他 goroutine（无论读和写）进来，整个锁由该 goroutine 独占。

4）适用于读多写少的场景。

▶▶ 4.5.4 只执行一次

在 Go 语言中，sync. Once 是一个结构体，用于解决一次性初始化问题。它的作用与 init( ) 函数类似，其作用是使方法只执行一次。

但其和 init( )函数也有所不同：init( )函数是在文件包首次被加载时才执行，且只执行一次；而 sync. Once 结构体是在代码运行中需要时执行，且只执行一次。

在很多场景中，需要确保某些操作在高并发的场景下只执行一次，例如只加载一次配置文件、只关闭一次通道等。

sync. Once 结构体的定义如下。

```
type Once struct {
    done uint32
    m    Mutex
}
```

sync. Once 结构体的内部包含一个互斥锁和一个布尔值。互斥锁保证布尔值和数据的安全，布尔值用来记录初始化是否完成。这样就能保证初始化操作时是并发安全的，并且初始化操作也不会被执行多次。

sync. Once 结构体只有一个 Do( )方法，该方法的定义如下。

```
func (o* Once) Do(f func())
```

使用 sync. Once 结构体来实现的示例如下。

```
type SingTon struct{
}

var instance *SingTon
var once sync.Once

func Once() *SingTon{
```

```
        once.Do(func (){
            instance = &SingTon{}
        })
        return instance
    }
```

以上代码中，通过 once. Do( )方法实现了单例。

▶▶4.5.5 等待组

在 Go 语言中，sync. WaitGroup 是一个结构体对象，用于等待一组线程的结束。

在 sync. WaitGroup 结构体对象中只有 3 个方法：Add( )、Done( )、Wait( )。

（1）Add( )方法

Add( )方法的定义如下。

```
    func (*WaitGroup) Add()
```

Add( )方法向内部计数器加上 delta，delta 可以是负数。如果内部计数器变为 0，则 Wait( )方法会将阻塞等待的所有 goroutine 释放。如果计数器小于 0，则调用 panic( )函数。

提示：Add( )方法加上正数的调用应在 Wait( )方法之前，否则 Wait( )方法可能只会等待很少的 goroutine。一般来说，Add( )方法应在创建新的 goroutine 或者其他应等待的事件之前调用。

（2）Done( )方法

Done( )方法的定义如下。

```
    func (wg *WaitGroup) Done()
```

Done( )方法会减少 WaitGroup 计数器的值，一般在 goroutine 的最后执行。

（3）Wait( )方法

Wait( )方法的定义如下。

```
    func (wg *WaitGroup) Wait()
```

Wait( )方法会阻塞，直到 WaitGroup 计数器减为 0。

（4）Add( )、Done( )、Wait( )对比

在以上 3 个方法中，Done( )方法是 Add（-1）方法的别名。简单来说，使用 Add( )方法增加计数；使用 Done( )方法减掉一个计数。如果计数不为 0，则会阻塞 Wait( )方法的运行。一个 goroutine 调用 Add( )方法来设定应等待的 goroutine 数量。每个被等待的 goroutine 在结束时应调用 Done( )方法。同时，在主 goroutine 里可以调用 Wait( )方法阻塞至所有 goroutine 结束。

▶▶ 4.5.6   竞态检测器

4.5.1 节中已经简单介绍了竞态。在实战开发中，为了避免出现并发上的错误，Go 语言提供了一个精致且易于使用的竞态分析工具——竞态检测器。

竞态检测器的使用方法很简单，把 "-race" 命令行参数加到 "go build，go run，go test" 命令中即可，形式如下。

```
$ go run -race xxx.go
```

该方法是在程序运行时检测。它会让编译器为应用或测试构建一个修订后的版本。

竞态检测器会检测事件流，找到那些有问题的代码。当使用一个 goroutine 将数据写入一个变量时，如果中间没有任何同步的操作，这时有另一个 goroutine 也对该变量进行写入操作，则这个时候就有对共享变量的并发访问，即数据竞态。竞态检测器会检测出所有正在运行的数据竞态。

提示：竞态检测器只能检测那些在运行时发生的竞态，无法用来保证程序肯定不会发生竞态。

▶▶ 4.5.7   并发安全字典

Go 语言中的 map（并发安全字典）在并发情况下，只读是线程安全的，同时读写是线程不安全的。下面讲解并发情况下读写 map 时会出现的问题，代码如下。

```
//创建一个 int 到 int 的映射
m := make(map[int]int)
//开启一段并发代码
go func() {
    //不停地对 map 进行写入
    for {
        m[1] = 1
    }
}()
//开启一段并发代码
go func() {
    //不停地对 map 进行读取
    for {
        _ = m[1]
    }
}()
//无限循环，让并发程序在后台执行
for {
}
```

运行代码会报错，输出结果如下。

```
无限循环!
无限循环!
无限循环!
无限循环!
无限循环!
无限循环!
无限循环!
fatal error:无限循环!
无限循环!
concurrent map read and map write 无限循环!
无限循环!

无限循环!
```

错误信息显示，并发地对 map 读和写，也就是说使用两个并发函数不断地对 map 进行读和写而发生了竞态问题，map 内部会对这种并发操作进行检查并提前发现。需要并发读写时，一般的做法是加锁，但这样性能并不高。Go 语言在 1.9 版本中提供了一种效率较高的、并发安全的方式——sync.Map。sync.Map 和 map 不同，不是以语言原生形态提供，而是 sync 包下的特殊结构。sync.Map 有以下特性。

1）无须初始化，直接声明即可。

2）sync.Map 不能使用 map 的方式进行取值和设置等操作，而是使用 sync.Map 的方法进行调用，Store 表示存储、Load 表示获取、Delete 表示删除。

● 使用 Range 配合一个回调函数进行遍历操作，通过回调函数返回内部遍历出来的值。Range 参数中回调函数的返回值，在需要继续迭代遍历时，返回 True；在终止迭代遍历时，返回 False。

并发安全的 sync.Map 示例代码如下。

代码路径：chapter4/4.5.7-sync-map1.go。

```go
package main

import (
    "fmt"
    "sync"
)

func main() {
    var scene sync.Map
    // 将键值对保存到 sync.Map
    scene.Store("Jack", 90)
    scene.Store("Barry", 99)
```

```
scene.Store("ShirDon", 100)
// 从 sync.Map 中根据键取值
fmt.Println(scene.Load("Barry"))
// 根据键删除对应的键值对
scene.Delete("Jack")
// 遍历所有 sync.Map 中的键值对
scene.Range(func(k, v interface{}) bool {
    fmt.Println("iterate:", k, v)
    return true
})
}
//99 true
//iterate:Barry 99
//iterate:ShirDon 100
```

sync. Map 没有提供获取 map 数量的方法，替代方法是，在获取 sync. Map 时遍历自行计算数量。sync. Map 为了保证并发安全有一些性能损失，因此在非并发情况下，使用 map 相比使用 sync. Map 会有更好的性能。

4.6　goroutine 使用技巧

Go 语言最大的特色之一就是从语言层面支持并发，goroutine 是 Go 语言中最基本的执行单元。在实战开发中，也是最容易出错的地方之一，接下来总结一下 goroutine 的常用技巧。

▶▶ 4.6.1　限制并发数量

先看一个简单的网络爬虫，它以广度优先（Breadth-First Search，BFS）的顺序来探索并获取网页的链接。

提示：广度优先是指从根节点开始，沿着树的宽度遍历树的节点。如果所有节点均被访问，则算法中止。广度优先搜索的实现一般采用 open-closed 表。

Go 语言限制并发数量的示例如下。

```
//爬取 URL
func Crawling(url string) []string {
    fmt.Println(url)
    list, err := Extracting(url)
    if err != nil {
        log.Println(err)
    }
    return list
```

```
    }
func main() {
    //创建通道数组
    worklist := make(chan []string)
    go func() { worklist <- os.Args[1:] }()

    //已经获取的链接
    picked := make(map[string]bool)
    for list := range worklist {
        for _, url := range list {
            if ! picked[url] {
                picked[url] = true
                //开启goroutine
                go func(u string) {
                    worklist <- Crawling(url)
                }(url)
            }
        }
    }
}
```

启动程序，程序输出结果如下。

```
$ go run 4.6.1-limitConcurrency.go https://www.baidu.com
https://www.baidu.com
https://haokan.baidu.com/? sfrom=baidu-top
https://wenku.baidu.com
...
//省略以下剩余部分返回结果
```

通过结果可以看到，程序首先从命令行收集起始的 URL，例如，示例中的"https：//www. baidu. com"，然后并发地爬取这些页面并且从中提取出页面的新 URL。如果是之前已经爬取的页面则不再爬取，并且将这些新的 URL 发送至通道中，以供程序继续爬取。通过对 Crawling( )函数的独立调用来充分地利用了 Web 上的 I/O 并行机制。

以上这个爬虫程序高度并发，但是它有以下两个问题。

1）程序的并行度太高，短时间内会创建太多的网络连接，超过程序能打开文件的限制。

2）这个程序永远不会结束。

无限制的并行通常不是一个好主意，因为系统中总有限制因素。例如计算型应用 CPU 核数、磁盘 I/O 操作磁头和磁盘的个数、下载流所使用的网络带宽，以及 Web 服务本身的容量等都是有限的。

解决高并行的方法就是根据资源的可用情况限制并发的个数，以匹配合适的并行度。针对上面的程序有一个简单的方法来限制并发个数，就是确保对于 Extracting( )函数的同时调用不超过 n 个, 可以使用容量为 n 的缓冲通道来建立一个计数信号量。在概念上, 对于缓冲通道中的 n 个空闲槽, 每一个代表一个令牌, 持有者可以执行。通过发送一个值到通道中领取令牌, 从通道中接收一个值来释放令牌, 创建一个新的空闲槽。这保证了在没有接收操作的时候, 最多同时有 n 个发送。因为通道元素的类型在这里并不重要, 所以使用 struct{}, 它所占用空间的大小为 0。

同时, 为了让程序终止, 当任务列表为空且爬取操作的 goroutine 都结束以后, 需要从主循环退出。基于以上两点爬虫示例可以做出如下的改进。

```go
var tokens = make(chan struct{}, 20)

func Crawling(url string) []string {
    //打印 URL
    fmt.Println(url)
    tokens <- struct{}{} //获取令牌
    list, err := Extracting(url)
    <-tokens //释放令牌
    if err != nil {
        log.Println(err)
    }
    return list
}

func main() {
    //创建通道数组
    worklist := make(chan []string)
    var n int
    n ++ //n 用来记录任务列表中的任务个数
    go func() { worklist <- os.Args[1:] }()
    //已经获取的链接
    picked := make(map[string]bool)
    for ; n > 0; n-- {
        list := <-worklist
        for _, link := range list {
            if ! picked[link] {
                picked[link] = true
                //任务个数加1
                n ++
                //开启 goroutine
                go func(link string) {
                    worklist <- Crawling(link)
                }(link)
            }
        }
    }
}
```

4.6.2 节拍器

在 Go 语言的 time 包中内置了节拍器——time.Tick()，time.Tick()函数返回一个通道，它定期发送事件，像一个节拍器一样。每个事件的值是一个时间戳。一般不关心通道里面的内容，而是把它当作执行定时任务的工具，示例如下。

代码路径：chapter4/4.6.2-tick1.go。

```
package main

import (
    "fmt"
    "time"
)

func main() {
    fmt.Println("开始倒计时......")
    tick := time.Tick(1 *time.Second) //时间间隔为1s
    for countdown := 5; countdown > 0; countdown-- {
        fmt.Println(countdown)
        //释放计时器
        <-tick
    }
}
//开始倒计时......
//5
//4
//3
//2
//1
```

在以上代码中，利用节拍器实现了一个倒计时的功能，每一次 for 循环会被阻塞 1s，这样程序就是每隔 1s 输出一个数字。Tick()函数很方便实用，但是它仅仅在应用的整个生命周期中都需要时才合适，否则推荐使用下面这个模式。

```
ticker:=time.NewTicker(1*time.Second)
<-ticker.C      //从 ticker 的通道里面接收
ticker.Stop()//当不需要该节拍器时,可以显式地停止它
```

4.6.3 使用 select 多路复用

在某些场景需要同时从多个通道接收数据。通道在接收数据时，如果没有数据可以接收将会发生阻塞，这时可以使用遍历的方式来实现，代码如下。

```
for{
    //尝试从 ch1 接收值
    data, ok : =  <-ch1
    //尝试从 ch2 接收值
    data, ok : =  <-ch2
    //…
}
```

这种方式虽然可以实现从多个通道接收值的需求，但是运行性能会差很多。为了应对这种场景，Go 语言内置了 select 关键字，可以同时响应多个通道的操作。select 的使用类似于 switch 语句，它有一系列 case 分支和一个默认的分支。每个 case 对应一个通道的通信（接收或发送）过程。select 语句会一直等待，直到某个 case 的操作完成时，才会执行 case 分支对应的语句。具体格式如下：

```
select {
case <-chan1:
    //如果 chan1 成功读取数据,则进行该 case 处理语句
case chan2 <-1:
    //如果成功向 chan2 写入数据,则进行该 case 处理语句
default:
    //如果上面都没有成功,则进入 default 处理流程
}
```

select 可以同时监听一个或多个通道，直到其中一个通道准备好。

可以在 4.6.2 倒计时程序的基础上加一个需求，在倒计时的过程中，如果用户按下键盘，则倒计时终止，示例如下。

代码路径：chapter4/4.6.3-select.go。

```
package main

import (
    "fmt"
    "os"
    "time"
)

func main() {
    //用 Go 语言的内置 make()函数创建通道
    abort : = make(chan struct{})
    //创建 goroutine
    go func() {
        os.Stdin.Read(make([]byte, 1))
        //将结构体类型放入通道
        abort <- struct{}{}
```

```
}()
fmt.Println("开始倒计时......")
tick := time.Tick(1 *time.Second) //时间间隔为1s
for countdown := 5; countdown > 0; countdown-- {
    fmt.Println(countdown)
    select {
    //释放计时器
    case <-tick:
    //什么都不做
    case <-abort:
        fmt.Println("abort...!")
        return //返回,终止
    }
}
}
```

以上代码中，每一次倒计时迭代需要等待事件到达两个通道中的一个：计时器通道（前提是一切顺利，即用户没有按键），中止事件通道（前提是有异常，即用户按键）。

4.7 【实战】 开发一个并发任务系统

在实战开发中，常常会遇到一个任务有多个独立过程的情况。现在有 8 个工作任务，希望这 8 个任务并发执行。下面用 Go 语言按照如下步骤来开发一个并发任务系统。

1 创建过程数据的存储容器

首先，定义名为 WorkProcessData 的结构体作为数据的存储容器。该结构体拥有两个字段，类型分别是 map［string］string 和 sync. RWMutex，用于接收工作过程的结果，这里使用读写互斥锁避免同时对 map 进行写操作。然后编写 AddData( )方法来添加数据到容器，编写 GetData( )方法来从容器获取数据，代码如下。

```
//创建过程数据的存储容器
type WorkProcessData struct {
    Data map[string]string
    mux  sync.RWMutex
}

//添加数据到容器
func (s *WorkProcessData) AddData(key, value string) {
    s.mux.Lock()
    defer s.mux.Unlock()
    if s.Data == nil {
```

```
        s.Data = make(map[string]string)
    }

    s.Data[key] = value
}

//从容器获取数据
func (s *WorkProcessData) GetData() string {
    return s.Data["1"] + "," + s.Data["2"]
}
```

❷ 创建实现工作过程的函数

创建实现工作过程名为 workProcessUnit( ) 的函数，该函数内部通过 go 关键字启动两个 goroutine 来实现子过程，利用同步等待组 sync. WaitGroup{}实现协同。两者都完成时把结果发送给通道，代码如下。

```
//工作过程
func workProcessUnit(name string, ch chan string) {
    var wd = &WorkProcessData{}

    var group = sync.WaitGroup{}
    group.Add(2)

    go process1(&group, wd)
    go process2(&group, wd)

    group.Wait()

    ch <- name + ":" + wd.GetData()
}

//工作过程1
func process1(group *sync.WaitGroup, gData *WorkProcessData) {
    defer group.Done()
    time.Sleep(time.Microsecond * 1)

    gData.AddData("1", strconv.Itoa(rand.Intn(10)))
}
//工作过程2
func process2(group *sync.WaitGroup, gData *WorkProcessData) {
    defer group.Done()
    time.Sleep(time.Microsecond * 2)

    gData.AddData("2", strconv.Itoa(rand.Intn(10)))
}
```

❸ 创建任务生产者函数

创建名为 TaskProducer( ) 的任务生产者函数，该函数通过 for 循环启动 8 个 goroutine 任务，每个任务的名称以 Task 开头并加上序号。由于并不知道 8 个任务什么时间完成，这里并没有关闭通道，代码如下。

```go
//任务生产者函数
func TaskProducer(ch chan string) {
    name : = "Task"

    // 启动 8 个任务
    for i : = 1; i <= 8; i ++ {
        go workProcessUnit(name + strconv.Itoa(i), ch)
    }
}
```

❹ 创建任务消费者函数

创建名为 TaskConsumer( ) 的任务消费者函数，该函数通过定义变量 i 对通道中的值进行 for 循环，以获取通道的值。当循环数等于 8 时，退出循环，然后通过 "finished < - true" 语句将 true 发送到通道，最后打印通道中返回的结果，代码如下。

```go
//任务的消费者函数
func TaskConsumer(ch chan string, finished chan bool) {
    // 消费 8 个任务的返回值
    var result string
    i : = 0
    for value : = range ch {
        result + = value + "\n"
        if i ++; i == 8 {
            break
        }
    }

    finished <- true
    fmt.Println(result)
}
```

❺ 启动并发任务系统

编写 main( ) 函数来进行启动并发任务系统，通过 go 关键字启动生产者和消费者的 gorou- tine，通过 " < -finished" 通道消息来标识结束，代码如下。

```go
func main() {
    var ch = make(chan string, 2)
    // 结束标志
    var finished = make(chan bool)

    go pkg.TaskProducer(ch)
```

```
    go pkg.TaskConsumer(ch, finished)

    <-finished
}
//Task7:9,8
//Task6:1,7
//Task3:5,0
//Task4:6,4
//Task2:2,7
//Task5:1,9
//Task1:0,8
//Task8:4,1
```

本小节完整代码见 chapter4/sync。

4.8 回顾和启示

本章通过对"并发编程基础""计算机常见并发模型""Go 并发模型""Go 常见并发设计模式""同步常用技巧""goroutine 使用技巧""【实战】开发一个并发任务系统"7 节内容的讲解，让读者更加深刻地理解 Go 语言并发编程知识，结合自身实际，选择合适的并发模型来进行实战开发。

第 5 章

分布式系统

本章主要讲解分布式系统的原理、常见算法以及 Go 语言的一些常见分布式应用及框架。

5.1 分布式系统原理

分布式系统的特点是"入门容易，深入难"，因此，要想学好分布式系统，需要学习的理论和技术很多，下面简单介绍一下分布式系统原理。

▶▶ 5.1.1 什么是分布式系统

（1）分布式系统简介

分布式系统（Distributed System）是由一组通过网络进行通信、为了完成共同的任务而协调工作的计算机节点组成的系统。分布式系统的出现是为了用廉价的、普通的机器完成单个计算机无法完成的计算、存储任务。其目的是利用更多的机器，处理更多的数据。

一般来说，为了节省成本，会首先利用单机系统（流量特别大的除外）。只有当单个节点的处理能力无法满足日益增长的计算、存储任务的需求，硬件的提升（加内存、加磁盘、使用更好的 CPU）费用高昂到得不偿失的程度，且应用程序也不能进一步优化的时候，才需要考虑分布式系统。分布式系统要解决的问题本身和单机系统一样，而由于分布式系统多节点、通过网络通信的拓扑结构，会引入很多单机系统没有的问题，为了解决这些问题又会引入更多的机制、协议，带来更多的问题。

分布式系统分为分布式计算（computation）与分布式存储（storage）。计算与存储是相辅相成的，计算需要数据，数据要么来自实时数据（流数据），要么来自存储的数据；而计算的结果也是需要存储的。在操作系统中，对计算与存储有非常详细的讨论，分布式系统只不过是将这些理论推广到多个节点罢了。

那么分布式系统是怎么将任务分发到这些计算机节点的呢，总结起来就是"分而治之"，即分片（partition）。对于计算来说，就是对计算多个任务进行切换执行，每个节点计算一些，最终汇总就行了，这就是 MapReduce 的思想。

提示：MapReduce 是一种编程模型，用于大规模数据集（大于 1TB）的并行运算。概念"Map（映射）"和"Reduce（归约）"是它的主要思想，其借鉴了函数式编程语言和矢量编程语言里的特性。MapReduce 极大地方便了编程人员在不会分布式并行编程的情况下，将自己的程序运行在分布式系统上。

分布式存储是一种数据存储技术，通过网络使用企业每台机器上的磁盘空间，并将这些分散的存储资源构成一个虚拟的存储设备，数据分散地存储在企业的各个角落。在大数据环境下，元数据的体量也非常大，元数据的存取性能是整个分布式文件系统性能的关键。当数据规模变大时，分片是唯一的选择，同时也会带来以下好处。

1）提升性能和并发，操作被分发到不同的分片，相互独立。

2）提升系统的可用性，即使部分分片不能用，其他分片不会受到影响。

理想的情况下，有分片就行，但实际效果不太理想。原因在于，分布式系统中有大量的节点，且通过网络通信。单个节点的故障（如进程 crash、断电、磁盘损坏等）是小概率事件，但整个系统的故障率会随着节点的增加而呈指数级增加，网络通信也可能出现断网、高延迟的情况。在这种一定会出现的"异常"情况下，分布式系统还是需要继续稳定地对外提供服务，即需要较强的容错性。最简单的办法就是采用冗余或者复制集（Replication），即多个节点负责同一个任务，如在分布式存储中，多个节点负责存储同一份数据，以此增强可用性与可靠性。同时，复制集也会带来性能的提升，比如数据的 locality 可以减少用户的等待时间。

分片与复制集的协作原理如图 5-1 所示。

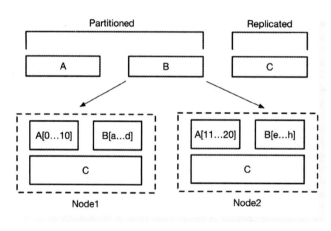

● 图 5-1

分片和复制集是解决分布式系统问题的一记组合拳，很多具体的问题都可以用这个思路去解决。但这并不是一个万能的解决方案，往往是为了解决一个问题，会引入更多的问题，比如为了可用性与可靠性保证，引用了冗余（复制集）。有了冗余，各副本间的一致性问题就变得很复杂，一致性对于系统的角度和用户的角度又有不同的等级划分。如果要保证强一致性，则会影响可用性与性能，在一些应用（比如电商、搜索等）是难以接受的。如果是最终一致性，就需要处理数据冲突的情况。

CAP 是指一个分布式系统最多只能同时满足一致性（Consistence）、可用性（Availability）和分区容错性（Partition tolerance）这三项中的两项。2000 年 7 月，美国加州大学伯克利分校的 Eric Brewer 教授在 ACM PODC 会议上提出 CAP 猜想。2 年后，美国麻省理工学院的 Seth Gilbert 和 Nancy Lynch 教授从理论上证明了 CAP。之后，CAP 理论正式成为分布式计算领域的公认定理。CAP 之间的关系如图 5-2 所示。

在理论计算机科学中，CAP 定理（CAP Theorem）又被称作布鲁尔定理（Brewer's Theorem），它指出对于一个分布式计算系统来说，不可能同时满足以下 3 点。

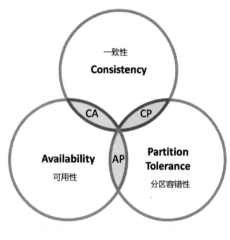

● 图 5-2

- 一致性（Consistence），等同于所有节点访问同一份最新的数据副本。

- 可用性（Availability），每次请求都能获取到非错的响应——但是不保证获取的数据为最新数据。

- 分区容错性（Network partitioning），以实际效果而言，分区相当于对通信的时限要求。系统如果不能在时限内达成数据一致性，就意味着发生了分区的情况，必须就当前操作在一致性和可用性之间做出选择。

通过 FLP 不可能原理、CAP 定理等理论可知，在分布式系统中，没有最佳的选择，都是需要权衡后，做出最合适的选择。

提示：FLP 不可能原理是指由 Fischer、Lynch 和 Patterson 三位科学家于 1985 年发表的 "Impossibility of Distributed Consensus with One Faulty Process" 中指出：在网络可靠，但允许节点失效（即便只有一个）的最小化异步模型系统中，不存在一个可以解决一致性问题的确定性共识算法。

（2）分布式系统挑战

分布式系统需要大量机器协作，面临诸多的挑战，具体如下。

1）异构的机器与网络。分布式系统中的机器，配置不一样，其运行的服务也可能由不同的语言、架构实现，因此处理能力也不一样；节点间通过网络连接，而不同网络运营商提供网络的带宽、延时、丢包率又不一样。怎么保证大家齐头并进，共同完成目标，这是个不小的挑战。

2）普遍的节点故障。虽然单个节点的故障率较低，但节点数目达到一定规模后，出故障的概率就变高了。分布式系统需要保证故障发生的时候，系统仍然是可用的，这就需要监控节点的状态，在节点出现故障的情况下将该节点负责的计算、存储任务转移到其他节点。

3）网络通信问题。可能的网络通信问题包括网络分割、延时、丢包、乱序等。相比单机的过程调用，网络通信最让人头疼的是延时。节点 A 向节点 B 发出请求，在约定的时间内没有收到节点 B 的响应，那么节点 B 是否处理了请求，这个是不确定的。这种不确定会带来诸多问题，比如，是否要重试请求，节点 B 会不会多次处理同一个请求。

总之，分布式系统的挑战来自不确定性。不确定计算机什么时候 crash、断电，不确定磁盘什么时候损坏，不确定每次网络通信要延迟多久，也不确定通信对端是否处理了发送的消息。不确定性是令人讨厌的，所以有诸多的分布式理论、协议来保证在这种不确定性的情况下，系统还能继续正常工作。

处理这些异常的最佳原则是：在设计、推导、验证分布式系统的协议、流程时，最重要的工作之一就是，思考在执行流程的每个步骤时一旦发生各种异常的情况下系统的处理方式及造成的影响。

（3）分布式系统特性与衡量标准

● 透明性：使用分布式系统的用户并不关心系统是怎么实现的，也不关心读取的数据来自哪个节点。对用户而言，分布式系统的最高境界是用户根本感知不到这是一个分布式系统。

● 可扩展性：分布式系统的根本目标就是为了处理单个计算机无法处理的任务。当任务增加的时候，分布式系统的处理能力需要随之增加。简单来说，要比较方便地通过增加机器来应对数据量的增长，同时，当任务规模缩减的时候，可以撤掉一些多余的机器，以达到动态伸缩的效果。

● 可用性与可靠性：一般来说，分布式系统是需要长时间甚至 7×24 小时提供服务的。可用性是指系统在各种情况下对外提供服务的能力。简单来说，可以通过不可用时间与正常服务时间的比值来衡量；而可靠性是指计算结果正确、存储的数据不丢失。

● 高性能：不管是单机还是分布式系统，大家都非常关注性能。不同的系统对性能的衡量指标是不同的，例如高并发，单位时间内处理的任务越多越好；低延迟：每个任务的平均时间越少越好。

● 一致性：分布式系统为了提高可用性可靠性，一般会引入冗余（复制集）。那么如何保证这些节点上的状态一致，这就是分布式系统不得不面对的一致性问题。一致性有很多等级，一致性越强，对用户越友好，但会制约系统的可用性；一致性等级越低，用户就需要兼容数据不一致的情况，但系统的可用性、并发性会高很多。

（4）分布式系统的常用组件

假设要构建一个对外提供服务的大型分布式系统，用户连接到系统，做一些操作，产生一些需要存储的数据。那么在这个过程中，会用到哪些组件、理论与协议呢？

用户在使用 Web、APP、SDK 等时，是通过 HTTP、TCP 连接到系统的。在分布式系统中，为了高并发、高可用，一般都是多个节点提供相同的服务。那么，第一个问题就是具体选择哪个节点来提供服务？这个就是负载均衡（Load Balance，LB）。负载均衡的使用非常广泛，在分布式系统、大型网站的方方面面都有使用，也可以说，只要涉及多个节点提供同质的服务，就需要负载均衡。

通过负载均衡找到一个节点，接下来是处理用户的请求，请求有可能很简单，也有可能很复杂。简单的请求，比如读取数据，那么很可能是有缓存的，即分布式缓存，如果缓存没有命中，则需要去数据库读取数据。对于复杂的请求，可能会调用系统中其他的服务。

假设服务 A 需要调用服务 B。首先两个节点需要通信，网络通信是建立在 TCP/IP 协议的基础上的。但是，如果每个应用都手写 Socket 是一件低效且冗杂的事情，这时候就需要应用层的封装，因此有了 HTTP、FTP 等各种应用层协议。当系统变得复杂，提供大量的 HTTP 接口也是一件困难的事情。因此，有了更进一步的抽象，那就是 RPC（Remote Procedure Call，远程过程调用）。RPC 基本就跟本地过程调用一样方便，屏蔽了网络通信等诸多细节，增加新的接口也更加方便。

一个请求可能包含诸多操作，即在服务 A 上做一些操作，然后在服务 B 上做另一些操作。比如简化版的网络购物，在订单服务上发货，在账户服务上扣款。这两个操作需要保证原子性，要么都成功，要么都不成功。这就涉及分布式事务的问题，分布式事务是从应用层面保证一致性的。

上面说到一个请求包含多个操作，其实就是涉及多个服务。分布式系统中有大量的服务，每个服务又是由多个节点组成。那么一个服务怎么找到另一个服务（某个节点）？通信是需要地址的，怎么获取这个地址，简单的办法就是将地址写入一个固定的配置文件，或者写入数据库。但这些方法在节点数据巨大、节点动态增删的时候都不太方便，这个时候就需要服务注册与发现：提供服务的节点向一个协调中心注册自己的地址，使用服务的节点去协调中心读取地址。

从上可以看出，协调中心提供了中心化的服务：以一组节点提供类似单点的服务，使用非常广泛，比如命令服务、分布式锁等。协调中心比较常用的有 ZooKeeper 等。

用户的请求操作会产生一些数据、日志等，同时其他一些系统可能会对这些消息感兴趣，比如个性化推荐、监控等。这里就抽象出了两个概念，消息的生产者与消息的消费者。那么生产者怎么将消息发送给消费者呢？RPC 并不是一个很好的选择，因为 RPC 得指定消息发给谁，但实际的情况是生产者并不清楚、也不关心谁会消费这个消息，这个时候就要用到消息队列（Message Queue）了。

提示：消息队列是分布式系统中重要的组件，其通用的使用场景可以简单地描述为：当不需要立即获得结果，但是并发量又需要进行控制的时候，就是需要使用消息队列的时候。消息队列主要解决了应用耦合、异步处理、流量削峰等问题。

上面提到，用户操作会产生一些数据，这些数据记录了用户的操作习惯、喜好等，是各行各业最宝贵的财富。比如各种推荐、广告投放、自动识别等。这就催生了分布式计算平台，比如 Apache 基金会开发的 Hadoop、Storm 等，用来处理这些海量的数据。

提示：Hadoop 是一个由 Apache 基金会开发的分布式系统基础架构。用户可以在不了解分布式底层细节的情况下，开发分布式程序，充分利用集群的威力进行高速运算和存储。Apache Storm 是一个免费的开源分布式实时计算系统。Apache Storm 可以轻松可靠地处理无界数据流，实时处理 Hadoop 为批处理所做的工作。

最后，用户的操作完成之后，用户的数据需要持久化。但数据量很大，大到单个节点无法存储，则这个时候就需要分布式存储。将数据进行划分存放在不同的节点上，同时，为了防止数据的丢失，每一份数据会保存多份。传统的关系型数据库是单点存储，为了在应用层透明的情况下分库分表，会引用额外的代理层。而对于 NoSQL，大多数都支持分布式。

5.1.2 分布式系统的常见一致性算法

1 Paxos 算法

Paxos 算法是莱斯利·兰伯特（Leslie Lamport）于 1990 年提出的一种基于消息传递且具有高度容错特性的共识（Consensus）算法。Paxos 算法是基于消息传递且具有高度容错特性的一致性算法，是目前公认的解决分布式一致性问题最有效的算法之一。

分布式系统中的节点通信存在两种模型：共享内存（Shared Memory）和消息传递（Messages Passing）。基于消息传递通信模型的分布式系统，不可避免地会发生以下错误：进程可能会慢、被杀死或者重启，消息可能会延迟、丢失、重复。在基础 Paxos 场景中，先不考虑可能出现消息篡改即拜占庭错误（Byzantine Fault）的情况。Paxos 算法解决的问题是在一个可能发生上述异常的分布式系统中如何就某个值达成一致，保证不论发生以上任何异常，都不会破坏决议的共识。一个典型的场景是，在一个分布式数据库系统中，如果各节点的初始状态一致，每个节点都执行相同的操作序列，则它们最后能得到一个一致的状态。为保证每个节点执行相同的命令序列，需要在每一条指令上执行一个"共识算法"以保证每个节点看到的指令一致。一个通用的共识算法可以应用在许多场景中，是分布式计算中的重要问题。因此从 20 世纪 80 年代起对于共识算法的研究就没有停止过。

为描述 Paxos 算法，Lamport 虚拟了一个叫作 Paxos 岛的希腊城邦。这个岛按照议会民主制的政治模式制订法律，但是没有人愿意将自己的全部时间和精力放在这种事情上。所以无论是议员，议长或者传递纸条的服务员都不能承诺别人需要时一定会出现，也无法承诺批准决议或者传递消息的时间。但是这里假设没有拜占庭错误，即虽然有可能一个消息被传递了两次，但是绝对不会出现错误的消息；只要等待足够的时间，消息就会被传到。另外，Paxos 岛上的议员是不会反对其他议员提出的决议的。

对应于分布式系统，议员相当于各节点，制定的法律相当于系统的状态。各节点需要进入一个一致的状态，例如在独立 Cache 的对称多处理器系统中，各处理器读取内存的某个字节时，必须读取同样的一个值，否则系统就违背了一致性的要求。一致性要求相当于法律条文只能有一个版本。议员和服务员的不确定性相当于节点和消息传递通道的不可靠性。由于 Paxos 算法比较复杂，限于篇幅，这里不展开讲解，详细的 Go 语言实现会在 5.5.2 小节中讲解。

❷ **Raft 协议及算法简介**

Raft 是一种用于替代 Paxos 的共识算法。相比于 Paxos，Raft 的目标是提供更清晰的逻辑分工使得算法本身能被更好地理解，同时它安全性更高，并能提供一些额外的特性。Raft 能为在计算机集群之间部署有限状态机提供一种通用方法，并确保集群内的任意节点在某种状态转换上保持一致。Raft 算法的开源实现众多，在 Go、C＋＋、Java 以及 Scala 中都有完整的代码实现。Raft 这一名字来源于 "Reliable（可靠）、Replicated（可复制）、Redundant（可冗余）、And Fault-Tolerant（可容错）" 的首字母缩写。

Raft 是一种为了管理复制日志的一致性算法。它提供了和 Paxos 算法相同的功能和性能，但是它的算法结构和 Paxos 不同，使得 Raft 算法更加容易理解并且更容易构建实际的系统。为了提升可理解性，Raft 将一致性算法分解成了几个关键模块，例如领导人选举、日志复制和安全性。同时它通过实施一个更强的一致性来减少需要考虑的状态的数量。相对来说，Raft 算法比 Paxos 算法更加容易理解和学习。Raft 算法还包括一个新的机制来允许集群成员的动态改变，它利用重叠的大多数来保证安全性。

Raft 算法在许多方面和现有的一致性算法都很相似，但是它也有一些特性，具体如下。

● 强领导者：和其他一致性算法相比，Raft 使用一种更强的领导能力形式。比如，日志条目只从领导者发送给其他的服务器。这种方式简化了对复制日志的管理并且使得 Raft 算法更加易于理解。

● 领导选举：Raft 算法使用一个随机计时器来选举领导者。这种方式只是在任何一致性算法都必须实现的心跳机制上增加了一点机制。在解决冲突的时候会更加简单快捷。

● 成员关系调整：Raft 使用一种共同一致的方法来处理集群成员变换的问题，在这种方法下，处于调整过程中的两种不同的配置集群中大多数机器会有重叠，这就使得集群在成员变换的时候依然可以继续工作。

限于篇幅，这里只对 Raft 做简要介绍，关于 Raft 的详细知识，感兴趣的读者可自行查阅相关资料。

5.2 负载均衡简介

❶ 什么是负载均衡

负载均衡（Load Balance）是一种电子计算机技术，用来在多个计算机（计算机集群）、网络连接、CPU、磁盘驱动器或其他资源中分配负载，以达到优化资源使用、最大化吞吐率、最小化响应时间，同时避免过载的目的。使用带有负载均衡的多个服务器组件，取代单一的组件，可以通过冗余提高可靠性。负载均衡服务通常是由专用软件和硬件来完成。主要作用是将大量作业合理地分摊到多个操作单元上进行执行，用于解决互联网架构中的高并发和高可用的问题。

负载均衡构建在原有网络结构之上，它提供了一种透明且廉价有效的方法扩展服务器和网络设备的带宽、加强网络数据处理能力、增加吞吐量、提高网络的可用性和灵活性。负载主机可以提供很多种负载均衡方法，也就是常说的调度方法或算法。

互联网早期，业务流量比较小并且业务逻辑比较简单，单台服务器便可以满足基本的需求。但随着互联网的发展，业务流量越来越大并且业务逻辑也越来越复杂，单台机器的性能问题以及单点故障问题凸显了出来，因此需要多台机器来进行性能的水平扩展以及避免单点故障。但是如何将不同的用户流量分发到不同的服务器上呢？

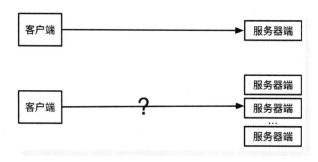

● 图 5-3

如图 5-3 所示，早期的方法是使用 DNS 作负载，通过给客户端解析不同的 IP 地址，让客户端的流量直接到达各服务器端。但是这种方法有一个很大的缺点就是延时性问题，在做出调度策略改变以后，由于 DNS 各级节点的缓存并不会及时地在客户端生效，而且 DNS 负载的调度策略比较简单，无法满足业务需求，因此就出现了负载均衡。

如图 5-4 所示，客户端的流量首先会到达负载均衡服务器，由负载均衡服务器通过一定的调度算法将流量分发到不同的服务器端。同时负载均衡服务器也会对服务器端做周期性的健康检查，当发现故障节点时便动态地将节点从服务器端集群中剔除，以此来保证应用的高可用。

● 图 5-4

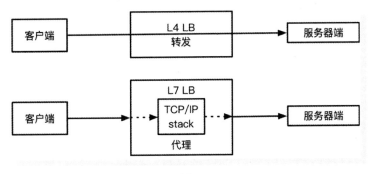

● 图 5-5

如图 5-5 所示，负载均衡又分为 4 层负载均衡和 7 层负载均衡。4 层负载均衡工作在 OSI 模型的传输层，主要工作是转发，它在接收到客户端的流量以后通过修改数据包的地址信息将流量转发到服务器端。

7 层负载均衡工作在 OSI 模型的应用层，因为它需要解析应用层流量，所以 7 层负载均衡在接收到客户端的流量以后，还需要一个完整的 TCP/IP 协议栈。7 层负载均衡会与客户端建立一条完整的连接并将应用层的请求流量解析出来，再按照调度算法选择一个服务器端，并与服务器端建立另外一条连接将请求发送过去，因此 7 层负载均衡的主要工作就是代理。

② 常见负载均衡技术

常见的负载均衡技术有以下几种。

（1）基于 DNS 的负载均衡

由于在 DNS 服务器中，可以为多个不同的地址配置相同的名字，最终查询这个名字的客户端将在解析这个名字时得到其中一个地址。所以这种代理方式是通过 DNS 服务器中的随机名字解析域名和 IP 来实现负载均衡的。

（2）反向代理负载均衡（如 Apache + JK2 + Tomcat 组合）

这种代理方式与普通的代理方式不同，标准代理方式是客户使用代理访问多个外部 Web 服务器，之所以被称为反向代理模式是因为这种代理方式是多个客户使用它访问内部 Web 服务器，而非访问外部服务器。

（3）基于 NAT（Network Address Translation）的负载均衡技术（如 Linux Virtual Server，LVS）

该技术通过一个地址转换网关将每个外部连接均匀转换为不同的内部服务器地址。因此外部网络中的计算机就各自与自己转换得到的地址上的服务器进行通信，从而达到负载均衡的目的。其中网络地址转换网关位于外部地址和内部地址之间，不仅可以实现当外部客户端访问转换网关的某一外部地址时可以转发到某一映射的内部地址上，还可使内部地址的计算机能访问外部网络。

5.3 常见负载均衡算法

5.2 节对负载均衡做了简单的介绍，接下来将对常用负载均衡算法进行简单的介绍。常用负载均衡算法包括轮询调度算法、随机算法、一致性哈希算法、键值范围算法、动态均衡算法等。

▶▶ 5.3.1 轮询调度算法

轮询调度（Round Robin Scheduling）算法是一种基础的负载均衡算法。它的原理是把来自用户的请求轮流分配给内部的服务器：从服务器 1 开始，直到服务器 N，然后重新开始循环。轮询算法的优点在于其简洁性，它无须记录当前所有连接的状态，所以它是一种无状态调度。

假设有 N 台服务器：S = {S1，S2，…，Sn}，一个指示变量 i 表示上一次选择的服务器 ID。变量 i 被初始化为 N-1，该算法的伪代码如下。

```
j = i;
do
{
    j = (j + 1) mod n;
    i = j;
    return Si;
} while (j != i);
return NULL;
```

用 Go 语言实现轮询调度算法如下。

代码路径：chapter5/goRoundRobin.go。

```
package main

import (
    "errors"
    "fmt"
    "sync"
)

var (
    //没有可用项
ErrNoAvailableItem = errors.New("没有可用项")
)

//轮询负载均衡器实例
```

```go
type RoundRobinBalancer struct {
    m sync.Mutex

    next   int
    items []interface{}
}

//实例化负载均衡器
func New(items []interface{}) *RoundRobinBalancer {
    return &RoundRobinBalancer{items: items}
}

//选择可用项
func (b *RoundRobinBalancer) Pick() (interface{}, error) {
    if len(b.items) == 0 {
        return nil,ErrNoAvailableItem
    }

    b.m.Lock()
    r := b.items[b.next]
    b.next = (b.next + 1) % len(b.items)
    b.m.Unlock()

    return r, nil
}

func main() {
    source := []interface{}{"10.0.0.1", "10.0.0.2", "10.0.0.3"}
    b := New(source)
    wc := sync.WaitGroup{}

    for i := 0; i < 10; i++ {
        wc.Add(1)
        go func() {
            v, _ := b.Pick()
            fmt.Printf("% v\n", v.(string))
            wc.Done()
        }()
    }

    wc.Wait()
}
//10.0.0.2
//10.0.0.1
//10.0.0.2
//10.0.0.3
//10.0.0.1
//10.0.0.2
```

```
//10.0.0.3
//10.0.0.1
//10.0.0.3
//10.0.0.1
```

轮询调度算法将请求按顺序轮流地分配到每个节点上，不关心每个节点实际的连接数和当前的系统负载。优点是简单高效，易于水平扩展，每个节点都满足均衡；缺点是没有考虑机器的性能问题，根据木桶效益，集群性能瓶颈更多的会受性能差的服务器影响。轮询调度算法的简单示例如图 5-6 所示。

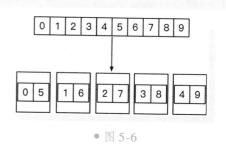

● 图 5-6

▶▶ 5.3.2 随机算法

随机（Random）算法是指通过算法从服务器列表中随机选取一台服务器进行访问。结合概率论的相关知识可以得知，随着客户端调用服务器端的次数增多，其实际效果趋近于平均分配请求到服务器端的每一台服务器，也就是达到轮询的效果。算法描述如下。

假设有 N 台服务器 S = {S0, S1, S2, …, Sn}，算法可以描述为：通过随机函数生成 0 ~ N 之间的任意整数，将该数字作为索引，从 S 中获取对应的服务器。假定现在有 4 台服务器，初始化服务列表后，每台服务器对应一个地址，地址分别有相应的权重，见表 5-1。

随机算法与服务器权重没有关系，每个服务器会被随机地访问到。由概率论可以得知，当样本量足够大时，每台服务器被访问到的概率近似相等，随机算法的效果就越趋近于轮询调度算法，将请求随机分配到各节点。随着客户端调用服务端的次数增多，其实际效果越来越接近于平均分配，也就是轮询的结果。优缺点和轮询相似，随机算法的简单示例如图 5-7 所示。

表 5-1

服务器地址	权重
10.0.0.1	1
10.0.0.3	2
10.0.0.3	3
10.0.0.4	4

● 图 5-7

随机算法的 Go 语言示例如下。

代码路径：chapter5/goRandomBalance. go。

```
package main

import (
```

```
        "fmt"
        "math/rand"
        "sync"
)

//随机负载均衡器
type RandomBalance struct {
    m sync.Mutex
    curIndex int

    rss []string
}

//实例化负载均衡器
func New(rss []string) *RandomBalance {
    return &RandomBalance{rss: rss}
}

//生成下一个随机字符串
func (r *RandomBalance) Next() string {
    if len(r.rss) == 0 {
        return ""
    }
    r.m.Lock()
    r.curIndex = rand.Intn(len(r.rss))
    r.m.Unlock()
    return r.rss[r.curIndex]
}

func main() {
    //定义地址字符串数组
    source := []string{"10.0.0.1", "10.0.0.2", "10.0.0.3", "10.0.0.4"}
    b := New(source)
    wc := sync.WaitGroup{}
    for i := 0; i < 4; i++ {
        v := b.Next()
        fmt.Printf("% v\n", v)
    }
    wc.Wait()
}
//10.0.0.2
//10.0.0.4
//10.0.0.4
//10.0.0.4
```

▶▶5.3.3　一致性哈希算法

一致性哈希（Consistent Hashing）算法是根据请求来源的地址，通过哈希函数计算得到一个数值，用该数值对服务器列表的大小进行求余运算，得到的结果便是客户端要访问的服务器的序号。采用一致性哈希算法进行负载均衡，同一源地址的请求，当服务器列表不变时，它每次都会映射到同一台服务器进行访问。

假设有 N 台服务器 S = {S0, S1, S2, …, Sn-1}，算法描述如下。

1）通过指定的哈希函数，计算请求来源地址的哈希值。

2）对哈希值进行求余，底数为 N。

3）将余数作为索引值，从 S 中获取对应的服务器。

假定现在有表 5-2 列出的 4 台服务器。

表 5-2

服务器地址	端　　口
10. 0. 0. 1	8080
10. 0. 0. 2	8081
10. 0. 0. 3	8082
10. 0. 0. 4	8083

一致性哈希算法的优点是相同的地址每次都会落在同一个节点，可以人为干预客户端请求方向，缺点是如果某个节点出现故障，则会导致这个节点上的客户端无法使用，无法保证高可用。当某一用户成为热点用户，则会有巨大的流量涌向这个节点，导致冷热分布不均衡，无法有效利用集群的性能。所以当热点事件出现时，一般会将一致性哈希算法切换成轮询算法。

一致性哈希算法的 Go 语言示例如下。

代码路径：chapter5/consistentHash. go。

```go
package main

import (
    "fmt"
    "github.com/golang/groupcache/consistenthash"
)

func main() {
    //构造一个 consistenthash 对象,每个节点在 Hash 环上都有 4 个虚拟节点
    hash := consistenthash.New(4, nil)

    //添加节点
    hash.Add(
        "10.0.0.1:8080",
        "10.0.0.1:8081",
        "10.0.0.1:8082",
        "10.0.0.1:8083",
```

```
    )

        //根据 key 获取其对应的节点
        //Get 获取散列(哈希)中与提供的键最接近的项目
        node : = hash.Get("10.0.0.1")
        fmt.Println(node)

    }
```

运行以上代码，输出结果如下。

```
$ go runconsistentHash.go
10.0.0.1:8081
```

▶▶ 5.3.4 键值范围算法

键值范围算法是根据键值的范围进行负载，比如 0 到 10 万的用户请求走第 1 个节点服务器，10 万到 20 万的用户请求走第 2 个节点服务器，以此类推。键值范围算法的优点是容易水平扩展，随着用户量增加，可以增加节点而不影响旧数据。缺点是容易负载不均衡，比如新注册的用户活跃度高，旧用户活跃度低，则压力就全在新增的服务器节点上，旧服务器节点性能浪费。而且也容易单点故障，无法满足高可用。如图 5-8 所示，0 ~ 2 的用户请求走第 1 个节点服务器，3 ~ 5 的用户请求走第 2 个节点服务器，以此类推。

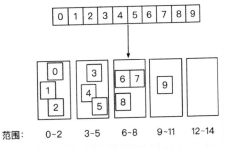

● 图 5-8

5.4 分布式锁

▶▶ 5.4.1 分布式锁简介

分布式锁是指为分布式应用各节点对共享资源的排他式访问而设定的锁。在分布式场景下，有很多种情况都需要实现多节点的最终一致性，比如全局发号器、分布式事务等。

传统实现分布式锁的方案一般是利用持久化数据库（如利用 InnoDB 行锁、事务、version 乐观锁等），当然大多数时候可以满足需求。而如今互联网应用的量级已经呈几何级别的爆发，利用诸如 ZooKeeper、Redis 等更高效的分布式组件来实现分布式锁，可以提供高可用的、更强壮的锁特性，并且支持丰富化的使用场景。

目前很多大型网站及应用都是分布式部署的，分布式场景中的数据一致性问题一直是一个比较重要的话题。分布式的 CAP 理论表示：任何一个分布式系统都无法同时满足一致性（Consistency）、可用性（Availability）和分区容错性（PartitionTolerance），最多只能同时满足两项。所以，很多系统在设计之初就要对这三者做出取舍。在互联网领域绝大多数的场景中，都需要牺牲强一致性来换取系统的高可用性，系统往往只需要保证最终一致性，只要这个最终时间是在用户可以接受的范围内即可。

在很多场景中，为了保证数据的最终一致性，需要很多的技术方案来支持，比如分布式事务、分布式锁等。有的时候，需要保证一个方法在同一时间内只能被同一个线程执行。

在单机程序并发或并行修改全局变量时，需要对修改行为加锁以创造临界区。为什么需要加锁呢？下面看看在不加锁的情况下并发计数会发生什么情况，示例如下。

代码路径：chapter5/5.4-lock1.go

```go
package main

import "sync"

//全局变量
var count int

func main() {
    var wg sync.WaitGroup
    for i := 0; i < 500; i++ {
        wg.Add(1)
        go func() {
            defer wg.Done()
            count++
        }()
    }

    wg.Wait()
    println(count)
}
```

以上代码多次运行会得到不同的结果，部分结果如下。

```
$ go run 5.4-lock1.go
481
$ go run 5.4-lock1.go
489
```

如果想要得到正确的结果，则要在计数器（count1）的操作代码部分加上锁，代码如下。

```go
package main

import "sync"

//全局变量
```

```
var count1 int

func main() {
    var wg sync.WaitGroup
    var lock sync.Mutex
    for i := 0; i < 500; i++ {
        wg.Add(1)
        go func() {
            defer wg.Done()
            lock.Lock()
            count1++
            lock.Unlock()
        }()
    }
    wg.Wait()
    println(count1)
}
```

这样就可以稳定地得到如下计算结果了。

```
$ go run 5.4-lock2.go
500
```

▶▶ 5.4.2 基于 MySQL 数据库表实现分布式锁

❶ 基于数据库表

如果要通过 MySQL 实现分布式锁，最简单的方式可能就是直接创建一张锁表，然后通过操作该表中的数据来实现了。当要锁住某个方法或资源时，就在该表中增加一条记录，如果想要释放锁的时候就删除这条记录。创建如下所示的一张数据库表。

```
DROP TABLE IF EXISTS `methodLock`;
CREATE TABLE `methodLock` (
    `id` int(11) NOT NULL AUTO_INCREMENT COMMENT '主键',
    `method_name` varchar(64) NOT NULL DEFAULT '' COMMENT '锁定的方法名',
    `desc` varchar(1024) NOT NULL DEFAULT '备注信息',
    `update_time` timestamp NOT NULL DEFAULT CURRENT_TIMESTAMP ON UPDATE CURRENT_TIMES-
TAMP COMMENT '保存数据时间,自动生成',
    PRIMARY KEY (`id`),
    UNIQUE KEY `uidx_method_name` (`method_name`) USING BTREE
) ENGINE = InnoDB DEFAULT CHARSET = utf8 COMMENT = '锁定中的方法';
```

当想要锁住某个方法时，执行以下 SQL 语句。

```
INSERT INTO methodLock(`method_name`,`desc`) VALUES('method_name','desc')
```

因为对 method_name 做了唯一性约束，这里如果有多个请求同时提交到数据库的话，数据库会保证只有一个操作可以成功。那么就可以认为操作成功的那个线程获得了该方法的锁，可以执行方法体内容。

当方法执行完毕之后，想要释放锁的话，需要执行以下 SQL 语句。

```
DELETE FROM methodLock WHERE method_name = 'method_name'
```

上面实现的这种简单的分布式锁有以下几个问题。

1）这把锁强依赖数据库的可用性，数据库是一个单点，一旦数据库出故障，会导致业务系统不可用。

2）这把锁没有失效时间，一旦解锁操作失败，锁记录就会一直在数据库中，导致其他线程无法再获得锁。

3）这把锁只能是非阻塞的，因为数据的插入操作一旦失败就会直接报错。没有获得锁的线程并不会进入排队队列，要想获得锁就要再次触发获得锁操作。

4）这把锁是非重入的，同一个线程在没有释放锁之前无法再次获得该锁，因为数据已经存在了。

当然，也可以有其他方式解决上面的问题。针对数据库的单点问题，可以建立两个数据库，数据之前双向同步，一旦出故障快速切换到备用库上；针对没有失效时间的问题，可以做一个定时任务，每隔一段时间把数据库中的超时数据清理一遍即可解决；针对锁是非阻塞的问题，可以加一个 while 循环，直到 insert 语句成功再返回；针对锁是非重入的问题，可以在数据库表中加个字段，记录当前获得锁机器的主机信息和线程信息，那么下次再获取锁的时候先查询数据库，如果当前机器的主机信息和线程信息在数据库可以查到的话，直接把锁分配给它就可以了。

❷ 基于数据库排他锁实现分布式锁

除了可以通过增删操作数据表中的记录以外，其实还可以借助数据中自带的锁来实现分布式的锁。这里还用前文创建的那张数据库表，通过数据库的排他锁来实现分布式锁。基于 MySQL 的 InnoDB 引擎，可以使用以下方法来实现加锁操作，示例如下。

代码路径：chapter5/5.4.2-mysql.go。

```go
package main

import (
    "database/sql"
    "fmt"
    _ "github.com/go-sql-driver/mysql"
)

var db *sql.DB
```

```
func MySQLLock() (*sql.Tx,error) {
    db, _ = sql.Open("mysql",
        "root:a123456@tcp(127.0.0.1:3306)/chapter6")
    tx, err := db.Begin() // 开启事务
    if err != nil {
        if tx != nil {
            tx.Rollback() // 回滚
        }
        fmt.Printf("SELECT * FROM methodLock WHERE `method_name` = 'method_name' FOR UP-
DATE", err)
        return nil,nil
    }
    return tx, err
}

func main() {
    res,_:=MySQLLock()
    //执行逻辑
    fmt.Println("执行逻辑")
    res.Commit() // 提交事务
    fmt.Println("exec transaction success!")
}
```

在查询语句后面增加"FOR UPDATE"，数据库会在查询过程中给数据库表增加排他锁。当某条记录被加上排他锁之后，其他线程无法再在该行记录上增加排他锁。获得排他锁的线程即可获得分布式锁，当获取到锁之后，可以执行方法的业务逻辑，执行完方法之后，再通过以下方法解锁。

```
res.Commit() //提交事务
```

通过 Commit( )提交事务操作来释放锁。这种方法可以有效地解决上面提到的无法释放锁和阻塞锁的问题。针对阻塞锁问题，可以通过 FOR UPDATE 语句来处理，FOR UPDATE 语句会在执行成功后立即返回，在执行失败时一直处于阻塞状态，直到成功。针对锁定之后服务宕机，无法释放的问题，可以使用这种方式，服务宕机之后数据库会自己把锁释放掉。但是还是无法直接解决数据库单点和可重入问题。

注意，以上方法可能存在另外一个问题，虽然对 method_name 使用了唯一索引，并且显示使用 FOR UPDATE 来使用行级锁。但是，MySQL 会对查询进行优化，即便在条件中使用了索引字段，但是否使用索引来检索数据是由 MySQL 通过判断不同执行计划的代价来决定的。如果 MySQL 认为全表扫描效率更高，比如对一些很小的表，则它就不会使用索引。这种情况下 InnoDB 将使用表锁，而不是行锁。

▶▶5.4.3　用 ZooKeeper 实现分布式锁

ZooKeeper 是 Apache 软件基金会的一个软件项目，它为大型分布式计算提供开源的分布式配置服务、同步服务和命名注册。ZooKeeper 的架构通过冗余服务实现高可用性。ZooKeeper 是一种用于协调的服务分布式应用程序。由于 ZooKeeper 是关键基础结构的一部分，因此 ZooKeeper 旨在提供一个简单而高性能的内核，以在客户端构建更复杂的（Coordination Primitives）。它在复制的集中式服务中合并了来自组消息、共享寄存器和分布式锁的元素。ZooKeeper 公开的接口具有共享寄存器的免等待方面，它具有事件驱动机制，类似于分布式文件系统的缓存失效，以提供简单而强大的协调服务。

ZooKeeper 是一个为分布式应用提供一致性服务的开源组件，它内部是一个分层的文件系统目录树结构，规定同一个目录下只能有一个唯一文件名。基于 ZooKeeper 实现分布式锁的步骤如下。

1）创建一个目录 mylock。

2）线程 A 想获取锁就在 mylock 目录下创建临时顺序节点。

3）获取 mylock 目录下所有的子节点，然后获取比自己小的兄弟节点，如果不存在，则说明当前线程顺序号最小，获得锁。

4）线程 B 获取所有节点，判断自己不是最小节点，设置监听比自己小的节点。

5）线程 A 处理完后，删除自己的节点，线程 B 监听到变更事件，判断自己是不是最小的节点，如果是则获得锁。

这里推荐一个 Apache 的开源库 Curator，它是一个 ZooKeeper 客户端，Curator 提供的 InterProcessMutex 是分布式锁的实现，其中，acquire( ) 方法用于获取锁，release( ) 方法用于释放锁。

ZooKeeper 的 Go 语言实现示例如下。

代码路径：chapter5/5.4-zookeeper1.go。

```
package main

import (
    "time"

    "github.com/samuel/go-zookeeper/zk"
)

func main() {
    c, _, err := zk.Connect([]string{"127.0.0.1"}, time.Second) //* 10)
    if err != nil {
        panic(err)
    }
```

```
l := zk.NewLock(c, "/lock", zk.WorldACL(zk.PermAll))
//上锁
err = l.Lock()
if err != nil {
    panic(err)
}
println("上锁成功, 中间输入逻辑处理语句~")

time.Sleep(time.Second * 10)

//解锁
l.Unlock()
println("解锁成功, 完成逻辑处理语句~")
}
```

基于 ZooKeeper 的锁与基于 Redis 的锁的不同之处在于 Lock 成功之前会一直阻塞, 这与单机场景中的 mutex. Lock 很相似。其原理也是基于临时 Sequence 节点和 watch API, 例如这里使用的是 "/lock" 节点。Lock 会在该节点下的节点列表中插入自己的值, 只要节点下的子节点发生变化, 就会通知所有监听该节点的程序。这时程序会检查当前节点下最小子节点的 id 是否与自己的一致。如果一致, 说明加锁成功。

这种分布式的阻塞锁比较适合分布式任务调度场景, 但不适合高频次、持锁时间短的抢锁场景。按照 Google 的 Chubby 论文里的阐述, 基于强一致协议的锁适用于粗粒度的加锁操作。这里的粗粒度是指锁占用时间较长。读者在使用时也应思考在自己的业务场景中使用是否合适。

ZooKeeper 的优点是具备高可用、可重入、阻塞锁特性, 可解决失效死锁问题。ZooKeeper 的缺点: 因为需要频繁地创建和删除节点, 性能上不如 Redis 方式。

▶▶ 5.4.4 使用 Redis 的 SETNX 实现分布式锁

Redis 官方提供了一个名为 RedLock 的分布式锁算法来实现分布式锁。Redlock 算法是 Antirez（Redis 作者）在单 Redis 节点基础上引入的高可用模式。在 Redis 的分布式环境中, 假设有 N 个完全互相独立的 Redis 节点, 在 N 个 Redis 实例上使用与在 Redis 单实例下相同方法获取锁和释放锁。现在假设有 N 个 Redis 主节点（大于 3 的奇数个）, 这样基本保证它们不会同时都宕掉。在获取锁和释放锁的过程中, 客户端会执行以下操作。

1）获取当前 Unix 时间, 以 ms 为单位。

2）依次尝试从 N 个实例中, 使用相同的 key 和具有唯一性的 value 获取锁。当向 Redis 请求获取锁时, 客户端应该设置一个网络连接和响应超时时间, 这个超时时间应该小于锁的失效时间, 这样可以避免客户端一直等待。

3）客户端使用当前时间减去开始获取锁时间就得到获取锁使用的时间。而且仅当从半数以上的 Redis 节点取到锁，并且使用的时间小于锁失效时间时，锁才算获取成功。

4）如果取到了锁，则 key 的实际有效时间等于有效时间减去获取锁所使用的时间。

5）如果因为某些原因，获取锁失败（没有在半数以上实例取到锁或者取锁时间已经超过了有效时间），则客户端应该在所有的 Redis 实例上进行解锁，无论 Redis 实例是否加锁成功。因为可能服务端响应消息丢失了但是实际成功了，毕竟多释放一次也不会有问题。

上述的 5 个步骤是 Redlock 算法的主要过程，这种分布式锁有以下 3 个重要的考量点。

1）互斥，只能有一个客户端获取锁。

2）不能死锁。

3）容错，只要大部分 Redis 节点创建了这把锁就可以。

实现分布式锁的另外一种方式是通过 Redis 等缓存系统实现。使用 Redis 实现分布式锁，根本原理是使用 SETNX 指令，其语义如下。

SETNX key value

以上语句的执行逻辑是：如果 key 不存在，则设置 key 值为 value；如果 key 已经存在，则不执行赋值操作，并使用不同的返回值标识。下面对比一下几种具体实现方式。

❶ 使用 "SETNX + DELETE" 命令实现

使用 "SETNX + DELETE" 命令实现方式的主要逻辑是，首先通过 SETNX 设置一个随机值，然后删除这个随机值，伪代码如下。

```
SETNX lock_key random_value
//...处理逻辑
DELETE lock_key
```

以上这种实现方式的问题在于，一旦服务获取锁后，因某种原因出现故障，则锁一直无法自动释放，从而导致死锁。

❷ 使用 "SETNX + SETEX" 命令实现

使用 "SETNX + SETEX" 命令实现方式的主要逻辑是，首先通过 SETNX 设置一个随机值，然后通过 SETEX 设置超时时间，最后删除这个随机值，伪代码如下。

```
SETNX lock_key random_value
SETEX lock_key 5 random_value // 5s 超时
//...处理逻辑
DELETE lock_key
```

以上这种实现方式通过按需设置超时时间。该实现方式解决了方案 1 中的死锁问题，但同时引入了新的死锁问题：如果在 SETNX 之后、SETEX 之前服务出故障，会陷入死锁。根本原因是 SETNX/SETEX 分为了两个步骤，非原子操作。

❸ 使用 "SET…NX PX" 命令实现

该方案通过 SET 的 NX/PX 选项，将加锁、设置超时两个步骤合并为一个原子操作，从而解决方案 1、2 的问题（PX 与 EX 选项的语义相同，差异仅在单位）。此方案目前大多数 SDK、Redis 部署方案都支持，因此是推荐使用的方式，伪代码如下。

```
SET lock_key random_value NX PX 5000 // 5s 超时
//...处理逻辑
DELETE lock_key
```

但该方案也有问题：如果锁被错误地释放（如超时），或被错误地抢占，或因 Redis 问题等导致锁丢失，则无法很快地感知到。

❹ 使用 "SET Key RandomValue NX PX" 命令实现

方案 4 在方案 3 的基础上，增加对 value 的检查，只解除自己加的锁，类似于 CAS（Compare And Swap，比较并交换），是原子操作的一种。可用于在多线程编程中实现不被打断的数据交换操作，从而避免多线程同时改写某一数据时由于执行顺序不确定性以及中断的不可预知性产生的数据不一致问题。该操作通过将内存中的值与指定数据进行比较，当数值一样时将内存中的数据替换为新的值。此处不过是先比较后删除。此方案 Redis 原生命令不支持，为保证原子性，需要通过 Lua 脚本实现，伪代码如下。

```
SET lock_key random_value NX PX 10000
//...处理逻辑
eval "ifredis.call('get',KEYS[1]) == ARGV[1] then return redis.call('del',KEYS[1])
else return 0 end" 1 lock_key random_value
```

此方案更严谨，即使因为某些异常导致锁被错误地抢占，也能部分保证锁的正确释放。并且在释放锁时能检测到锁是否被错误抢占、错误释放，从而进行特殊处理。

❺ 使用 Redis 来实现分布式锁的注意事项

1）超时时间。从上述描述可看出，超时时间是一个比较重要的变量。

• 超时时间不能太短，否则在任务执行完成前就自动释放了锁，导致资源暴露在锁保护之外。

• 超时时间不能太长，否则会导致意外死锁后长时间的等待，除非人为介入处理。

• 建议根据任务内容，合理衡量超时时间，将超时时间设置为任务内容的几倍即可。如果实在无法确定而又要求比较严格，可以采用 SETEX/Expire 定期更新超时时间实现。

2）重试。如果拿不到锁，则建议根据任务性质、业务形式进行轮询等待。等待次数需要参考任务执行时间。

3）与 Redis 事务比较，SETNX 使用更为灵活方便。Multi/Exec 事务的实现形式更为复杂，且部分 Redis 集群方案不支持 Multi/Exec 事务。

⑥ Go 语言调用 Redis 命令实现分布式锁

Go 语言调用 Redis 命令实现分布式锁的示例如下。

代码路径：chapter5/5.4-redis-lock. go。

```go
package main

import (
    "fmt"
    "sync"
    "time"

    "github.com/garyburd/redigo/redis"
)

const (
    RedisAddr = "127.0.0.1:6379"
)

//获取锁
func getLock(redisAddr, lockKey string, ex uint, retry int) error {
    if retry <= 0 {
        retry = 10
    }
    //连接 Redis
    conn, err := redis.DialTimeout("tcp", redisAddr, time.Minute, time.Minute, time.
Minute)
    if err != nil {
        fmt.Println("conn to redis failed, err:% v", err)
        return err
    }
    defer conn.Close()
    ts := time.Now() //用时间作为随机值
    for i := 1; i <= retry; i++ {
        if i > 1 { //如果不是第一次,则延迟执行1s
            time.Sleep(time.Second)
        }
        //设置 Redis
        v, err := conn.Do("SET",lockKey, ts, "EX", retry, "NX")
        if err == nil {
            if v == nil {
                fmt.Println("get lock failed, retry times:", i)
            } else {
                fmt.Println("get lock success")
```

```go
                break
            }
        } else {
            fmt.Println("get lock failed with err:", err)
        }
        if i >= retry {
            err = fmt.Errorf("get lock failed with max retry times.")
            return err
        }
    }
    return nil
}

//解锁
func unLock(redisAddr, lockKey string) error {
    //连接 Redis
    conn, err := redis.DialTimeout("tcp", redisAddr, time.Minute, time.Minute, time.Minute)
    if err != nil {
        fmt.Println("conn to redis failed, err:% v", err)
        return err
    }
    defer conn.Close()
    //删除 Redis key
    v, err := redis.Bool(conn.Do("DEL", lockKey))
    if err == nil {
        if v {
            fmt.Println("unLock success")
        } else {
            fmt.Println("unLock failed")
            return fmt.Errorf("unLock failed")
        }
    } else {
        fmt.Println("unLock failed, err:", err)
        return err
    }
    return nil
}
func main() {
    var wg sync.WaitGroup

    key := "redis_lock"

    for i := 0; i < 5; i++ {
        wg.Add(1)
        go func(id int) {
```

```
            defer wg.Done()
            time.Sleep(time.Second)
            //获取锁
            err := getLock(RedisAddr, key, 3, 3)
            if err != nil {
            fmt.Println(fmt.Sprintf("worker[% d] get lock failed:% v", id, err))
                return
            }
            //随机延迟
            for j := 0; j < 2; j ++ {
                time.Sleep(time.Second)
                fmt.Println(fmt.Sprintf("worker[% d] hold lock for % ds", id, j +1))
            }
            //解锁
            err = unLock(RedisAddr, key)
            if err != nil {
              fmt.Println(fmt.Sprintf("worker[% d] unlock failed:% v", id, err))
            }
            fmt.Println(fmt.Sprintf("worker[% d] done", id))
        }(i)
    }
    wg.Wait()
    fmt.Println("finished!")
}
```

运行结果如下。

```
go run 5.4-redis-lock.go
get lock success
get lock failed, retry times: 1
get lock failed, retry times: 1
get lock failed, retry times: 1
get lock failed, retry times: 1
worker[4] hold lock for 1s
get lock failed, retry times: 2
get lock failed, retry times: 2
get lock failed, retry times: 2
get lock failed, retry times: 2
worker[4] hold lock for 2s
get lock failed, retry times: 3
worker[1] get lock failed:get lock failed with max retry times.
get lock failed, retry times: 3
get lock failed, retry times: 3
get lock failed, retry times: 3
```

```
worker[0] get lock failed:get lock failed with max retry times.
worker[2] get lock failed:get lock failed with max retry times.
worker[3] get lock failed:get lock failed with max retry times.
unLock success
worker[4] done
finished!
```

通过以上返回值可以看出，在锁定之后，如果再去获取锁，则会失败，直到最后解锁成功。

5.4.5 使用 etcd 实现分布式锁

① etcd 分布式锁实现原理简介

etcd 是使用 Go 语言开发的一个开源的、高可用的分布式 key-value 存储系统，可以用于配置共享和服务的注册和发现。etcd 使用 Raft 算法保持了数据的强一致性，每次操作存储到集群中的值必然是全局一致的，所以很容易实现分布式锁。锁服务有"保持独占""控制时序"两种使用方式。

"保持独占"即所有获取锁的用户最终只有一个可以得到。etcd 为此提供了一套实现分布式锁原子操作 CAS（Compare And Swap，比较并交换）的 API。通过设置 prevExist 值，可以保证在多个节点同时去创建某个目录时，只有一个成功，而创建成功的用户就可以认为是获得了锁。

"控制时序"是指所有想要获得锁的用户都会被安排执行，但是获得锁的顺序也是全局唯一的，同时决定了执行顺序。etcd 为此也提供了一套自动创建有序键的 API 接口，对一个目录建值时指定为 POST 动作，这样 etcd 会自动在目录下生成一个当前最大的值为键，存储这个新的值（客户端编号）。同时还可以使用 API 接口按顺序列出所有当前目录下的键值。此时这些键的值就是客户端的时序，也可以是代表客户端的编号。

② Go 语言实现

1）etcd 分布式锁实现原理总结如下。

① 利用租约在 etcd 集群中创建一个 key，这个 key 有两种形态，存在和不存在，而这两种形态就是互斥量。

② 如果这个 key 不存在，则线程创建 key，成功则获取到锁，该 key 就为存在状态。

③ 如果该 key 已经存在，则线程就不能创建 key，获取锁失败。

2）导入 go. etcd. io/etcd/client/v3 包，定义锁结构体。

导入 go. etcd. io/etcd/client/v3 包的命令如下。

```
$ go get go.etcd.io/etcd/client/v3
```

在使用该锁时，需要传入 Ttl、Conf、Key 等字段来初始化锁，代码如下。

```
//Etcd 互斥结构体
type EtcdMutex struct {
    Ttl        int64                //租约时间
    Conf       clientv3.Config      //etcd 集群配置
    Key        string               //etcd 的 key
    cancel     context.CancelFunc   //关闭续租的 func
    lease      clientv3.Lease
    leaseID    clientv3.LeaseID
    txn        clientv3.Txn
}
```

3）初始化锁，代码如下。

```
func (em *EtcdMutex) init() error {
    var err error
    //定义上下文对象
    var ctx context.Context
    client, err := clientv3.New(em.Conf)
    if err != nil {
        return err
    }
    //创建事务
    em.txn = clientv3.NewKV(client).Txn(context.TODO())
    em.lease = clientv3.NewLease(client)
    //创建响应对象
    leaseResp, err := em.lease.Grant(context.TODO(), em.Ttl)
    if err != nil {
        return err
    }
    ctx, em.cancel = context.WithCancel(context.TODO())
    em.leaseID = leaseResp.ID
    _, err = em.lease.KeepAlive(ctx, em.leaseID)
    return err
}
```

4）加锁，代码如下。

```
func (em *EtcdMutex) Lock() error {
    //初始化
    err := em.init()
    if err != nil {
        return err
```

```
    }
    //加锁
    em.txn.If(clientv3.Compare(clientv3.CreateRevision(em.Key), "=", 0)).
        Then(clientv3.OpPut(em.Key, "", clientv3.WithLease(em.leaseID))).
        Else()
    //提交
    _, err = em.txn.Commit()
    if err != nil {
        return err
    }

    return nil
}
```

5）释放锁，代码如下。

```
//释放锁
func (em *EtcdMutex) UnLock() {
    em.cancel()
    em.lease.Revoke(context.TODO(), em.leaseID)
    fmt.Println("释放了锁")
}
```

6）调用锁，代码如下。

```
func main() {
    //定义终点
    var conf = clientv3.Config{
        Endpoints:   []string{"127.0.0.1:2379", "127.0.0.1:2380"},
        DialTimeout: 5 *time.Second,
    }
    //初始化 eMutex1
    eMutex1 := &EtcdMutex{
        Conf: conf,
        Ttl: 10,
        Key:  "lock",
    }
    //初始化 eMutex2
    eMutex2 := &EtcdMutex{
        Conf: conf,
        Ttl: 10,
        Key:  "lock",
    }
    //启动 groutine1
    go func() {
        err := eMutex1.Lock()
```

```
            if err != nil {
                fmt.Println("groutine1 抢锁失败~")
                fmt.Println(err)
                return
            }
            fmt.Println("groutine1 抢锁成功~")
            time.Sleep(10 *time.Second)
            defer eMutex1.UnLock()
        }()

        //启动 groutine2
        go func() {
            err := eMutex2.Lock()
            if err != nil {
                fmt.Println("groutine2 抢锁失败~")
                fmt.Println(err)
                return
            }
            fmt.Println("groutine2 抢锁成功~")
            defer eMutex2.UnLock()
        }()
        time.Sleep(30 *time.Second)
    }
```

以上代码的运行结果如下。

```
$ go run 5.4-etcd.go
groutine2 抢锁成功
groutine1 抢锁成功
释放了锁
释放了锁
```

▶▶ 5.4.6 分布式锁的选择

在实战开发中，如果业务还处在单机就可以搞定的量级时，那么按照需求使用任意的单机锁方案就可以。如果发展到了分布式服务阶段，但业务规模不大、QPS（Queries Per Second，每秒查询率）很小的情况下，使用哪种锁方案都可以。如果公司内已有可以使用的 ZooKeeper、etcd 或者 Redis 集群，那么就尽量在不引入新的技术栈的情况下满足业务需求。

业务发展到一定量级时，就需要从多方面来考虑了。首先是 DELETE 的锁是否在任何恶劣的条件下都不允许数据丢失，如果不允许，那么就不要使用 Redis 的 SETNX 的简单锁。常见的分布式锁的方式对比见表 5-3。

表 5-3

实现方式	功能要求	实现难度	学习程度	运维成本
MySQL 借助表锁/行锁实现	满足基本要求	不难	熟悉	一般。小量可以使用；大量影响现有业务。主多从架构，不方便扩容
通过 ZooKeeper 的方式实现	满足要求	要求熟悉 ZooKeeper API	需要学习	较高。需要堆机器，有跨机房请求
Redis 使用 SET NX EX	满足基本要求	不难	熟悉	一般。扩容方便，方便使用现有服务
通过 etcd 实现	满足要求	较易	熟悉	较高。不能增加节点来提高其性能

对锁数据的可靠性要求极高的话，那只能使用 etcd 或者 ZooKeeper 这种通过一致性协议保证数据可靠性的锁方案，但可靠的背面往往都是较低的吞吐量和较高的延迟。需要根据业务的量级对其进行压力测试，以确保分布式锁所使用的 etcd 或 ZooKeeper 集群可以承受得住实际的业务请求压力。

注意：etcd 和 Zookeeper 集群是没有办法通过增加节点来提高其性能的。要对其进行横向扩展，只能增加搭建多个集群来支持更多的请求。这会进一步提高对运维和监控的要求。

如果在业务已经上线的情况下做扩展，则还要考虑数据的动态迁移。

5.5 Go 实现常见的分布式应用

▶▶ 5.5.1 用 Snowflake 框架生成分布式 ID

在单机系统中会使用自增 id 作为数据的唯一 id，自增 id 在数据库中有利于排序和索引。但是在分布式系统中如果还是利用数据库的自增 id 就会引起冲突，自增 id 非常容易被爬虫爬取数据。在分布式系统中有使用 uuid 作为数据唯一 id 的，但是 uuid 是一串随机字符串，所以它无法被排序。

Twitter 设计了 Snowflake 算法为分布式系统生成 ID。Snowflake 的 id 是 int64 类型，它通过 datacenterId 和 workerId 来标识分布式系统，其组成如图 5-9 所示。

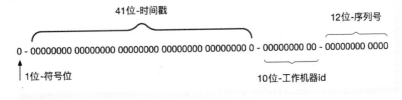

● 图 5-9

　　在使用 Snowflake 生成 id 时，首先会计算时间戳（timestamp），如果时间戳数据超过 41 位则异常，同样需要判断 datacenterId 和 workerId 不能超过 5 位（0～31）。在处理自增序列时，如果发现自增序列超过 12 位时需要等待，因为当前毫秒下 12 位的自增序列被用尽，需要进入下一毫秒后自增序列继续从 0 开始递增。

　　首先获取 snowflake 包，在命令行输入如下命令。

```
go get github.com/GUAIK-ORG/go-snowflake
```

然后编写 Go 语言代码如下。

代码路径：chapter5/5.5-snowflake.go。

```
package main

import (
    "fmt"
    "github.com/GUAIK-ORG/go-snowflake/snowflake"
    "github.com/golang/glog"
    "sync"
    "time"
)

func main() {
    var wg sync.WaitGroup
    // 创建 Snowflake 对象
    s, err := snowflake.NewSnowflake(int64(1), int64(1))
    if err != nil {
        glog.Error(err)
        return
    }
    var check sync.Map
    t1 := time.Now()
    for i := 0; i < 100; i++ {
        wg.Add(1)
        go func() {
            defer wg.Done()
            //生成唯一 ID
            val := s.NextVal()
            //打印生成的 id
            fmt.Println(val)
            if _, ok := check.Load(val); ok {
                // id 冲突检查
                glog.Error(fmt.Errorf("error#unique: val:% v", val))
                return
            }
```

```
        check.Store(val, 0)
        if val == 0 {
            glog.Error(fmt.Errorf("error"))
            return
        }
    }()
    }
    wg.Wait()
    elapsed := time.Since(t1)
    glog.Infof("generate 20k ids elapsed: % v", elapsed)
}
```

以上代码的运行结果如下。

```
$ go run 5.5-snowflake.go
197080884078317570
197080884078317568
```

值得注意的是，在多实例（多个 snowflake 对象）的并发环境下，请确保每个实例（datacenterid，workerid）的唯一性，否则生成的 ID 可能会冲突。

▶▶ 5.5.2 Go 语言实现 Paxos 一致性算法

❶ 什么是 Paxos 算法

在 5.1.2 中已经简单介绍了一下 Paxos 算法，Paxos 算法是少数在工程实践中证实的强一致性、高可用的去中心化分布式算法。Google 的很多大型分布式系统都采用了 Paxos 算法来解决分布式一致性问题，如 Chubby、Megastore 以及 Spanner 等。开源的 ZooKeeper 以及 MySQL 5.7 推出的用来取代传统的主从复制的 MySQL Group Replication 等纷纷采用 Paxos 算法解决分布式一致性问题。

❷ Paxos 算法的基本原理

算法中存在 3 种逻辑角色的节点，在实现中同一节点可以担任多个角色，具体如下。

提案者（Proposer）：提出一个提案，等待大家批准（Chosen）为结案（Value）。系统中提案都拥有一个自增的唯一提案号，往往由客户端担任该角色。

接受者（Acceptor）：负责对提案进行投票，接受（Accept）提案，往往由服务器端担任该角色。

学习者（Learner）：获取批准结果，并帮忙传播，不参与投票过程，可为客户端或服务器端。

算法需要满足安全性（Safety）和存活性（Liveness）两方面的约束要求。实际上这两个基础属性也是大部分分布式算法都该考虑的。

1）安全性：保证决议（Value）结果是对的、无歧义的，不会出现错误情况。只有是被提案者提出的提案才可能被最终批准。在一次执行中，只批准（chosen）一个最终决议，被多数接受（accept）的结果成为决议。

2）存活性：保证决议过程能在有限时间内完成。决议总会产生，并且学习者能获得被批准的决议。

基本思路类似两阶段提交：多个提案者先要争取到提案的权利（得到大多数接受者的支持）；成功的提案者发送提案给所有人进行确认，得到大部分人确认的提案成为批准的结案。

Paxos 算法就是通过两个阶段确定一个决议，具体如下。

1）第1阶段：确定谁的编号最高，只有编号最高者才有权力提交提案（Proposal）。

2）第2阶段：编号最高者提交 Proposal，如果没有其他节点提出更高编号的 Proposal，则该提案会被顺利通过，否则整个过程就会重来。

有一点需要注意，在第1阶段，可能会出现活锁。比如你编号高，但我比你更高，反复如此，算法永远无法结束。可使用一个"Leader"来解决问题，这个 Leader 并非刻意去选出来一个，而是自然形成的。

❸ Paxos 算法的 Go 语言实现

1）第1阶段 Go 语言实现。

```go
func (px *Paxos) Prepare(args *PrepareArgs, reply *PrepareReply) error {
    px.mu.Lock()
    defer px.mu.Unlock()
    round, exist := px.rounds[args.Seq]
    if ! exist {
        //提交的新序列
        px.rounds[args.Seq] = px.newInstance()
        round, _ = px.rounds[args.Seq]
        reply.Err = OK
    }else {
        if args.PNum > round.proposeNumber {
            reply.Err = OK
        }else {
            reply.Err = Reject
        }
    }
    if reply.Err == OK {
        reply.AcceptPnum = round.acceptorNumber
        reply.AcceptValue = round.acceptValue
        px.rounds[args.Seq].proposeNumber = args.PNum
```

```
        }else {
            //拒绝
        }
        return nil
}
```

在 Prepare 阶段，主要是通过 RPC 调用，询问每一台机器。当前的这个提议能不能通过，判断的条件就是，当前提交的编号大于之前其他机器提案的编号，代码为 "if args. PNum > round. proposeNumber"。还有一个就是，如果之前一台机器都没有通过，即当前是第一个提交提案的机器，那就直接同意通过了。代码片段如下。

```
round, exist := px.rounds[args.Seq]
if ! exist {
    //新的提交序列
    px.rounds[args.Seq] = px.newInstance()
    round, _ = px.rounds[args.Seq]
    reply.Err = OK
}
```

在完成逻辑判断后，如果本次提议是通过的，则还需返回给提议者已经通过提议和确定的值。代码片段如下。

```
if reply.Err == OK {
    reply.AcceptPnum = round.acceptorNumber
    reply.AcceptValue = round.acceptValue
    px.rounds[args.Seq].proposeNumber = args.PNum
}
```

2）第 2 阶段 Go 语言实现。

```
func (px *Paxos) Accept(args *AcceptArgs, reply *AcceptReply) error {
    px.mu.Lock()
    defer px.mu.Unlock()
    round, exist := px.rounds[args.Seq]
    if ! exist {
        px.rounds[args.Seq] = px.newInstance()
        reply.Err = OK
    }else {
        if args.PNum >= round.proposeNumber {
            reply.Err = OK
        }else {
            reply.Err = Reject
        }
    }
    if reply.Err == OK {
```

```
        px.rounds[args.Seq].acceptorNumber = args.PNum
        px.rounds[args.Seq].proposeNumber = args.PNum
        px.rounds[args.Seq].acceptValue = args.Value
    }else {
        //拒绝
    }
    return nil
}
```

在 Accept 阶段基本和 Prepare 阶段如出一辙。判断当前的提议是否存在，如果不存在表明是新的，那就直接返回 OK。

```
round, exist := px.rounds[args.Seq]if ! exist {
    px.rounds[args.Seq] = px.newInstance()
    reply.Err = OK
}
```

然后同样判断提议号是否大于等于当前的提议编号。如果是，同样也返回 OK，否则就拒绝。

```
if args.PNum >= round.proposeNumber {
    reply.Err = OK
}else {
    reply.Err = Reject
}
```

需要注意的是，如果提议通过，则需设置当轮的提议编号和提议的值。

```
if reply.Err == OK {
    px.rounds[args.Seq].acceptorNumber = args.PNum
    px.rounds[args.Seq].proposeNumber = args.PNum
    px.rounds[args.Seq].acceptValue = args.Value
}
```

整个过程使用了 Map 和数组来存储一些辅助信息。Map 主要存储的是每一轮投票被确定的结果，Key 表示每一轮的投票编号，Round 表示存储已经接受的值。Completes 数组主要用于存储在使用的过程中已经确定完成了的最小编号。

```
rounds  map[int]*Round //缓存每一轮 paxos 算法的结果键
completes  [ ] int         //维护已完成的对等最小序列
func (px *Paxos)Decide(args *DecideArgs, reply *DecideReply) error {
    px.mu.Lock()
    defer px.mu.Unlock()
    _, exist := px.rounds[args.Seq]
    if ! exist {
```

```
        px.rounds[args.Seq] = px.newInstance()
    }
    px.rounds[args.Seq].acceptorNumber = args.PNum
    px.rounds[args.Seq].acceptValue = args.Value
    px.rounds[args.Seq].proposeNumber = args.PNum
    px.rounds[args.Seq].state = Decided
    px.completes[args.Me] = args.Done
    return nil
}
```

同时 Decide()方法，用于提议者来确定某个值，这个值会映射到分布式里面的状态机的
应用中。

客户端通过提交指令给服务器端，服务器端通过 Paxos 算法实现在多台机器上。所有的服务
器端按照顺序执行相同的指令，然后状态机对指令进行执行，最后每台机器的结果都是一样的。

5.6 Go 语言常见分布式框架

▶▶ 5.6.1 Go Micro 框架

❶ Go Micro 简介与设计理念

Go Micro 是一个基于 Go 语言编写的、用于构建微服务的基础框架，提供了分布式开发所
需的核心组件，包括 RPC 和事件驱动通信等。

Go Micro 的设计哲学是可插拔的插件化架构，其核心专注于提供底层的接口定义和基础工
具，这些底层接口可以兼容各种实现。例如 Go Micro 默认通过 consul 进行服务发现，通过 HT-
TP 协议进行通信，通过 protobuf 和 json 进行编解码。以便可以基于组件快速启动服务，但是
如果需要的话，也可以通过符合底层接口定义的其他组件替换默认组件，例如通过 etcd 或 Zo-
oKeeper 进行服务发现。这也是插件化架构的优势所在：不需要修改任何底层代码即可实现上
层组件的替换。

❷ Go Micro 基础架构介绍

Go Micro 框架的基础架构由 8 个核心接口组成，如图 5-10 所示。每个接口都有默认实现，
具体如下。

1）Service 接口是构建服务的主要组件，它把底层的各个包需要实现的接口，做了一次封装，
包含了一系列用于初始化 Service 和 Client 的方法，使大家可以很简单地创建一个 RPC 服务。

2）Client 是请求服务的接口，从 Registry 中获取 Server 信息，然后封装了 Transport 和 Co-
dec 进行 RPC 调用，也封装了 Brocker 进行消息发布。默认基于 RPC 协议通信，也可以基于

HTTP 或 gRPC。

3）Server 是监听服务调用的接口，它将接收 Broker 推送过来的消息，需要向 Registry 注册自己的存在与否，以便客户端发起请求。和 Client 一样，默认基于 RPC 协议通信，也可以替换为 HTTP 或 gRPC。

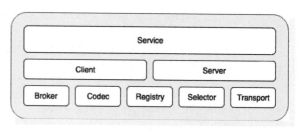

● 图 5-10

4）Broker 是消息发布和订阅的接口，默认是基于 HTTP 实现，在生产环境可以替换为 Kafka、RabbitMQ 等其他组件实现。

5）Codec 用于解决传输过程中的编码和解码，默认实现的是 protobuf，也可以替换成 json、mercury 等。

6）Registry 用于实现服务的注册和发现，当有新的 Service 发布时，需要向 Registry 注册。然后 Registry 通知客户端进行更新，Go Micro 默认基于 consul 实现服务注册与发现，当然，也可以替换成 etcd、ZooKeeper、kubernetes 等。

7）Selector 是客户端级别的负载均衡，当有客户端向服务器端发送请求时，Selector 根据不同的算法从 Registery 的主机列表中得到可用的 Service 节点进行通信。目前的实现有循环算法和随机算法，默认使用随机算法。另外，Selector 还有缓存机制，默认是本地缓存，还支持 label、blacklist 等方式。

8）Transport 是服务器之间通信的接口，也就是服务发送和接收的最终实现方式，默认使用 HTTP 同步通信，也可以支持 TCP、UDP、NATS、gRPC 等其他方式。

Go Micro 官方创建了一个 Plugins 仓库，用于维护 Go Micro 核心接口支持的可替换插件，具体见表 5-4。

表 5-4

接　　口	支 持 组 件
Broker	NATS、NSQ、RabbitMQ、Kafka、Redis 等
Client	gRPC、HTTP
Codec	BSON、Mercury 等
Registry	Etcd、NATS、Kubernetes、Eureka 等
Selector	Label、Blacklist、Static 等
Server	gRPC、HTTP
Transport	NATS、gPRC、RabbitMQ、TCP、UDP
Wrapper	中间件：熔断、限流、追踪、监控

各组件接口之间的关系可以通过图 5-11 所示方式串联。

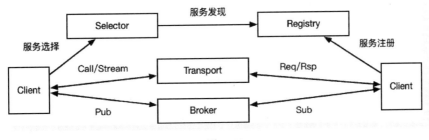

● 图 5-11

通过上述介绍可以看出，Go Micro 简单轻巧、易于上手、功能强大、扩展方便，是基于 Go 语言进行微服务架构时非常值得推荐的一个 RPC 框架。基于其核心功能及插件，可以轻松解决微服务架构中需要解决的以下问题。

1）服务接口定义：通过 Transport、Codec 定义通信协议及数据编码。

2）服务发布与调用：通过 Registry 实现服务注册与订阅，还可以基于 Selector 提高系统可用性。

3）服务监控、服务治理、故障定位：通过 Plugins Wrapper 中间件来实现。

❸ Go Micro 安装

Go Micro 安装命令如下。

```
$ go get -u github.com/asim/go-micro
```

❹ Go Micro 第一个程序

Go Micro 第一个程序的示例代码如下。

代码路径：chapter5/5.6.1-go-micro-helloworld.go。

```
package main
import (
    "context"
    "log"

    pb "github.com/asim/go-micro/examples/v3/helloworld/proto"
    "github.com/asim/go-micro/v3"
)

type Greeter struct{}

func (g *Greeter) Hello(ctx context.Context, req *pb.Request, rsp *pb.Response) error {
    rsp.Greeting = "Hello " + req.Name
    return nil
```

```
    }
    func main() {
        service := micro.NewService(
            micro.Name("helloworld"),
        )

        service.Init()

        pb.RegisterGreeterHandler(service.Server(), new(Greeter))

        if err := service.Run(); err != nil {
            log.Fatal(err)
        }
    }
```

在文件所在目录打开命令行，输入如下命令，输出如下：

```
    $ go run 5.6.1-go-micro-helloworld.go
    2021-07-26 18:36:15   file=go-micro/service.go:199 level=info Starting [service]hel-
loworld
    2021-07-26 18:36:15   file=server/rpc_server.go:820 level=info Transport [http] Lis-
tening on [::]:56979
    2021-07-26 18:36:15   file=server/rpc_server.go:840 level=info Broker [http] Connect-
ed to 127.0.0.1:56980
    2021-07-26 18:36:15   file=server/rpc_server.go:654 level=info Registry [mdns] Regis-
tering node: helloworld-a6615380-2d37-443c-bcf1-d6026c4b76b2
```

▶▶ 5.6.2 Consul 框架

❶ Consul 是什么

Consul 是包含多个组件作为基础设施并提供服务发现和服务配置的工具。Consul 具有以下关键特性。

• 服务发现：Consul 的客户端可以提供一个服务，比如 API 或者 MySQL。另外一些客户端可以使用 Consul 去发现一个指定服务的提供者，通过 DNS 或者 HTTP 应用程序可以很容易地找到它所依赖的服务。

• 健康检查：Consul 客户端可以提供任意数量的健康检查，指定一个服务（如服务器是否返回了 200 OK 状态码）或者使用本地节点（如内存使用是否大于 90%）。这个信息可由 operator 用来监视集群的健康状态，被用来阻止将流量发送到其他不健康的主机。

• Key/Value 存储：应用程序可以根据自己的需要使用 Consul 层级的 Key/Value 存储。如动态配置、功能标记、协调等，简单的 HTTP API 让 Consul 更易于使用。

• 多数据中心：Consul 支持开箱即用的多数据中心。这意味着用户不需要担心建立额外的抽象层让业务扩展到多个区域。Consul 面向 DevOps 和应用开发者友好，适合用来搭建现代的弹性的基础设施。

② Consul 基础架构

Consul 是一个分布式、高可用的系统。每个提供服务给 Consul 的节点都运行了一个 Consul Agent，发现服务、设置和获取 Key/Value 存储的数据不是必须要运行 agent 的，这个 Agent 是负责对节点自身和节点上的服务进行健康检查的。

Agent 与一个和多个 Consul Server 进行交互，Consul Server 用于存放和复制数据。虽然 Consul 可以运行在一台服务器上，但是建议使用 3 ~ 5 台以避免失败情况下数据的丢失。每个数据中心建议配置一个服务器集群。

在使用时，基础设施中需要发现其他服务的组件，可以查询任何一个 Consul 的服务或者代理，它们会自动转发请求到其他服务器。

每个数据中心运行了一个 Consul 服务器集群。当一个跨数据中心的服务发现和配置请求创建时，本地 Consul 服务器转发请求到远程的数据中心并返回结果。

③ 安装 Consul

安装 Consul，找到适合系统的包进行下载。下载后解开压缩包，复制 Consul 到操作系统的 PATH 路径中，在 UNIX 系统中 ~/bin 和/usr/local/bin 是通常的安装目录。根据是为单个用户安装还是整个系统安装来选择，在 Windows 系统中有可以安装到% PATH% 的路径中。

在 macOS X 中，通过如下 brew 命令安装。

```
$ brew install consul
```

完成安装后，通过打开一个新终端窗口检查 Consul 安装是否成功，示例如下。

```
$ consul
```

由于 Consul 的命令较多，限于篇幅，本书不做详细介绍，感兴趣的读者可自行查阅相关文档资料。

5.7 回顾和启示

本章通过对"分布式系统原理""负载均衡简介""常用负载均衡算法""分布式锁""Go 实现常见的分布式应用""Go 常见分布式框架" 6 个小节的讲解，让读者深入了解分布式系统的原理、常用算法和应用。最后通过一个简易分布式爬虫系统的实战案例，让读者回顾前面所学知识。

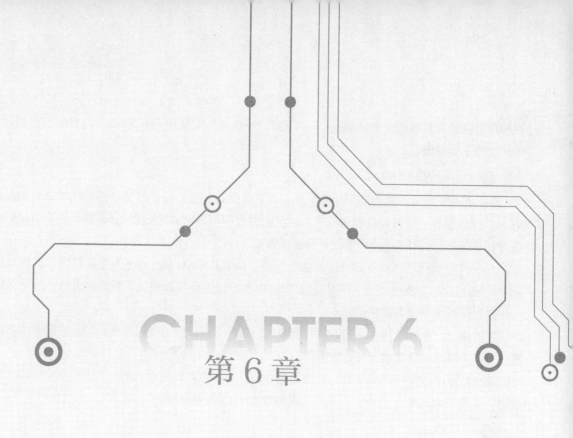

第6章

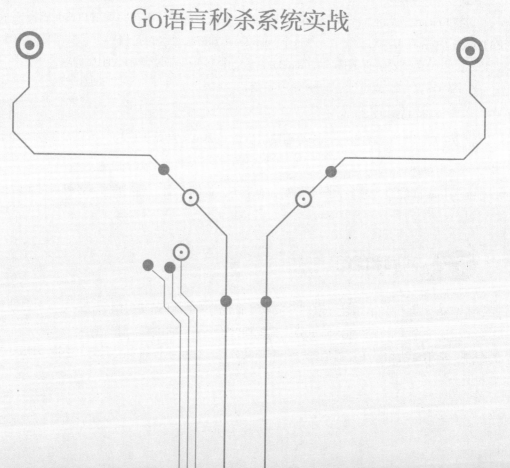

Go语言秒杀系统实战

本章通过对一个秒杀系统架构和实现的完整流程的介绍（包括"秒杀系统简介"、"秒杀系统架构"、"HTML 静态页面开发"、"服务端设计"、"压力测试" 5 部分），让读者理解秒杀系统的架构与实现的精髓。

6.1 秒杀系统简介

6.1.1 高并发系统简介

❶ 什么是高并发？

高并发（High Concurrency）通常是指通过设计保证系统能够同时并行处理很多请求，是互联网分布式系统架构设计中必须考虑的因素之一。高并发常用的一些指标有响应时间（Response Time）、吞吐量（Throughput）、每秒查询率（Query Per Second，QPS）、并发用户数等。

- 响应时间：系统对请求做出响应的时间。例如系统处理一个 HTTP 请求需要 200ms，这个 200ms 就是系统的响应时间。
- 吞吐量：单位时间内处理的请求数量。
- 每秒查询率：每秒响应请求数。在互联网领域，每秒查询率和吞吐量区分得没有这么明显。
- 并发用户数：同时承载正常使用系统功能的用户数量。例如一个即时通信系统，同时在线量一定程度上代表了系统的并发用户数。

❷ 如何提升系统的并发能力？

对于互联网分布式架构设计，提高系统并发能力的方式主要有垂直扩展（Scale Up）与水平扩展（Scale Out）两种。

1）垂直扩展：提升单机处理能力。垂直扩展的方式又有两种：一是增强单机硬件性能，例如增加 CPU 核数（如 64 核）、升级网卡（如万兆网卡）、升级硬盘（如 SSD）、扩充硬盘容量（如 5T）、扩充系统内存（如 256G）；二是提升单机架构性能，例如使用 Cache 来减少 I/O（Input/Output，输入/输出）次数、使用异步来增加单服务吞吐量、使用无锁数据结构来减少响应时间。

在互联网业务发展早期，如果预算不是问题，建议使用"增强单机硬件性能"的方式提升系统并发能力。因为在这个阶段，公司的战略往往是发展业务抢时间，而"增强单机硬件性能"往往是最快的方法。

不管是提升单机硬件性能，还是提升单机架构性能，都有一个致命的不足：单机性能总是有极限的。所以互联网分布式架构设计高并发的终极解决方案还是水平扩展。

2）水平扩展：只要增加服务器数量，就能线性扩充系统性能。水平扩展对系统架构设计是有要求的，如何在架构各层进行可水平扩展的设计，以及互联网公司架构各层常见的水平扩展实践，是本书重点讨论的内容，后文会详细介绍。

❸ 常见的互联网分层架构

图6-1 所示为目前十分常见的互联网分布式架构图，具体分为如下各层。

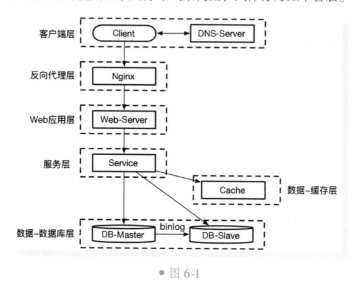

● 图 6-1

1）客户端层：典型调用方是浏览器（browser）或者手机 APP。

2）反向代理层：通常用于系统入口，常用 Nginx 作为反向代理。

3）Web 应用层：通常使用 Java、Python、Go 等语言来实现 Web 应用层的核心逻辑，通常返回 HTML 或者 JSON。

4）服务层：如果实现了服务化，则有这一层。

5）数据-缓存层：通常用于缓存加速访问存储，比较常用的是 Redis 等数据库。

6）数据-数据库层：通常用于数据库固化数据存储，比较常用的是 MySQL、Oracle 等数据库。

❹ 分层水平扩展架构实践

（1）反向代理层的水平扩展

反向代理层的水平扩展是通过 DNS 轮询实现的。DNS 服务器（DNS-Server）对于一个域名配置了多个解析 IP，每次 DNS 解析请求来访问 DNS 服务器都会轮询返回这些 IP。反向代理层的水平扩展如图 6-2 所示。

当 Nginx 成为瓶颈的时候，只要增加服务器数量、新增 Nginx 服务的部署、增加一个外网

IP 就能扩展反向代理层的性能，做到理论上的无限高并发。

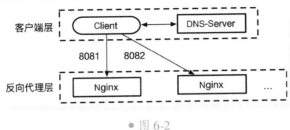

• 图 6-2

（2）站点层的水平扩展

站点层的水平扩展是通过 Nginx 实现的，通过修改 Nginx. conf 可以设置多个 Web 后端。当 Web 后端成为瓶颈的时候，只要增加服务器数量、新增 Web 服务的部署、在 Nginx 中配置新的 Web 后端就能扩展站点层的性能。站点层的水平扩展如图 6-3 所示。

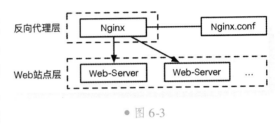

• 图 6-3

（3）服务层的水平扩展

服务层的水平扩展是通过服务连接池实现的。站点层通过 RPC-client 调用下游的服务层 RPC-server 时，RPC-client 中的连接池会建立多个与下游服务的连接。当服务成为瓶颈的时候，只要增加服务器数量、新增服务部署、在 RPC-Client 处建立

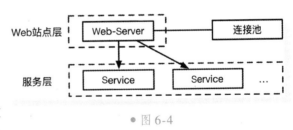

• 图 6-4

新的下游服务连接就能扩展服务层性能。如果需要优雅地进行服务层自动扩容，这里可能需要配置中心里的服务自动发现功能的支持。服务层的水平扩展如图 6-4 所示。

（4）数据层的水平扩展

在数据量很大的情况下，数据层涉及数据的水平扩展，将原本存储在一台服务器上的数据（缓存，数据库）水平拆分到不同服务器上去，以达到扩充系统性能的目的。

互联网数据层常见的水平拆分方式，以数据库为例，是按照范围水平拆分的。假设为每一个数据服务存储一定范围的数据。例如，user0 库，存储 user_id 范围 1 ~ 10000000；user1 库，存储 user_id 范围 10000000 ~ 20000000；以此类推，如图 6-5

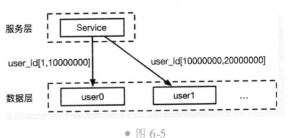

• 图 6-5

所示。

这个方案的优点如下。

1）规则简单，服务层只需判断一下 uid 范围就能路由到对应的存储服务。

2）数据均衡性较好。

3）比较容易扩展，可以随时加一个 uid ［20000000，30000000］的数据服务。

缺点是：请求的负载不一定均衡。一般来说，新注册的用户会比老用户更活跃，大 Range 的服务请求压力会更大。

通过水平拆分扩展的数据库性能特点如下。

1）每个服务器存储的数据量是总量的 1/n，所以单机的性能也会有提升。

2）n 个服务器的数据没有交集，每个服务器上数据的并集是数据的全集。

3）数据水平拆分到 n 个服务器上，理论上读性能扩充了 n 倍，写性能也扩充了 n 倍（其实远不止 n 倍，因为单机的数据量变为了原来的 1/n）。

通过主从同步读写分离扩展的数据库性能特点如下。

1）每个服务器存储的数据量是和总量相同的。

2）n 个服务器的数据都一样，都是全集的。

3）理论上读性能扩充了 n 倍，写仍然是单点，写性能不变。

缓存层的水平拆分和数据库层的水平拆分类似，是以范围拆分和哈希拆分的方式居多，这里就不再展开讲解了。

▶▶ 6.1.2 秒杀系统简介

秒杀场景是电商网站定期举办的活动，这个活动有明确的开始和结束时间，而且参与互动的商品是事先定义好了的，参与秒杀商品的个数也是有限制的。同时会提供一个秒杀的入口，让用户通过这个入口进行抢购。

❶ 秒杀业务的特点

秒杀业务的特点如下。

1）定时开始：秒杀时大量用户会在同一时间抢购同一商品，网站瞬时流量激增。

2）库存有限：秒杀下单数量远远大于库存数量，只有少部分用户能够秒杀成功。

3）操作可靠：秒杀业务流程比较简单，一般就是下订单减库存。库存就是用户争夺的"资源"，实际被消费的"资源"不能超过计划要售出的"资源"，也就是不能被"超卖"。

❷ 秒杀业务的场景

秒杀业务的场景比较多，常见的主要分为预抢购业务、分批抢购、实时秒杀 3 类场景。

1）预抢购业务。活动未正式开始，先进行活动预约，先把一部分流量收集和控制起来，在真正秒杀的时间点，很多数据可能都已经预处理好了，可以很大程度上削减系统的压力。有了一定预约流量还可以提前对库存系统做好准备，一举两得。场景：活动预约、定金预约、高铁抢票预购。

2）分批抢购。分批抢购和秒杀场景实现的机制是一致的，只是在流量上缓解了很多压力，秒杀 10 万件库存和秒杀 100 件库存的系统抗压不是一个级别。如果秒杀 10 万件库存，系统至少承担多于 10 万好几倍的流量冲击；秒杀 100 件库存，系统可能承担几百或者上千的流量就结束了。后文的流量削峰会详解这里的策略机制。场景：分时段多场次抢购、高铁票分批放出。

3）实时秒杀。最有难度的场景就是准点实时的秒杀活动。假如 10 点整准时抢购 1 万件商品，在这个时间点前后会涌入高并发的流量，刷新页面或者请求抢购的接口等，这样的场景处理起来是最复杂的，具体原因如下。

① 首先系统要承接住流量的涌入。

② 页面的不断刷新要实时加载。

③ 高并发请求的流量控制加锁等。

④ 服务隔离和数据库设计的系统保护。

比较常用的场景有 618 准点抢购、双 11 准点秒杀、电商促销秒杀等。

❸ 秒杀业务的难点

秒杀系统之所以难做，是因为在极短的时间内会涌入大量的请求，来同时访问有限的服务资源，从而造成系统负载压力大，甚至会导致系统服务瘫痪以及宕机的可能。例如：12306 网站的春节抢票、各大电商的定时抢购活动（如小米手机的在线抢购）等。抢购过火车票的读者都知道，在放票的那一瞬间，可能 1s 都不到票就被抢购一空了。

秒杀系统的难点如下。

1）短时间内高并发，系统负载压力大。

2）竞争的资源有限，数据库锁冲突严重。

3）避免对其他业务的影响。

6.2 秒杀系统架构

▶▶ 6.2.1 架构原则

秒杀系统的特点：并发量大、资源有限、操作相对简单、访问的都是热点数据。因此，需要把它从业务、技术、数据上做隔离，保证不影响现有的系统。因此，架构设计需要分层来考虑，从客户请求到数据库存储，到最后上线前的压力测试。秒杀系统的架构原则如下。

1）尽量将请求拦截在上游。对于秒杀系统来说，系统的瓶颈一般在数据库层。由于资源是有限的，假如库中只有 1 万件商品，如果瞬间并发进来 10 万的请求，则有 9 万都是无用的请求。所以为了更好地保护底层有限的数据库资源，尽量将请求拦截在上游。

2）充分利用缓存。缓存不但极大地缩短了数据的访问效率，更重要的是承载了底层数据库的访问压力，所以对于读多写少的业务场景要充分利用好缓存。

3）热点隔离。一般来说，秒杀活动是有计划的，并且在短时间内会爆发大量的请求。为了不影响现有业务系统的正常运行，需要把它和现有的系统做隔离，即使秒杀活动出现问题也不会影响现有的系统。隔离的设计思路可以从如下 3 个维度来思考。

① 业务隔离。既然秒杀是一场活动，那它一定和常规的业务不同，可以把它当成一个单独的项目来看。在活动开始之前，最好设计一个"热场"。"热场"的形式多种多样，例如分享活动领优惠券、领秒杀名额等。"热场"的形式不重要，重要的是通过它获取一些准备信息。例如有可能参与的用户数、参与用户的地域分布、参与用户感兴趣的商品等，为后面的技术架构提供数据支持。

② 技术隔离。有了前面的准备工作后，那么从技术上需要有以下几个方面的考虑。

A 对于客户端来说，前端秒杀页面使用专门的页面，这些页面包括静态的 HTML 和动态的 JavaScript，它们都需要在 CDN 上缓存。

B 对于接入层来说，加入过滤器专门处理秒杀请求，即使扩展再多的应用、使用再多的应用服务器、部署再多的负载均衡器都会遇到支撑不住海量请求的时候。所以，在这一层要考虑的是如何做好限流，当流量超过系统承受范围的时候，需要果断阻止请求的涌入。

C 对于应用层来说，瞬时的海量请求好比是请求的"高峰"，架构系统的目的就是"削峰"。需要使用服务集群和水平扩展，让"高峰"请求分流到不同的服务器进行处理。同时，还会利用缓存和队列技术减轻应用处理的压力，通过异步请求的方式做到最终一致性。由于是多线程操作，而且商品的额度有限，为了解决超卖的问题，需要考虑进程锁的问题。

③ 最好还要考虑数据库的隔离问题。秒杀活动持续时间短、瞬时数据量大，为了不影响现有数据库的正常业务，可以建立新的库或者表来处理。在秒杀结束后，需要把这部分数据同步到主业务系统中或者查询表中。如果数据量特别巨大，到千万级别甚至上亿级，则建议使用分表或者分库。

▶▶ 6.2.2　秒杀系统架构

秒杀系统的架构方式有很多，本书采用目前比较常用的方式，结合了负载均衡和 Redis 缓存来实现。首先，用户通过客户端访问服务器端的 HTML 静态资源，为了减少对服务器端的压力，将 HTML 静态资源托管到 CDN（Content Delivery Network，内容分发网络）。

提示：CDN 是构建在现有网络基础之上的智能虚拟网络，依靠部署在各地的边缘服务器，通过中心平台的负载均衡、内容分发、调度等功能模块，使用户就近获取所需内容，降低网络拥塞、提高用户访问响应速度和命中率。CDN 的关键技术主要有内容存储和分发技术。

然后，将用户的请求通过 Nginx 负载均衡地进行分流，以减轻单台服务器的压力。

最后，在单台服务器也进行限流和减库存等业务逻辑的处理，核心是通过 Redis 的原子操作来实现精确的减库存，从而构建一个简单的秒杀系统。本书秒杀系统的流程简图如图 6-6 所示。

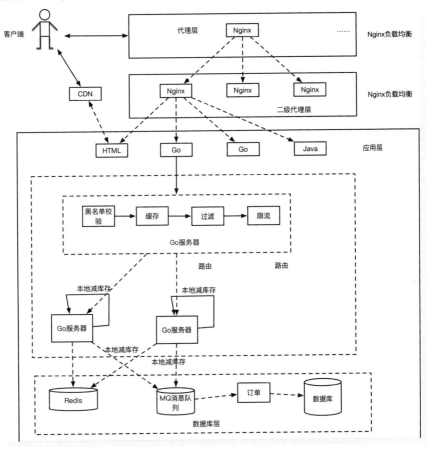

● 图 6-6

6.3 HTML 静态页面开发

▶▶6.3.1 秒杀页面设计

① 新建秒杀页面

新建名为 secondKill. html 的文件，核心代码如下：

```html
<!--详情-->
<div class="jieshao mt20 w">
    <div class="left fl">
        <div class="swiper-container">
            <div class="swiper-wrapper item_focus" id="item_focus">
            {{range $key, $value := .productImage}}
                <div class="swiper-slide">
                    <img src="{{$value.ImgUrl | formatImage}}"/>
                </div>
            {{end}}
            </div>
            <div class="swiper-pagination"></div>
            <!-- Add Arrows -->
            <div class="swiper-button-next"></div>
            <div class="swiper-button-prev"></div>
        </div>
    </div>
    <div class="right fr">
        <div class="h3 ml20 mt20">{{.product.Title}}</div>
        <div class="jianjie mr40 ml20 mt10">{{.product.SubTitle}}</div>
        <div class="jiage ml20 mt10">现价:{{.product.Price}}元   <span class="old_
price">原价:{{.product.MarketPrice}}元</span>
        </div>
    {{$productId := .product.Id}}
    {{if .relationProduct}}
        <div class="ft20 ml20 mt20">选择版本</div>
        <div class="xzbb ml20 mt10">
        {{range $key, $value := .relationProduct}}
            <div class="banben fl {{if eq $value.Id $productId}}active{{end}}">
                <a href="item_{{$value.Id}}.html">
                    <span>{{$value.ProductVersion}}</span>
                    <span>{{$value.Price}}元</span>
                </a>
            </div>
        {{end}}
            <div class="clear"></div>
        </div>
    {{end}}
    {{if .productColor}}
        <div class="ft20 ml20 mt10">选择颜色</div>
        <div class="xzbb ml20 mt10 clearfix" id="color_list">
        {{range $key, $value: = .productColor}}
            <div class="banben fl {{if eq $key 0}}active{{end}}" product_id="
{{$productId}}" color_id="{{$value.Id}}">
```

```
        < a >
                < span class = "yuandian" style = "background:{{ $ value.ColorVal-
ue}}" > < /span >
                    < span class = "yanse" > {{ $ value.ColorName}} < /span >
                < /a >
            < /div >
        {{end}}
        < /div >
    {{end}}
        < div class = "xqxq mt10 ml20" >
            < div class = "top1 mt10" >
                < div class = "left1 fl" > {{.product.ProductVersion}}    < span id = "col-
or_name" > < /span > < /div >
                    < div class = "right1 fr" > {{.product.Price}}元 < /div >
                    < div class = "clear" > < /div >
            < /div >
            < div class = "bot mt20 ft20ftbc" >总计:{{.product.Price}}元 < /div >
        < /div >
        < div class = "xiadan ml20 mt10" >
        {{if .collectStatus}}
            < input class = "addToCart" type = "button" name = "addToCart" id = "collect"
value = "取消收藏"/ >
        {{else}}
            < input class = "addToCart" type = "button" name = "addToCart" id = "collect"
value = "加入收藏"/ >
        {{end}}
            < input class = "addToCart" type = "button" name = "addToCart" id = "addCart"
value = "立即抢购"/ >
        < /div >
    < /div >
    < div class = "clear" > < /div >
    < /div >
```

2 页面优化

常见的页面优化方法如下。

1）按钮单击控制：禁止用户重复提交请求。

2）通过 JavaScript 控制：在一定时间内只能提交一次请求，或者一段时间内单击的次数超过某个数量之后，就不能再请求了。

3）秒杀 URL 加密：为了避免有程序访问经验的人通过下单页面 URL 直接访问后台接口来秒杀货品，需要将秒杀的 URL 实现动态化，即使是开发整个系统的人都无法在秒杀开始前知道秒杀的 URL。具体的做法就是，通过 MD5 加密一串随机字符作为秒杀的 URL，然后前端访问后台获取具体的 URL，后台校验通过之后才可以继续秒杀。

页面优化的 JavaScript 示例如下。

```javascript
var times = 0;
//检查单击次数,如果大于 10 次,则限制单击操作
function checkTime(btn) {
    if (times < 10) {
        ++times;
    }
    else {
        btn.disabled = true;
        console.log("You clicked too much!");
        setTimeout(function () {
            times = 0;
        }, 86400000);
    }
}
$ (function () {
    $ ('#addCart').click(function () {
        let product_id = $ ('#color_list .active').attr('product_id');
        let color_id = $ ('#color_list .active').attr('color_id');
        let data = {
            "product_id": product_id
        };
        $.ajax({
            type: 'POST',
            url: "/seckill/goods/1",
            data: data,
            success: function () {
                console.log("ok")
            },
            dataType: "json"
        });
    });
})
```

▶▶ 6.3.2　秒杀页面静态化

针对秒杀页面，需要进一步做静态化处理。将秒杀页面的商品描述、参数、成交记录、图像、评价等全部写入一个静态页面，用户请求不需要通过访问后端服务器，不需要经过数据库直接在前台客户端生成，这样可以最大可能地减少服务器的压力。建立网页模板、填充数据，然后渲染网页。如果说浏览器/客户端是用户接触秒杀系统的入口，那么在这一层提供缓存数据就是非常有必要的。在设计之初，为秒杀的商品生成专门的商品页面和订单页面，这些页面以静态的 HTML 为主，包括的动态信息尽量少。从业务的角度来说，这些商品的信息早就被用

户熟识了，在秒杀的时候，他们关心的是如何快速下单。既然商品的详情页面和订单页面都是静态生成的，那么就需要定义一个 URL，当要开始秒杀之前，开放这个 URL 给用户访问。

为了防止程序员或者内部人员作弊，这里的地址可以通过时间戳和 Hash 算法来生成，也就是说这个地址只有系统知道，秒杀之前才由系统发出去。对于浏览器/客户端，存放的都是静态页面，但对于"控制开始下单"的按钮，以及发送"立即抢购"的按钮，却是动态的。

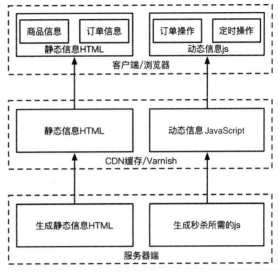

● 图 6-7

静态页面是方便客户端便于缓存，下单的动作以及秒杀下单时间的控制还是要在服务器端进行。只不过是通过 JavaScript 文件的方式发送给客户端，在秒杀之前，会把这部分 JavaScript 下载到客户端。因为其业务逻辑很少，基本只包括时间、用户信息、商品信息等，所以其对网络的要求不高。同时，在网络设计上，也会将 JavaScript 和 HTML 同时缓存在 CDN 上，让用户从离自己最近的 CDN 服务器上获取这些信息。秒杀系统前端设计简图如图 6-7 所示。

▶▶ 6.3.3 客户端限流

在秒杀页面，当用户单击"立即抢购"按钮后，会调用后端 API 请求。请求首先通过 Nginx 反向代理到对应的服务器，服务器再调用 Go 语言的服务，最后执行数据库的更新。但是 API 请求中有很多大量无效的请求，首先要通过限流把这些无效的请求过滤掉，防止渗透到数据库中。限流的主要方式如下。

（1）客户端限流

客户端限流常常是指对秒杀按钮进行限制，通过限制客户端发出请求来限制。为避免单个客户端对服务的过度使用，可以在客户端进行限流，这样可以很好地控制全网的流量。但是由于客户端处理应用会比较复杂，虽然可以通过统一的控制中心或配置中心做一些控制，但是算法升级会很麻烦。例如，用户在单击"立即抢购"秒杀按钮发起请求后，那么在接下来的 5s 是无法单击（通过设置按钮为 disable）的。这一小举措开发起来不仅成本很小，而且很有效。

（2）重复请求限制

针对重复请求做限制，具体设置多少秒需要根据实际业务和秒杀的人数而定，一般限定为

10s。常见的做法是通过 Redis 的键过期策略，首先对每个请求都从 Redis 获取一个值开始。如果获取的 value 为空或者为 null，则表示它是有效的请求，然后放行。如果不为空表示它是重复性请求，则直接丢掉。如果有效，则采用 Redis 的 EXPIRE 命令来设置，value 可以是任意值。EXPIRE userId 10 表示设置以 userId 为 key，10 秒的过期时间（10 秒后，key 对应的值自动为 null）。

6.4 服务器端开发

▶▶ 6.4.1 代理层设计

由于用户的请求量大，需要用负载均衡来建立服务器集群，以面对如此空前的压力。代理层架构设计如图 6-8 所示。

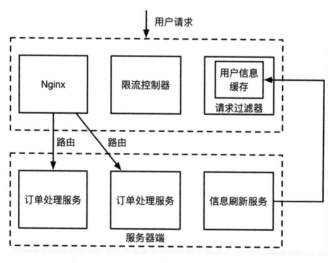

● 图 6-8

在代理层可以做缓存、过滤和限流，简要介绍如下。

❶ 缓存

缓存（Cache）在计算机硬件中普遍存在。比如在 CPU 中就有一级缓存、二级缓存，甚至三级缓存。缓存的工作原理一般是 CPU 需要读取数据时，首先会从缓存中查找需要的数据，如果找到了，则直接进行处理；如果没有找到，则从内存中读取数据。由于 CPU 中的缓存工作速度比内存要快，所以缓存的使用能加快 CPU 处理速度。缓存不仅仅存在于硬件中，在各种软件系统中也处处可见。比如在 Web 系统中，缓存一般在服务器端、客户端或者代理服务器中。广泛使用的 CDN 网络，也可以看作是一个巨大的缓存系统。缓存在 Web 系统中的使用有很多好处，不仅可以减少网络流量、降低客户访问延迟，还可以减轻服务器负载。目前已经存在很多高性能的缓存系统，比如 Memcache、Redis 等，尤其是 Redis，现已经广泛用于各种 Web 服务中。

Go 语言的出现，让开发高性能、高稳定性服务器端系统变得容易。Go 语言简单易学，在高性能服务器端架构中的应用越来越广泛。同时 Go 语言和 Redis 是高并发架构中十分常用的组合。

② 过滤

既然缓存了用户信息，这里就可以过滤掉一些不满足条件的用户。

注意，这里用户信息的过滤和缓存只是一个例子。主要想表达的意思是，可以将一些变化不频繁的数据，转移到代理层来缓存，以提高响应的效率。

同时，还可以根据风控系统返回的信息，过滤一些疑似恶意的请求，例如从固定 IP 过来的、频率过高的请求。最重要的就是，在这一层可以识别来自秒杀系统的请求。如果是带有秒杀系统的参数，就要把请求路由到秒杀系统的服务器集群，这样才能和正常的业务系统分割开来。

③ 限流 （以令牌桶算法为例）

每个服务器集群能够承受的压力都是有限的。代理层可以根据服务器集群能够承受的最大压力，设置流量的阈值。阈值的设置可以是动态的，例如服务器集群中有 10 个服务器，其中一台由于压力过大宕机了，此时就需要调整代理层的流量阈值，将能够处理的请求流量减少，保护后端的应用服务器。

当服务器恢复以后，又可以将阈值调回原位。可以通过 Nginx + Lua 合作完成，Lua 从服务注册中心读取服务健康状态，动态调整流量。

令牌桶设计比较简单，可以简单地将其理解成一个只能存放固定数量雪糕的一个冰箱，每个请求可以理解成来拿雪糕的人，有且只能每一次拿一块，那雪糕拿完了会怎么样呢？这里会有一个固定放雪糕的工人，并且他往冰箱里放雪糕的频率是不变的，例如他在 1s 之内只能往冰箱里放 10 块雪糕，这里就可以看出请求响应的频率了。

（1）令牌桶设计概念

1）令牌：每次请求只有拿到令牌（Token）后，才可以继续访问。

2）桶：具有固定数量的桶，每个桶中最多只能存放设计好的固定数量的令牌。

3）入桶频率：按照固定的频率往桶中放入令牌，放入令牌数不能超过桶的容量。

因此，基于令牌桶设计算法就限制了请求的速率，达到请求响应可控的目的。特别是针对高并发场景中突发流量请求的现象，后台就可以轻松应对请求了，因为到后端具体服务的时候，突发流量请求已经经过限流了。

（2）Go 语言实现方法

在 Go 语言中，提供了名为 golang. org/x/time/rate 的包来处理限流，其中关于限流器的定义如下。

```
type Limiter struct {
    mu          sync.Mutex //互斥锁(排他锁)
    limit       Limit       //放入桶的频率   float64 类型
    burst       int         //桶的大小
    tokens      float64     //令牌当前剩余的数量
    last        time.Time   //最近取走令牌的时间
    lastEvent time.Time   // 最近限流事件的时间
}
```

以上代码中，limit、burst 和 tokens 是这个限流器的核心参数，请求并发的大小是在这里实现的。

在令牌发放之后，会存储在 Reservation 预约对象中，代码如下。

```
type Reservation struct {
    ok          bool        //是否满足条件分配了令牌
    lim         *Limiter    //发送令牌的限流器
    tokens      int         //发送令牌的数量
    timeToAct time.Time // 满足令牌发放的时间
    limit       Limit       //令牌发放速度
}
```

当调用完成后，无论令牌是否充足，都会返回一个 *Reservation 对象。可以调用该对象的 Delay( ) 方法，该方法返回了需要等待的时间。如果等待时间为 0，则说明不用等待，否则必须在等待时间结束之后，才能进行接下来的工作。或者，如果不想等待，则可以调用 Cancel( ) 方法，该方法会将令牌归还，示例代码如下。

```
func (lim *Limiter) reserveN(now time.Time, n int, maxFutureReserve time.Duration) Reservation {
    lim.mu.Lock()

    //首先判断放入频率是否为无穷大
    //如果为无穷大,则说明暂时不限流
    if lim.limit == Inf {
        lim.mu.Unlock()
        return Reservation{
            ok:         true,
            lim:        lim,
            tokens:     n,
            timeToAct: now,
```

```
        }
    }

    //拿到截至 now 时间时
    //可以获取的令牌数量(tokens)及上一次拿走令牌的时间(last)
    now, last, tokens := lim.advance(now)

    //更新 tokens 数量
    tokens -= float64(n)

    //如果 tokens 为负数,则代表当前没有令牌放入桶中
    //说明需要等待并计算等待的时间
    var waitDuration time.Duration
    if tokens < 0 {
        waitDuration = lim.limit.durationFromTokens(-tokens)
    }

    //计算是否满足分配条件
    //1.需要分配的大小不超过桶的大小
    //2.等待时间不超过设定的等待时长
    ok := n <= lim.burst &&waitDuration <= maxFutureReserve

    //预处理 reservation
    r := Reservation{
        ok:     ok,
        lim:    lim,
        limit:  lim.limit,
    }
    //若当前满足分配条件
    //1.设置分配大小
    //2.满足令牌发放的时间 = 当前时间 + 等待时长
    if ok {
        r.tokens = n
        r.timeToAct = now.Add(waitDuration)
    }

    //更新 limiter 的值,并返回
    if ok {
        lim.last = now
        lim.tokens = tokens
        lim.lastEvent = r.timeToAct
    } else {
        lim.last = last
    }

    lim.mu.Unlock()
    return r
}
```

rate 包中提供了限流器的使用函数，只需要指定 limit（放入桶中的频率）、burst（桶的大小）即可，代码如下。

```
func NewLimiter(r Limit, b int) *Limiter {
    return &Limiter{
        limit: r, //放入桶的频率
        burst: b, //桶的大小
    }
}
```

在如下代码中，使用一个 HTTP 的 API 服务来简单地验证一下 time/rate 包的强大。

```
func main() {
    r := rate.Every(1 *time.Millisecond)
    limit := rate.NewLimiter(r, 10)
    http.HandleFunc("/", func(writer http.ResponseWriter, request *http.Request) {
        if limit.Allow() {
            fmt.Printf("请求成功,当前时间:% s \n", time.Now().Format("2006-01-02 15:04:05"))
        } else {
            fmt.Printf("请求成功,但是被限流了。。。 \n")
        }
    })

    _ = http.ListenAndServe(":8081", nil)
}
```

在以上代码中，把桶设置成每一毫秒投放一次令牌，桶容量大小为 10，启动一个 HTTP 的服务，模拟后台 API 请求。接下来做一个压力测试，来测试限流的效果，代码如下。

```
func GetApi() {
    api := "http://localhost:8081/"
    res, err := http.Get(api)
    if err != nil {
        panic(err)
    }
    defer res.Body.Close()

    if res.StatusCode == http.StatusOK {
        fmt.Printf("get api success \n")
    }
}

func Benchmark_Main(b *testing.B) {
    for i := 0; i < b.N; i ++ {
        GetApi()
    }
}
```

以上代码的运行结果如下。

```
//......省略以上部分
请求成功,当前时间:2020-08-24 14:26:52
请求成功,但是被限流了。。。
请求成功,但是被限流了。。。
请求成功,但是被限流了。。。
请求成功,但是被限流了。。。
请求成功,当前时间:2020-08-24 14:26:52
请求成功,但是被限流了。。。
请求成功,但是被限流了。。。
请求成功,但是被限流了。。。
请求成功,但是被限流了。。。
//......省略以下部分
```

通过以上返回结果可以看出,前面的几次请求都会成功。但随着突发流量的请求增加,令牌按照预定的速率生产令牌,就会出现明显的令牌供不应求的现象从而实现了限流。

▶▶ 6.4.2 应用层实现

前端的 HTTP 请求通过限流后,会进入应用层。应用层主要处理秒杀逻辑,秒杀逻辑中最核心且最容易出错的是商品库存的扣减,以及超卖问题,因为购买的商品一旦超过了库存就不能再卖了。

① 防止超卖的方法

1)精简 SQL。典型的一个场景是,在进行扣减库存的时候,传统的做法是先查询库存,再去执行 UPDATE 语句。这样的话需要两个 SQL 语句,而实际上一个 SQL 语句就可以完成的,代码如下。

```
UPDATE seckill_product SET stock = stock-1 WHERE goos_id = {#product_id}
AND version = #{version} AND stock > 0 ;
```

这样的话,就可以保证库存不会超卖并且一次更新库存即可。还要注意的一点是这里使用了版本号的乐观锁,相比悲观锁,它的性能较好。

提示:悲观锁(Pessimistic Locking)指的是对数据被外界(包括本系统其他事务,以及来自外部系统的事务)修改持保守态度,因此,在整个数据处理过程中,会将数据处于锁定状态。

乐观锁(Optimistic Locking)是相对悲观锁而言的,乐观锁采取了更加宽松的加锁机制。悲观锁大多数情况下依靠数据库的锁机制实现,以保证操作的独占性。

2)Redis 预减库存。当很多请求进来时,都需要后台查询库存,这是一个频繁读的场景。可以使用 Redis 来预减库存,在秒杀开始前可以在 Redis 设定值。比如首先在 Redis 中预放的库存可以设置为常量100，每次下单成功之后，先获取在 Redis 中存放的常量值，然后判断 stock 的值，如果小于常量值就减去1。不过注意当取消的时候，需要增加库存，增加库存的时候也得注意不能大于之前设定的总库存数（查询库存和扣减库存需要原子操作，此时可以借助 Lua 脚本）。下次下单再获取库存的时候，直接从 Redis 里面查就可以了。

超过了库存还可以卖给用户，这就是"超卖"，也是系统设计需要避免的。系统为了承受大流量的访问，用了水平扩展的服务。为了提高效率，会将这个库存信息放到缓存中。以 Redis 为例，用它存放库存信息，由多个线程来访问就会出现资源争夺的情况，为了解决这个问题需要实现分布式锁。

假设有多个服务响应用户的订单请求，它们同时会去访问 Redis 中存放的库存信息，每接受用户1次请求，都会从 Redis 的库存中减去1个商品库存量。当一个进程访问 Redis 中的库存资源时，其他进程是不能访问的，所以这里需要考虑锁的情况（比如乐观锁和悲观锁等），如图 6-9 所示。

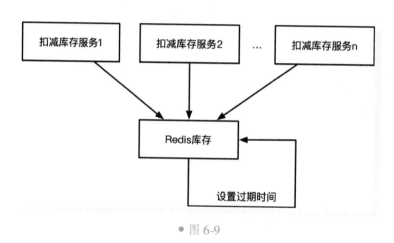

● 图 6-9

在 Redis 缓存存储的库存变量中，如果锁长期没有被释放，则需要设置两个超时时间：一是资源本身的超时时间，一旦资源被使用一段时间还没有被释放，Redis 会自动释放该资源给其他服务使用；二是服务获取资源的超时时间，一旦一个服务获取资源一段时间后，不管该服务是否处理完这个资源，都需要释放该资源给其他服务使用。

❷ 优化订单处理流程

如图 6-10 所示，当用户下单后，再通过 Redis 中的"扣减库存服务"完成了扣减库存工作后，并没有和其他项目服务打交道，更没有访问数据库，而是经历如下流程。

首先，"扣减库存服务"作为下单流程的入口，会先对商品的库存做扣减，同样它会检查商品是否还有库存。由于订单对应的操作步骤比较多，为了让流量变得平滑，使用队列存放每个订单请求，等待"订单处理服务"来完成具体业务。"订单处理服务"实现多线程，或者水平扩展的服务阵列，它们不断监听队列中的消息。一旦发现有新订单请求，就取出订单进行后续处理。

其次，对于"订单处理服务"，处理完订单以后会把结果写到数据库中。写数据库的 I/O 操作一般耗时较长，所以在写数据库的同时，会把结果先写入缓存中，这样用户可以第一时间查询自己是否下单成功了。在把结果写入缓存数据库的这个步骤中，操作有可能成功也有可能失败。为了保证数据的最终一致性，通过"订单同步服务"不断地对比缓存和数据库中的订单结果信息，一旦发现不一致，就会去做重试操作。如果重试依旧不成功，则会重写信息到缓存，让用户知道失败原因。用户下单以后，一般会频繁地刷新页面查看下单的结果，实际上是读取缓存上的下单结果信息。虽然，这个信息和最终结果有偏差，但是在秒杀的场景中，要求高性能是前提，结果的一致性后期可以通过异步的方式处理。

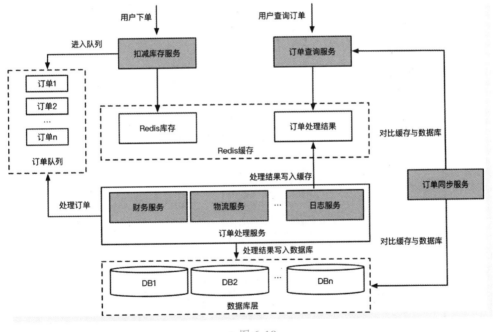

● 图 6-10

③ 大型高并发系统架构

高并发的系统架构几乎都会采用分布式集群部署，服务上层有层层负载均衡，并提供各种容灾手段（如双火机房、节点容错、服务器灾备等）保证系统的高可用，流量也会根据不同的负载能力和配置策略均衡地分配到不同的服务器上。目前比较传统的高并发负载均衡架构方式如下：

1）代理式（Proxy Model）负载均衡。代理式负载均衡是指，在服务消费者和服务提供者之间有一个独立的负载均衡，通常是专门的硬件设备（如 F5），或者基于软件（如 LVS（Linux Virtual Server）、HAproxy 等）实现。负载均衡上有所有服务的地址映射表，通常有运维配置注册。当服务消费方调用某个目标服务时，它会向负载均衡发起请求，由负载均衡以某种策略，比如轮询做负载均衡后将请求转发到目标服务。负载均衡一般具备健康检查能力，能自动摘除不健康的服务实例。图 6-11 所示为一个简单代理式负载均衡的示意图。由图 6-11 可知，用户的请求到服务器层经历了 3 层的负载均衡，下边分别简单介绍一下这 3 层负载均衡。

① 开放式最短链路优先（Open Shortest Path First，OSPF）是一个内部网关协议（Interior Gateway Protocol，IGP）。OSPF 通过路由器相互通告网络接口的状态来建立链路状态数据库，生成最短路径树。OSPF 会自动计算路由接口上的 Cost 值（Cost 指的是到达某个路由所指定的目的地址的代价，可通过手动或自动设置），但也可以通过手动指定该接口的 Cost 值，手动指定的优先于自动计算的值。OSPF 计算的 Cost，同样和接口带宽成反比，带宽越高、Cost 值越小。到达目标相同 Cost 值的路径，可以执行负载均衡，最多 6 条链路同时执行负载均衡。

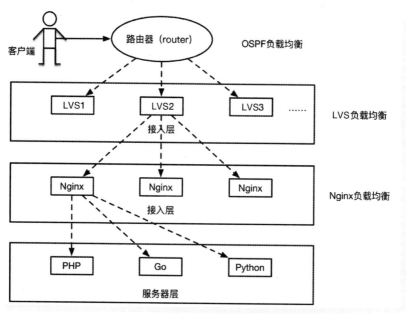

● 图 6-11

② LVS 是一种集群技术，它采用 IP 负载均衡技术和基于内容请求分发技术。调度器具有很好的吞吐率，可将请求均衡地转移到不同的服务器上执行，且调度器自动屏蔽服务器的故障，从而将一组服务器构建成一个高性能的、高可用的虚拟服务器。

③ Nginx 是一款具有高性能的 HTTP 代理/反向代理服务器，服务开发中也经常使用它来

做负载均衡。Nginx 实现负载均衡的方式主要有轮询、加权轮询、IP Hash 轮询 3 种。下面针对 Nginx 的加权轮询做专门的配置和测试。

Nginx 实现负载均衡通过 Upstream 模块实现，其中加权轮询的配置是可以给相关的服务加上一个权重值。配置的时候可能根据服务器的性能、负载能力设置相应的负载。

下面是一个加权轮询负载的配置，将在本地监听 8081 ~ 8083 端口，并分别配置 3、2、1 的权重，代码如下。

```
#配置负载均衡
upstream load_rule {
    server 127.0.0.1:8081 weight =3;
    server 127.0.0.1:8082 weight =2;
    server 127.0.0.1:8083 weight =1;
}
...
server {
listen      80;
server_name yourdomain.com www.yourdomain.com;
location / {
    proxy_pass http://load_rule;
}
}
```

首先，在本地 /etc/hosts 目录下配置 www. yourdomain. com 虚拟域名地址。然后使用 Go 语言开启 3 个 HTTP 端口监听服务，下面是在 8081 端口的 Go 语言监听程序，其他几个只需要修改端口即可，示例如下。

```
package main

import (
    "net/http"
    "os"
    "strings"
)

func main() {
    http.HandleFunc("/secKill/goods/1", handleController)
    http.ListenAndServe(":8081", nil)
}

//处理请求函数,根据请求将响应结果信息写入日志
func handleController(w http.ResponseWriter, r *http.Request) {
    failedMsg := "handle in port:"
    writeLog(failedMsg, "./request.log")
```

```
    }
    //写入日志
    func writeLog(msg string, logPath string) {
        fd, _ := os.OpenFile(logPath, os.O_RDWR |os.O_CREATE |os.O_APPEND, 0644)
        defer fd.Close()
        content := strings.Join([]string{msg, "\r\n"}, "8081")
        buf := []byte(content)
        fd.Write(buf)
    }
```

通过 writeLog( )函数将请求的端口日志信息写到了 ./request.log 文件中，然后使用 ab 压测（压力测试）工具做压测，命令如下。

```
$ ab -n 600 -c 100 http://www.yourdomain.com/secKill/goods/1
```

统计日志中的结果，8081 ~ 8083 端口分别得到了 300、200、100 的请求量。这和在 Nginx 中配置的权重占比很好地吻合在了一起，并且负载后的流量非常的均匀、随机。

代理式负载均衡方案的主要问题如下。

● 单点问题，所有服务调用流量都经过负载均衡，当服务数量和调用量大的时候，负载均衡容易成为瓶颈，且一旦负载均衡发生故障会影响整个系统。

● 服务消费方、服务提供方之间增加了一级，有一定性能开销。

2）平衡感知客户端（Balancing-aware Client）负载均衡。针对前面代理式负载均衡方案的不足，此方案将负载均衡的功能集成到服务消费方进程里，也被称为软负载或者客户端负载方案。服务提供方启动时，首先将服务地址注册到服务注册表，同时定期报心跳到服务注册表以表明服务的存活状态，相当于健康检查。服务消费方要访问某个服务时，它通过内置的负载均衡组件向服务注册表查询，同时缓存并定期刷新目标服务地址列表。然后以某种负载均衡策略选择一个目标服务地址，最后向目标服务发起请求。负载均衡和服务发现能力被分散到每一个服务消费者的进程内部，同时服务消费方和服务提供方之间是直接调用的，没有额外开销，性能比较好。

平衡感知客户端负载均衡的主要问题如下。

● 开发成本。该方案将服务调用方集成到客户端的进程里，如果有多种不同的语言栈，就要配合开发多种不同的客户端，有一定的研发和维护成本。

● 生产环境中，后续如果要对客户库进行升级，势必要求服务调用方修改代码并重新发布，升级较复杂。

3）外部负载均衡服务（External Load Balancing Service）。该方案是针对平衡感知客户端负载均衡方案的不足而提出的一种折中方案，原理和以上平衡感知客户端负载均衡方案基本类似。不同之处是，将负载均衡和服务发现功能从进程里移出来，变成主机上的一个独立进程。主机上的一个或者多个服务要访问目标服务时，它们都通过同一主机上的独立负载均衡进程做服务发现和负载均衡。该方案也是一种分布式方案，没有单点问题，一个负载均衡进程出问题只影响该主机上的服务调用方。同时该方案还简化了服务调用方，不需要为不同语言开发客户库，负载均衡的升级不需要服务调用方改代码。该方案主要问题是部署较复杂、环节多、出错调试排查问题不方便。

目前来说，用于生产环境较多且运维成本较低的是代理式负载均衡，所以本书也采用这种方式来架构。

④ 秒杀抢购系统选型

秒杀系统如何在高并发情况下提供正常、稳定的服务呢？从上面的介绍可以知道，用户秒杀流量通过层层的负载均衡，均匀分配到了不同的服务器上。即使如此，集群中单机所承受的QPS 也是非常高的。如何将单机性能优化到极致呢？要解决这个问题，就要想明白一件事：通常秒杀系统要包含生成订单、减扣库存、用户支付这 3 个基本的阶段。系统要做的事情是要保证秒杀订单不超卖、不少卖，每张售卖的订单都必须支付才有效，还要保证系统承受极高的并发。这 3 个阶段的先后顺序该怎么分配才更加合理呢？下面具体分析一下，有关框图如图 6-12 所示。

（1）下单减库存

● 图 6-12

当用户并发请求到达服务器端时，首先创建订单，然后扣除库存，等待用户支付，这种顺序是首先会想到的解决方案。这种情况下也能保证订单不会超卖，因为创建订单之后就会减库存，这是一个原子操作。但是这样也会产生一些问题：一是在极限并发情况下，任何一个内存操作的细节都影响性能，尤其像创建订单这种逻辑，一般都需要存储到磁盘数据库，对数据库的压力通常会十分巨大；二是如果用户存在恶意下单的情况，只下单不支付这样库存就会变少，会少卖很多订单，虽然服务器端可以限制 IP 和用户的购买订单数量，但这也不算是一个好方法。

（2）支付减库存

如果等待用户支付了订单再减库存，给人的感觉就是不会少卖。但这是并发架构的大忌，因为在极限并发情况下，用户可能会创建很多订单。当库存减为零的时候，很多用户会发现抢到的订单支付不了了，这也就是所谓的"超卖"。

（3）预扣库存

通过上边两种方案的考虑，可以得出结论：只要创建订单，就要频繁操作数据库 I/O。那么有没有一种不需要直接操作数据库 I/O 的方案呢？有，这就是预扣库存。先扣除了库存，保证不超卖，然后异步生成用户订单，这样响应给用户的速度就会快很多。为了保证不少卖或者用户拿到了订单不支付的情况，则可以通过订单有效期来控制，如用户 30min 内不支付，订单就失效了。而订单一旦失效，就会加入新的库存，这也是现在很多网上零售企业保证商品不少卖采用的方案。订单的生成是异步的，一般都会放到消息队列（Message Queue，MQ）。常用的消息队列框架有 RabbitMQ、Kafka 等，通过将订单放入消息队列中处理，可以显著提升系统应对高并发的场景。

⑤ 高并发下如何扣库存

通过上面的分析可知，预扣库存是十分合理的方案。进一步分析扣库存的细节，发现这里还有一些优化的空间。首先，库存存在哪里？怎样保证在高并发下，不仅正确地扣库存，还能快速地响应用户请求？在单机低并发情况下，实现扣库存通常采用图 6-13 所示的方式。

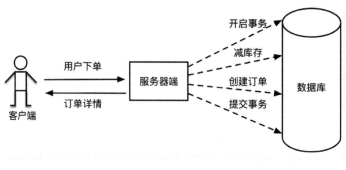

● 图 6-13

为了保证扣库存和生成订单的原子性，需要采用事务处理。然后取库存进行判断、减库存，最后提交事务。整个流程有很多 I/O，对数据库的操作又是阻塞的，这种方式根本不适合高并发的秒杀系统。接下来需要对单机扣库存的方案做优化：本地扣库存。首先把一定的库存量分配到本地机器，直接在内存中减库存，然后按照之前的逻辑异步创建订单。改进后的单机系统流程如图 6-14 所示。

这样就避免了对数据库频繁地进行 I/O 操作，只在内存中做运算，极大地提高了单机抗并发的能力。但是百万的用户请求量，单机是无论如何也抗不住的，虽然 Nginx 处理网络请求使用 epoll 模型，但是 Linux 系统下，一切资源皆文件，网络请求也是这样，大量的文件描述符会使操作系统瞬间失去响应。

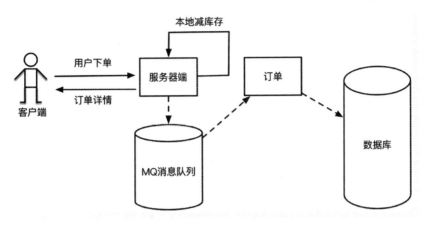

● 图 6-14

提示：epoll 是 Linux 内核可扩展 I/O 事件的通知机制。于 Linux 2.5.44 首度登场，它设计的目的旨在取代既有的 POSIX select（2）与 poll（2）系统函数，让需要大量操作文件描述符的程序得以发挥更优异的性能（如：旧系统函数所花费的时间复杂度为 O（n），epoll 的时间复杂度为 O（log n））。epoll 实现的功能与 poll 类似，都是监听多个文件描述符上的事件。

上面提到了 Nginx 的加权均衡策略，这里不妨假设将 100 万 的用户请求量平均地均衡到 100 台服务器上，这样单机所承受的并发量就小了很多。然后每台机器本地库存 100 件商品，100 台服务器上的总库存是 1 万，这样就保证了库存订单不超卖。下面是前文描述的集群架构，如图 6-15 所示。

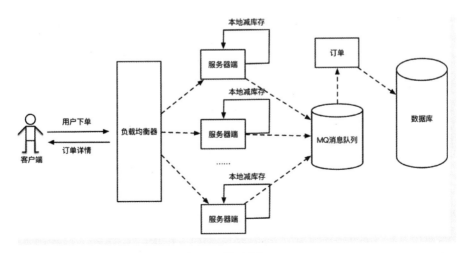

● 图 6-15

问题接踵而至，在高并发的情况下，现在还无法保证系统的高可用。假如这 100 台服务器上有几台机器因为扛不住并发的流量或者其他的原因宕机了，那么这些服务器上的订单就卖不出去了，这就会造成订单的少卖。

要解决这个问题，需要对总订单量做统一的管理，这就是接下来的容错方案。服务器不仅要在本地减库存，另外要远程统一减库存。有了远程统一减库存的操作，就可以根据机器负载情况，为每台机器分配一些多余的"Buffer 库存"用来防止机器中有机器宕机的情况。下面结合图 6-16 所示的架构图具体分析一下。

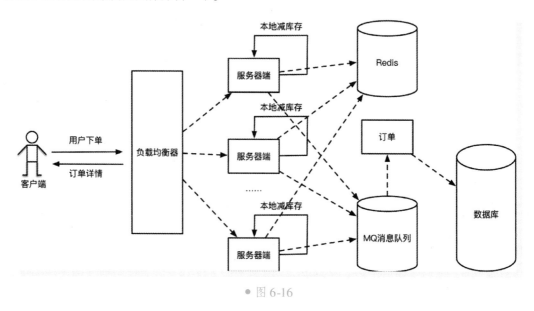

● 图 6-16

采用 Redis 存储统一库存，因为 Redis 的性能非常高，根据官方文档可知单机 QPS 基本能够支持 10 万左右的并发量。在本地减库存以后，如果本地有订单，再去请求 Redis 远程减库存，本地减库存和远程减库存都成功了，才返回给用户抢票成功的提示，这样才能有效地保证订单不会超卖。

当有机器宕机时，因为每个机器上有预留的 Buffer 剩余库存，所以宕机机器上的剩余库存依然能够在其他机器上得到弥补，保证了不少卖。Buffer 剩余库存设置多少合适呢，理论上Buffer 设置得越多，系统容忍宕机的机器数量就越多，但是 Buffer 设置得太大也会对 Redis 造成一定的影响。虽然 Redis 内存数据库抗并发能力非常高，请求依然会"走"一次网络 I/O，其实抢票过程中对 Redis 的请求次数是本地库存和 Buffer 库存的总量。因为当本地库存不足时，系统直接返回用户"已售罄"的提示信息，就不会再"走"统一扣库存的逻辑。这在一定程度上也避免了巨大的网络请求量把 Redis 压跨，所以 Buffer 值设置多少，需要架构师对系统的负载能力做认真的考量。

 **Go 语言代码实现**

从上文可知，Go 语言在系统架构中位于服务器层，主要用于执行具体的业务逻辑，本书对秒杀系统的核心部分——扣库存部分进行示例讲解。

1）系统初始化。Go 包中的初始化函数 init( ) 先于 main( ) 函数执行，在这个阶段主要做一些准备性工作。系统需要做的准备工作如下。

① 初始化本地库存、初始化远程 Redis 存储统一库存的 Hash 键值、初始化 Redis 连接池。

② 初始化一个大小为 1 的 int 类型通道，目的是实现分布式锁的功能。也可以直接使用读写锁或者使用 Redis 等其他的方式避免资源竞争，但使用通道更加高效。

Redis 库使用的是 garyburd/redigo，下面是代码实现。

```go
package main

import (
    "fmt"
    cachePkg "gitee.com/shirdonl/goAdvanced/chapter7/secondKill/cache"
    "gitee.com/shirdonl/goAdvanced/chapter7/secondKill/util"
    "github.com/garyburd/redigo/redis"
    "html/template"
    "net/http"
    "os"
    "strconv"
    "strings"
)

var (
    localCache   cachePkg.LocalCache
    remoteCache  cachePkg.RemoteCacheKeys
    redisPool    *redis.Pool
    done         chan int
)

//初始化结构体和 Redis 连接池
func init() {
    localCache = cachePkg.LocalCache{
        LocalInStock:     150,
        LocalSalesVolume: 0,
    }
    remoteCache = cachePkg.RemoteCacheKeys{
        SpikeOrderHashKey:  "goods_hash_key",
        TotalInventoryKey:  "goods_total_number",
        QuantityOfOrderKey: "goods_sold_number",
    }
    redisPool = cachePkg.NewPool()
```

```
        done = make(chan int, 1)
        done <-1
    }
```

2）本地扣库存和统一扣库存。本地扣库存逻辑非常简单：用户请求过来，添加销量，然后对比销量是否大于本地库存，最后返回布尔值，代码如下。

```
package cache
type LocalCache struct {
    LocalInStock     int64
    LocalSalesVolume int64
}

//本地扣库存,返回 bool 值
func (cache *LocalCache) LocalDeductionStock() bool {
    cache.LocalSalesVolume = cache.LocalSalesVolume + 1
    return cache.LocalSalesVolume <= cache.LocalInStock
}
```

注意这里对共享数据 LocalSalesVolume 的操作是要使用锁来实现的。但是因为本地扣库存和统一扣库存是一个原子性操作，所以在最上层使用通道来实现。

统一扣库存操作 Redis。因为 Redis 是单线程的，如果要实现从中取数据、写数据并计算等一系列步骤，需要配合 Lua 脚本打包命令，以保证操作的原子性，代码如下。

```
const LuaScript = `
        local goods_key = KEYS[1]
        local goods_total_key = ARGV[1]
        local goods_sold_key = ARGV[2]
        local goods_total_number = tonumber(redis.call('HGET', goods_key, goods_total_
key))
        local goods_sold_number = tonumber(redis.call('HGET', goods_key, goods_sold_
key))
        -- 查看是否还有剩余的商品,增加订单数量,返回结果值
        if(goods_total_number >= goods_sold_number) then
            return redis.call('HINCRBY', goods_key, goods_sold_key, 1)
        end
        return 0
`

//远程订单存储键值
type RemoteCacheKeys struct {
    SpikeOrderHashKey   string //Redis 中秒杀订单的 Hash 结构的键值
    TotalInventoryKey   string //Hash 结构中的总订单库存的键值
    QuantityOfOrderKey string //Hash 结构中的已有订单数量的键值
}
```

```
//远程统一扣库存
func (RemoteCacheKeys *RemoteCacheKeys) DeductStock(conn redis.Conn) bool {
    lua := redis.NewScript(1, LuaScript)
    result, err := redis.Int(lua.Do(conn,
        RemoteCacheKeys.SpikeOrderHashKey,
        RemoteCacheKeys.TotalInventoryKey,
        RemoteCacheKeys.QuantityOfOrderKey))
    if err != nil {
        return false
    }
    return result != 0
}
```

使用 Hash 结构存储总库存和总销量的信息，用户请求过来时，判断总销量是否大于库存，然后返回相关的 Bool 值。在启动服务之前，需要初始化 Redis 的初始库存信息，代码如下。

```
hmset goods_hash_key "goods_total_number" 1000 "goods_sold_number" 0
```

3）响应用户信息。开启一个 HTTP 服务，在一个端口上监听，代码如下。

```
func main() {
    http.HandleFunc("/seckill/goods/1", seckillController)
    http.HandleFunc("/sk/view", viewHandler)
    http.HandleFunc("/sk/login", loginController)
    http.Handle("/static/", http.StripPrefix("/static/", http.FileServer(http.Dir("static")))))
    http.ListenAndServe(":8085", nil)
}
```

上面做完了所有的初始化工作后，接下来 handleRequest 函数的逻辑非常清晰，判断是否抢票成功，返回给用户信息就可以了。

```
//处理请求函数,根据请求将响应结果信息写入日志
func seckillController(w http.ResponseWriter, r *http.Request) {
    redisConn := redisPool.Get()
    LogMsg := ""
    <-done
    //全局读写锁
    if localCache.LocalDeductionStock() && remoteCache.DeductStock(redisConn) {
        util.ResponseJson(w, 1, "抢购成功", nil)
        LogMsg = LogMsg + "result:1,localSales:" + strconv.FormatInt(localCache.LocalSalesVolume, 10)
    } else {
        util.ResponseJson(w, -1, "已售罄", nil)
    DLogMsg = LogMsg + "result:0,localSales:" + strconv.FormatInt(localCache.LocalSalesVolume, 10)
```

```
    }
    //将抢购状态写入 log 中
    done <- 1
    Log(LogMsg, "./record.log")
}
//秒杀页面控制器
func viewHandler(w http.ResponseWriter, r *http.Request) {
    // 解析模板
    t, err := template.ParseFiles("./views/goods/secondKill.html")
    if err != nil {
        fmt.Println("template parsefile failed, err:", err)
return
    }
    // 渲染模板
    name := "秒杀商品"
    t.Execute(w, name)
}

func Log(msg string, logPath string) {
    fd, _ := os.OpenFile(logPath, os.O_RDWR|os.O_CREATE|os.O_APPEND, 0644)
    defer fd.Close()
    content := strings.Join([]string{msg, "\r\n"}, "")
    buf := []byte(content)
    fd.Write(buf)
}
```

前边提到扣库存时要考虑竞态条件，这里是使用通道避免并发的读写，保证了请求的高效顺序执行。最后将接口的返回信息写入 ./stat.log 文件方便做压测统计。

在项目所在目录打开命令行，输入如下命令启动页面。

```
$ go run main.go
```

在浏览器里输入地址 http：//127.0.0.1：8085/sk/view 即可查看秒杀详情页面，如图 6-17 所示。

● 图 6-17

限于篇幅，本书只讲解了秒杀系统最核心的 Nginx 负载均衡、限流、Redis 缓存、扣库存等几个部分，关于登录、注册、购物车等基本的部分并没有全部实现，感兴趣的读者可以自行去补充实现。

▶▶ 6.4.3　数据库层隔离

前面说了秒杀场景需要注意隔离，这里的隔离包括"业务隔离"，就是说在秒杀之前，需要通过业务的手段（例如热场活动、问卷调查、历史数据分析等），去估算这次秒杀可能需要存储的数据量。这里有秒杀前和秒杀后两部分的数据需要考虑：秒杀前的数据是给业务系统用的，秒杀后的数据是用来分析和后续处理问题订单用的，秒杀完毕以后还可以用来复盘。针对秒杀系统可能会影响已经正常运行的其他数据库的情况，可以使用数据库的隔离设计，常见的方法如下。

❶ 分表分库

数据库可能产生的性能瓶颈有：I/O 瓶颈或 CPU 瓶颈。两种瓶颈最终都会导致数据库的活跃连接数增加，进而达到数据库可承受的最大活跃连接数阈值。并且终会导致应用服务无连接可用，造成灾难性后果。可以先从代码、SQL、索引等几方面进行优化。如果这几方面已经没有太多优化的余地，就该考虑分库分表了。

对于这些数据的存放，需要分情况讨论，例如 MySQL 单表推荐的存储量是 500 万条记录左右（经验值）。如果估算的时候超过了这个数据，则建议做分表。如果服务的连接数较多，则建议进行分库的操作。

❷ 数据隔离

由于大量的数据操作是插入，只有少部分的修改操作。如果使用关系型数据来存储，则建议用专门的表来存放，不建议使用业务系统正在使用的表存放。

前文提到，数据隔离是必需的，一旦秒杀系统出问题了，不会影响到正常业务系统。表的设计除了 ID 以外，最好不要设置其他主键，以保证能够快速地插入。

❸ 数据合并

由于用的是专用表存储，在秒杀活动完毕以后，需要将其和现有的数据做合并。其实，交易已经完成，合并的目的也就是查询。

这个合并需要根据具体情况来定，对于那些"只读"的数据和做了读写分离的公司，则可以导入到专门负责读的数据库或者 NoSQL 数据库中即可。

❹ 小结

以上 3 条是数据库层隔离十分常见的方法，读者要根据自身的实际情况选择其中的 1 条或多条进行隔离优化。当然，还有其他的一些隔离办法，限于篇幅，这里不再细讲，感兴趣的读者请自行查阅相关书籍或资料。

6.5 压力测试

❶ 什么是压力测试?

对于秒杀系统，在上线之前压力测试是必不可少的。做压力测试的目的是检验系统崩溃的边缘及系统的极限在哪里，这样才能合理地设置流量的上限。为了保证系统的稳定性，多余的流量需要被抛弃。

（1）压力测试的方法

合理的测试方法可以帮助开发者对系统有深入的了解，比较常用的压力测试方法有正压力测试、负压力测试两种。

1）正压力测试。每次秒杀活动都会计划使用多少服务器资源，承受多少的请求量。可以在请求量上不断加压，直到系统接近崩溃或者真正崩溃。简单地说就是做加法，示意图如图 6-18 所示。

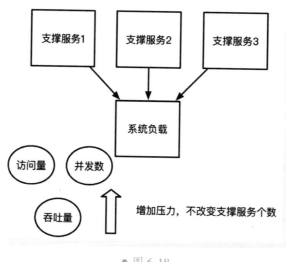

● 图 6-18

2）负压力测试。在系统正常运行的情况下，逐步减少支撑系统的资源（服务器），看什么时候系统无法支撑正常的业务请求，示意图如图 6-19 所示。

（2）压力测试的步骤

有了测试方法的加持，下面来看需要遵循哪些测试步骤。下面的操作是常用的步骤，读者在其他系统的压力测试也可以这么做。

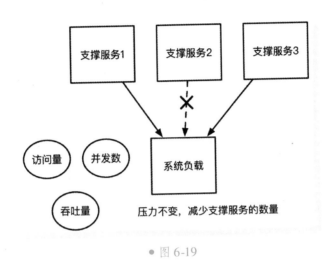

压力不变，减少支撑服务的数量

● 图 6-19

1）确定测试目标。与性能测试不同，压力测试的目标是什么时候系统会接近崩溃，如需要支撑 100 万的访问量。

2）确定关键功能。压力测试其实是有重点的，根据 2/8 原则，系统中 20% 的功能被使用的是最多的，可以针对这些功能进行压力测试，如下单、库存扣减等。

3）确定负载。这个和关键服务的思路一致，不是每个服务都有高负载的，测试时其实是要关注那些负载量大的服务，或者是一段时间内系统中某些服务的负载有波动。

4）选择环境。建议搭建和生产环境一样的场景进行测试。

5）确定监视点。实际上就是对关注的参数进行监视，例如 CPU 负载、内存使用率、系统吞吐量等。

6）产生负载。这里需要从生产环境去获取一些真实的数据作为负载数据源，这部分数据源根据目标系统的承受要求由脚本驱动，对系统进行冲击。建议使用往期秒杀系统的数据，或者实际生产系统的数据进行测试。

7）执行测试。这里主要是根据目标系统、关键组件，用负载进行测试，返回监视点的数据。建议团队可以对测试定一个计划，模拟不同的网络环境，对硬件条件进行有规律的测试。

8）分析数据。针对测试的目的，对关键服务的压力测试数据进行分析，得出该服务的承受上限在哪里。对一段时间内负载有波动或者有大负载的服务进行数据分析，得出服务改造的方向。

❷ 秒杀系统单机压力测试

开启服务，使用 AB 压测工具进行测试，命令如下。

```
shirdon:~ mac $ ab -n 10000 -c 100 http://127.0.0.1:8085/seckill/goods/1
This is ApacheBench, Version 2.3 < $ Revision: 1826891 $ >
Copyright 1996 Adam Twiss, Zeus Technology Ltd, http://www.zeustech.net/
Licensed to The Apache Software Foundation, http://www.apache.org/

Benchmarking 127.0.0.1 (be patient)
Completed 1000 requests
Completed 2000 requests
Completed 3000 requests
Completed 4000 requests
Completed 5000 requests
Completed 6000 requests
Completed 7000 requests
Completed 8000 requests
Completed 9000 requests
Completed 10000 requests
Finished 10000 requests


Server Software:
Server Hostname:        127.0.0.1
Server Port:8085

Document Path:          /seckill/goods/1
Document Length:        29 bytes

Concurrency Level:      100
Time taken for tests:   1.575 seconds
Complete requests:      10000
Failed requests:        0
Total transferred:      1370000 bytes
HTML transferred:       290000 bytes
Requests per second:    6349.23 [#/sec] (mean)
Time per request:       15.750 [ms] (mean)
Time per request:       0.157 [ms] (mean, across all concurrent requests)
Transfer rate:          849.46 [Kbytes/sec] received

Connection Times (ms)
```

```
              min   mean[ +/-sd] median   max
Connect:       0    7   17.5     5        240
Processing:    2    9   15.6     6        240
Waiting:       0    9   15.2     6        240
Total:         5    16  23.3     11       245

Percentage of the requests served within a certain time (ms)
    50%      11
    66%      15
    75%      17
    80%      19
    90%      20
    95%      22
    98%      23
    99%      24
   100%      245 (longest request)
```

根据指标显示，笔者的计算机单机每秒能处理 6000 + 的请求，正常服务器都是多核配置，处理 1 万 + 的请求基本没有问题。而且查看日志发现整个服务过程中，请求都很正常，流量均匀，Redis 也很正常。抢购状态写入到 log 中的部分记录如下。

```
$tail -20 record.log
result:0,localSales:18274
result:0,localSales:18275
result:0,localSales:18276
result:0,localSales:18277
result:0,localSales:18278
result:0,localSales:18279
result:0,localSales:18280

...
```

6.6 回顾与启示

总体来说，秒杀系统是十分复杂的，读者要根据自身的实际情况，选择合适的架构。由于篇幅的关系，本章只是简单介绍模拟了一下单机如何优化到高性能，集群如何避免单点故障，保证订单不超卖、不少卖的一些策略。完整的订单系统还有订单进度的查看，每台服务器上都有一个任务，定时地从总库存同步剩余库存和库存信息展示给用户，还有用户在订单有效期内不支付后，释放订单，补充到库存等。其中有两点需要读者特别注意，具体如下。

1）负载均衡，分而治之。通过负载均衡，将不同的流量划分到不同的机器上，每台机器处理好自己的请求，将自己的性能发挥到极致。这样整个系统也就能承受极高的并发了。

2）合理地使用并发和异步。服务器已经进入了多核时代，Go 语言这种天生为并发而生的语言，完美地发挥了服务器多核优势，很多可以并发处理的任务都可以使用并发来解决，比如 Go 处理 HTTP 请求时每个请求都会在一个 goroutine 中执行。异步越来越被服务器端开发人员所接受，能够用异步来做的工作，就用异步来做，在功能拆解上能达到意想不到的效果。

总之，怎样充分地利用服务器资源，让其发挥出应有的价值，是开发者们一直需要探索学习的方向。